绿色制造与再制造概论
Introduction to Green Manufacturing and Remanufacturing

程延海 梁秀兵 周 峰 等 编著

科 学 出 版 社

北 京

内 容 简 介

发展先进绿色制造技术与产品,突破制造业绿色产品设计、环保材料、节能环保工艺、绿色回收处理等关键技术,强化制造核心基础件和智能制造关键基础技术,支撑制造业可持续发展,是我国制造业及工科高等教育在今后相当长的一段时间内亟需研究的课题。

本书总结作者近些年的研究成果。第1章介绍循环经济和绿色制造的内涵。第2章介绍绿色设计的基本概念、关键技术和主要方法以及绿色设计评价体系。第3章提出清洁生产的定义、内涵和内容,阐述清洁生产审核的原则和程序。第4章论述再制造工程基础,指出再制造是循环经济"再利用"的高级形式。第5章论述电刷镀和化学镀的基本原理、工艺方法、技术特点、镀层性能、分类和应用。第6章论述再制造表面覆层技术。第7章介绍3D打印快速成型技术、3D金属打印的优点、分类以及重点应用。第8章介绍典型产品再制造工艺与技术。

本书可供从事机械工程方面的科研、教学和工程技术人员阅读,也可作为相关专业本科生、研究生的教学用书。

图书在版编目(CIP)数据

绿色制造与再制造概论 = Introduction to Green Manufacturing and Remanufacturing/ 程延海等编著. —北京:科学出版社,2018.6
  ISBN 978-7-03-057926-3

Ⅰ. ①绿… Ⅱ. ①程… Ⅲ. ①制造工业 – 无污染技术 – 研究 ②机械制造 – 再生资源 – 资源利用 – 研究 Ⅳ. ①T ②TH

中国版本图书馆 CIP 数据核字(2018)第 128321 号

责任编辑:耿建业 武 洲 / 责任校对:彭 涛
责任印制:师艳茹 / 封面设计:无极书装

科学出版社 出版
北京东黄城根北街 16 号
邮政编码:100717
http://www.sciencep.com

北京市密东印刷有限公司 印刷
科学出版社发行 各地新华书店经销
*
2018 年 6 月第 一 版 开本:787×1092 1/16
2018 年 6 月第一次印刷 印张:17 1/4
字数:409 000

定价:80.00 元
(如有印装质量问题,我社负责调换)

《绿色制造与再制造概论》

编 写 人 员

编委会主任：程延海　梁秀兵　周　峰

编委会副主任：李圣文　任怀伟　王成龙

编委会组员：蔡志海　曹成铭　陈　波

陈永雄　高　强　韩正铜

胡振峰　李恩重　刘渤海

潘兴东　王亚军　张保森

张志彬　赵国瑞

序

　　人类的生存与进化，从农耕社会到工业社会再到信息社会的发展进步，每一步都离不开制造业所提供的燃料、材料、机器、工具以及与之相适应的劳动、生活场所。制造业是社会物质生产的基本力量，其发展和进步承载了人类社会的文明历程。

　　十五世纪以前的中国制造业曾一度引领全世界。历时千年的海陆丝绸之路，见证了中国制造业的崛起、繁荣和衰颓。经过近几十年来的学习、追赶和拼搏，我国制造业的总体规模现已位居世界第一，综合实力不断增强，不仅对国内经济和社会发展作出了突出贡献，而且成为了支撑世界经济的核心力量。然而，"能源消耗高、材料利用率低""污染排放落后于国际先进水平"等问题也带给国人极大的困扰。因此，我们亟需发展先进绿色制造技术与产品，突破制造业绿色产品设计、环保材料、节能环保工艺、绿色回收处理等关键技术，尽快实现高端制造业转型升级，从而支撑中国制造业的可持续发展。中共中央十八届五中全会将绿色发展作为"十三五"经济社会发展的重要引擎。2016 年5 月 19 日，国务院正式印发了我国实施制造强国战略第一个十年行动纲领——《中国制造 2025》。其中，"绿色"贯穿其间，是《中国制造 2025》最亮丽的主色调。

　　《"十三五"国家科技创新规划》中强调，要发展绿色制造技术与产品，重点研究再设计、再制造与再资源化等关键技术，推动制造业生产模式和产业形态创新。随即，国家科技部组织制定的《"十三五"先进制造技术领域科技创新专项规划》进一步指出，绿色制造改变了传统制造中将原材料直接转变为产品并最终报废的制造模式，使产品在设计、制造、使用、报废的整个生命周期中全程考虑产品的环境属性，以环境污染最小、资源整合利用效率最高为目标，节约资源和能源。绿色制造是循环经济的具体表现，要求以最高的效率、最小的成本和最大的利用率生产出最多的产品。

　　为了实现《中国制造 2025》确定的目标，同时更好地推动绿色制造技术的发展及应用，国家教育部适时推出了"新工科"计划，即新工科研究与实践项目要有新理念、新结构、新模式、新质量、新体系。落实"新工科"计划，教材和教学方法上的"新"要先行。该书介绍了现有的绿色制造技术的发展趋势、特点及相关应用。其中，再制造技术作为循环经济的突出体现，受到材料科学、制造业研究者以及重型装备企业的极大青睐。该书围绕矿山重型装备的再制造技术，简述了汽车、冶金等领域的再制造发展现状，内容丰富并涉及许多交叉学科领域的知识。编写这类教材的困难之处在于，既要涵盖所有的绿色制造技术，又要保证不同专业背景的读者都能对绿色制造技术有整体的了解，而该书在这两个方面都进行了成功的探索。

　　该书作者大都在绿色制造技术领域有着几十年的研究经验，并均来自国内具有代表性的从事绿色制造技术研究的高等院校、科研院所及高新技术企业，包括中国矿业大学、中国人民解放军陆军装甲兵学院、山东能源重装集团、山东科技大学、天地科技股份有限公司、合肥工业大学和南京工程学院等。该书以"教学"为核心，详细阐述了绿色制造技术的原理及特点，以"研发"为基础，概述了相关技术的研究现状及前景，以"生产"为目标，介绍了各项绿色制造技术在生产实际中的应用，充分发挥了各参编单位的优势，真正实现了"产-学-研-用"相结合，使读者对绿色制造的技术及意义能有史深层次的理解。

　　近些年来，大批量大型装备零件逐渐达到使用寿命，零部件的更换不仅增加了生产成本，而且违背了可持续发展的宗旨。故此，绿色制造及再制造技术应运而生并迅速发展。绿色制造及再制造高度契合《中国制造 2025》的制造转型理念，符合国家发展循环经济的战略，同时，作为国家新兴战略产业，得到了政府和企业的高度重视。

　　该书内容新颖，涵盖面广，有助于高等学校面向本科生和研究生开展绿色制造与再制造技术的教学。当然，绿色制造技术的研究及应用还在不断发展，希望作者能够密切跟踪绿色制造与再制造技术，不断完善该书的理论及技术体系，使该书能够在教学和科研中发挥更大的作用。

　　是为序。

张平

2017 年 12 月 10 日

前　言

"To live well, a nation must produce well"，西方国家这句话充分说明了制造业对于一个国家综合国力的重要性。当前，第四次工业革命的滚滚浪潮为世界各国提供了发展和转型的宝贵机遇，也导致了全球竞争力格局的复杂演变。各国纷纷提出了振兴制造业的相应战略，如美国的"国家制造创新网络"、德国的"工业4.0"、日本的"工业价值链"等，我国则提出了"中国制造2025"，其中将"绿色"贯穿始终，成为一大亮点。同时，以新技术、新业态、新模式、新产业为代表的新经济蓬勃发展，对工程科技人才也提出了更高要求，迫切需要加快工程教育改革创新。国家教育部为此专门部署了"新工科"的研究和实践。在此背景下，构建"自拓展"的知识体系成为当前高等教育面临的重要任务。绿色制造与再制造技术是日益受到社会关注的新兴产业。为了丰富这一领域的理论和工程应用，我们成立了由相关高校、研究院所和企业组成的编写组，在总结各单位近几年的研究成果的基础上，广泛参考和综合国内外相关研究成果，最终完成了本书的编写工作。

本书系统而全面地介绍了机电装备绿色化工程的形成背景、关键技术以及实施方法。重点讲述了机电装备在其生命周期全过程中，通过采用先进的技术和管理手段，使其对环境和人体健康的负面影响减小，从而提高资源利用率，最终提高企业的经济效益和社会效益。

全书分为两部分，共八章。第1章介绍循环经济和绿色制造的内涵，分析制造业从传统生产到清洁生产、生态工业和循环经济的发展历程，主要由程延海、韩正铜撰写。第2章介绍产品绿色化及其评价，以及绿色设计的基本概念、关键技术和主要方法及绿色设计评价体系等内容，主要由王成龙，潘兴东，程延海撰写。第3章介绍清洁生产，提出清洁生产的定义、内涵和内容，阐述清洁生产审核的原则和程序，主要由任怀伟、赵国瑞、曹成铭撰写。第4章论述再制造工程基础，指出再制造是循环经济"再利用"的高级形式，是绿色制造的重要环节，是绿色制造全生命周期管理的发展和延伸，是实现资源高效循环利用的重要途径，主要由梁秀兵、李恩重、张志彬、胡振峰、刘渤海、张保森撰写。第5章论述再制造表面镀层技术，结合应用实例，阐述电刷镀和化学镀的基本原理、工艺方法、技术特点、镀层性能、分类和应用，由胡振峰、程延海、高强撰写。第6章论述再制造表面覆层技术，主要结合矿山机械金属零件再制造实例，介绍喷涂、堆焊和激光熔覆技术的基本原理、工艺流程和特点、覆层材料、加工设备及技术应用，由梁秀兵、程延海、蔡志海撰写。第7章总结激光熔覆和快速成型等技术的优点、分类以及重点领域的应用，重点介绍激光3D打印原理和技术在再制造领域的应用，由程延海、李圣文、任怀伟、王亚军撰写。第8章介绍典型产品再制造工艺与技术，包括再制造在车辆、矿山机械、冶金设备、盾构机以及流体机械中的应用，并展望再制造技术的应用前景，主要由周峰、李圣文、梁秀兵、程延海、陈永雄撰写。

全书由程延海、梁秀兵、周峰任编委会主任，李圣文、任怀伟、王成龙任编委会副主任，程延海、李圣文统稿。另外，中华全国总工会的俞阳为本书提出了宝贵的意见，研究生任潞、崔然、王浩正、尹逊金、白恒、张冬、郑彤、曹帅、于海航、蒋艺超、杨新意、许圣操、冯志杰、邱志伟、刘延玺以及董二井、陈光宁为本书资料的收集以及整理做了大量工作。

本书的研究成果得到了国家自然科学基金（编号：51676205）、江苏高校基础研究计划、徐州市科技计划（编号：KH17008）等的大力支持，同时，得到了国内多家企业和科研院校合作单位的大力支持。教育部高等学校教学指导委员会材料科学与工程专业委员、中国焊接学会常务理事（兼堆焊及表面工程专业委员会主任）张平教授为本书作序，对书稿作了详尽的审定，提出了很多有益的改进意见。我们也向书中参考文献的作者致以敬意。

绿色制造和再制造技术属于战略新兴产业，该领域的相关理论和技术不断快速涌现，限于编著者学术水平，书中难免存在不妥之处，恳请读者不吝指正并提出宝贵意见。

作　者

2017 年 12 月 6 日

目 录

第1章 绪 论

制造业作为基础产业，在国民经济发展中起着重要作用，国家工业化水平直接影响一国的国际竞争力。两个多世纪前，蒸汽机的发明，带来了第一次工业革命，开启了农业社会向工业社会的转变；20世纪初，电力的应用拉开了第二次工业革命的大幕；70年代，以计算机为代表的信息技术的出现，开创了第三次工业革命；当前，智能制造的推广应用，正在引发第四次工业革命。

《中国制造2025》将"绿色"贯穿其间，绿色制造和循环经济是人类社会可持续发展的基础，是制造业未来的发展方向。本章阐述了循环经济和绿色制造的内涵，分析了制造业从传统生产到清洁生产、生态工业和循环经济的发展历程，给出了绿色制造与循环经济之间的关系，概括了面向绿色制造循环经济的发展模式。在产能普遍过剩的情况下，中国制造业要生存和发展，必须朝着"绿色制造"的目标努力，使产品从设计、制造、包装、运输、使用到报废处理的整个产品生命周期中，对环境的影响(副作用)最小、资源利用率最高，并使企业经济效益和社会效益协调优化。这才是制造业发展的正确方向。

1.1 循环经济及其内涵

1.1.1 循环经济的定义

循环经济(cyclic economy，CE)，即物质循环流动型经济，是指在人、自然资源和科学技术的大系统内，在资源投入、企业生产、产品消费及其废弃的全过程中，把传统的依赖资源消耗的线性增长的经济，转变为依靠生态型资源循环发展的经济[1]。

本质上讲，循环经济是一种生态经济，已经成为国际社会推进可持续发展战略的一种全新的经济运行模式。表现为"资源—产品—再生资源—再生产品"的持续循环增长方式，做到生产和消费"资源能源消耗减量化、污染排放最小化、废弃物再生资源化和无害化"，以最小发展成本获得最大经济效益、社会效益和生态效益，尤其强调最有效利用资源和保护环境。循环经济从追求产品利润最大化向遵循生态可持续发展能力永续建设的根本转变，是一种系统性的产业变革。

1.1.2 循环经济的内涵

1. 以资源循环利用为客观基础

循环经济归根结底是为了实现资源的循环利用。循环经济产业链的形成也正是建立在资源循环利用的基础之上。如何以科学、有效的方式实现资源的循环利用成为循环经济系统形成的根本。资源循环利用既是量化经济系统存在的基础，也是循环经济发展的内在动力。

2. 以法人与政府机构为主要行为主体

循环经济系统的行为主体是指直接参与组织或从事生产要素加工、处理的企业、组织或机构。企业是生产要素加工、处理的主要行为主体，是循环经济的主体，大多数微观循环经济活动都是由企业或公司承担完成。政府机构在区域经济合作中发挥中介和服务作用。在市场经济条件下，循环经济系统的主体主要是企业和政府机构，在市场机制引导下，企业和政府机构进行经济合作活动。

3. 以资源、环境、生态与经济和谐发展为发展方向

资源循环利用是循环经济存在的基础，资源、环境、生态与经济的和谐发展则是循环经济为之努力的目标。循环经济发展的目的，就是为了寻求资源可持续利用、环境保护、生态恢复与经济发展的平衡点，人类经济的增长既不能建立在对资源的肆意浪费与对环境的破坏的基础上，也不能为了资源、环境、生态的保护而不发展经济，如何在他们之间寻求平衡点是循环经济实现的发展方向[2]。

可见，由循环经济的内涵可以归纳出三点基本评价原则：减量化；再利用；再循环；即 3R reduction, reproduction, recirculation 原则。减量化、再利用、再循环在循环经济中的重要性并不是平行的。循环经济并不是简单地通过循环利用实现废弃物再生资源化，而是强调在优先减少资源能源消耗和减少废物产生的基础上，综合运用 3R 原则。

3R 原则的优先顺序是：减量化→再利用→再循环[1]。因此，循环经济是以"减量化、再利用、再循环"为原则，运用制度和技术手段，实现一定资源环境约束条件下经济增长为目的的新的经济增长方式。其本体是生产生活系统。落实循环经济需经由主体的行为调整，提高资源使用率，降低废物直接排放量，逐步实现生产、生活与生态共赢的和谐发展[3]。

1.2 循环经济的特征与原则

1.2.1 循环经济的特征

1. 循环经济的基本特征[4]

传统经济系统是一个不予考虑自然生态系统的开环系统，线性经济的高速增长依靠高强度地开采和消耗资源，又把大量分子更简单的废弃物抛向自然界来维持。传统经济的基本特征具体体现在：其物质流动方式是单向、线性的，即"资源→产品→废弃物"。循环经济的基本特征如表 1.1 所示，具体体现在：循环经济的理念是创造性地适应自然；传统经济的物质流动方式是资源→产品→废弃物，循环经济遵循资源→产品→再生资源的物质流动方式；传统经济的基本特征是高开采、低利用和高排放，循环经济的特征是低开采、高利用和低排放；传统经济通过末端治理来解决环境问题，而循环经济采取全程控制来治理环境污染。传统经济的技术范式是线性式的，循环经济是反馈式的，它同时考虑物质流和价值链。发展循环经济涉及资源节约、清洁生产、生态工业园、循环社会等方面，必须彻底改变传统的经济增长方式。

表 1.1 循环经济与线性经济比较

项目	循环经济(现代经济)	线性经济(传统经济)
资源投入	最小投入	大量投入
产品制造	最优生产	大量生产
商品消费	最佳消费	大量消费
废弃物处理	最少废弃	大量废弃

2. 循环经济的独立特征

循环经济作为一种科学的发展观,一种全新的经济发展模式,具有自身的独立特征,具体表现在以下几个方面[5]。

1) 新的道德观

循环经济的道德观是生态道德观,由"以人类为中心"转向"以生态为中心",人类不再是征服自然的主宰,而是自然的享用者、维护者和管理者。人与自然是一个密不可分的利益共同体。维护和管理好自然是人类的神圣使命。强调同代人之间的公平和代际之间的公平是人的基本道德。

2) 新的系统观

循环是指在一定系统内的运动过程,循环经济的系统是由人、自然、资源和技术等要素构成的大系统。系统内部要以互联的方式进行物质交换,最大限度地利用进入系统的物质和能量从而形成"低开采、高利用、低排放"的结果。循环经济的系统观认为,人在考虑生产和消费时不再置身于这一大系统之外,而是将自己作为这个大系统的一部分来研究符合客观规律的经济原则,保护生态系统,维持大系统持续发展。

3) 新的经济观

经济发展超过资源承载能力的循环是恶性循环,会造成生态系统退化,只有在资源承载能力之内的良性循环,才能使经济与生态系统平衡地发展。在传统工业经济的各要素中,自然资源并没有形成循环,循环经济观则要求经济发展不仅要考虑工程承载能力,还要考虑资源承载能力。

4) 新的价值观

循环经济价值观认为,自然不仅仅是可利用的资源,更是人类赖以生存的基础,而不像传统工业经济那样将其作为"取料场"和"垃圾场"。循环经济价值观包含两层含义,一是环境具有价值,人类通过劳动可以提高其价值,也可以降低其价值;二是发展活动所创造的经济价值必须与其所造成的社会价值和环境价值相统一,追求社会经济与人文协调发展"效益"和"效率"的最大化,不以无节制地耗用资源、能源、污染环境、破坏自然生态为代价。

5) 新的生产观

传统的生产观是最大限度地开发利用自然资源,最大限度地创造社会财富,最大限度地获取利润。而循环经济的生产理念是要充分考虑自然生态系统的承载能力,尽可能地节约自然资源,不断提高自然资源的利用效率,循环使用资源,创造良性的社会财富。

6) 新的消费观

循环经济的消费观提倡物质的适度消费、层次消费，在消费的同时就考虑到废弃物的资源化，建立循环生产和消费的理念，从而走出传统工业经济"拼命生产、拼命消费"的误区，同时，循环经济观要求通过税收和行政等手段，限制以不可再生资源为原料的一次性产品的生产与消费，如宾馆的一次性用品、餐馆的一次性餐具和豪华包装等。

7) 新的发展观

循环经济的发展观是可持续的发展观，在考虑经济发展水平时，不仅仅用 GDP 来衡量，更要考虑自然、经济、社会的协调发展，强调改善环境就是发展生产力。

1.2.2 循环经济的原则

循环经济与传统经济模式的对比，如表 1.2 所示。可见，循环经济的基本原则，是循环经济运行过程中应当遵循的基本准则，它反映出循环经济的基本要求和运行方式。循环经济主要具有三大基本原则，即减量化原则、再利用原则和再循环原则。每一条原则对于整个循环经济的实施都是不可或缺的。

表 1.2 循环经济与传统经济模式的对比

经济增长模式	特征	物质流动
循环经济	对资源的低开采、高利用、污染物的低排放	"资源—产品—再生资源"的物质反复循环流动
传统模式	对资源的高开采、低利用、污染物的高排放	"资源—产品—污染物"的单向流动

减量化原则，是指在生产经营和消费过程中，用较少的环境和资源投入，达到预期的生产或消费目的，也称为减物质化原则。它所针对的是输入端，即通过减少进入生产和消费过程的物质和流量的总量来达到节约资源的目的，其主要方法是综合考虑生产源头、生产过程和消费过程资源的使用和废物的排放，具体方法如下。

(1) 在生产源头的输入端就充分考虑节省资源，提高单位生产产品对资源的利用率，预防废物的产生。

(2) 在生产过程中，通过技术改造，采用先进的生产工艺，实施清洁生产，减少单位产品生产的原料使用量和污染物的排放量。

(3) 在消费过程中，鼓励消费者选择包装物较少的物品、耐用的可循环使用的物品，以减少废弃物的产生，由过度消费向适度消费和"绿色消费转变。

再利用原则，是指能够以初始的形式尽可能多次以及尽可能多种方式地使用产品及其包装。它是属于过程性方法，目的是增强产品和服务的时间强度，尽可能的以多种方式或者多次的使用物品来实现资源的最大化利用，减少垃圾的产生，降低资源的损耗，其主要原则如下。

(1) 对同类产品及其零配件、包装物实行兼容性，配套化生产，以便于同类产品相互利用，延长使用期限。

(2) 建立规范的废旧物品回收利用机制。由生产经营者主导回收利用，可以鼓励、引导消费者将自己不再需要的物品返回市场体系，再安全地参加到新的经济循环中。再利用原则要求抵制当今世界一次性用品的泛滥,还要求制造商应该尽量延长产品的使用期,而不是非常快地更新换代。

再循环原则又称资源化原则,是指废弃物的资源化,使废弃物转化为再生原材料,重新生产出原产品或次级产品。它主要针对的是输出端。主要方法是采取技术将废弃物资源转变成资源以减少资源的使用和废弃物的排放。它主要通过以下两种方式实现。

(1)原级资源化,即将消费者遗弃的废弃物资源化后形成与原来相同的新产品。

(2)次级资源化,即将废弃物转化为其他产品的原材料,再生产出不同类型的产品。

通过上面的介绍,我们已经初步了解到被大家广泛接受的循环经济的基本原则,但是,从经济性考虑,任何单个企业都难以做到对自己产生的所有废弃物进行全部回收利用和无害化处理。只有产生的废弃物达到一定数量规模,才具有回收利用的经济性,才能实现安全处理的成本最小化。这就提出了区域循环经济联合体建设的需求,它要求进行企业的重新配置和资源的重新配置,要求从源头上减少产生污染的资源和能源的利用,要求对最终废弃物进行无害化储藏。因此,循环经济实践需要对 3R 原则进行拓展。

针对 3R 原则的局限性,我国的一些学者从不同角度对 3R 原则进行了扩充。如,吴季松等对 3R 原则的拓展进行了有益的探讨,提出了 5R 的循环经济新思想,在 3R 基础上增加了再思考(rethink)与再修复(repair)的新理念,再思考即以科学发展观为指导,创新经济理论;减量化即建立与自然和谐的新价值观;再使用即建立优化配置的新资源观;再循环即建立生态工业循环的新产业观;再修复即建立修复生态系统的新发展观。此外,还有的学者提出了再组织、再制造等内容,形成了不同内容的 4R、5R 到 nR 原则。

可以看出,探讨循环经济原则对于丰富和发展循环经济的理论与实践具有积极意义,总体看来,大多数学者仍对 3R 原则持肯定的观点,正如学者所说,循环经济强调的是经济系统和生态环境系统之间的和谐,所以,循环经济的目的就是解决如何通过有限的资源和能源的高效利用,减少废弃物来获得更多的人类福利,而在这个过程中,人们得到的更优化的方法就是循环经济的基本原则[6, 7]。

在近几年的循环经济发展实践中,出现了一个引人注目的新现象:一些地区以循环经济的名义对废弃物进行回收和循环利用,但采取的是分散的、小规模的落后技术体系。其结果是,虽然一些废弃物得到了再生循环利用,但却产生了严重的二次污染。在废旧塑料和废旧电子产品的再生利用领域就出现过很多案例。显然,以重污染为代价的废弃物循环利用,违背了发展循环经济的初衷。

1.3　绿色制造及其目的和意义

绿色制造(green manufacturing,GM),又称环境意识制造(environmentally conscious manufacturing,ECM)或面向环境的制造(manufacturing for environment)等。它是一个综合考虑环境影响和资源效益的现代化制造模式,其目标是使产品从设计、制造、包装、运输、使用到报废处理的整个产品生命周期中,对环境的影响(副作用)最小,资源利用率最高,并使企业经济效益和社会效益协调优化。绿色制造这种现代化制造模式,是人类可持续发展战略在现代制造业中的体现。绿色制造有关内容的研究可追溯到 20 世纪

80 年代，但比较系统地提出绿色制造的概念、内涵和主要内容的文献是美国制造工程师学会（American Society of Mechanical Engineering，SME）1996 年发表的关于绿色制造的专门蓝皮书 *Green Manufacturing*。1998 年，SME 又在国际互联网上发表了关于绿色制造的发展趋势的主题报告，对绿色制造研究的重要性和有关问题作了进一步的介绍。

1.3.1　绿色制造的目的

　　机电产品在生产和使用的同时，产生大量的工业废液、废气、固体废弃物（三废）等污染。目前，我国的机械制造业仍采用高投入的粗放型发展模式，资源和能源消耗大，效益低。"三废"排放量大，环境污染严重。同时，在我国加入世界贸易组织（World Trade Organization，WTO）后，在机械制造业，除了面临着产品质量和成本等方面的竞争外，还存在着如何突破"绿色壁垒"这个更加严峻的挑战。在国际贸易中，不符合环境标准的商品被禁止出口已成为一项国际准则。国际标准化组织（International Organization for Standardization，ISO）提出了关于环境管理的 140000 系列标准后，推动了绿色制造研究的发展。绿色制造研究的浪潮正在全球兴起。我们国内企业的设计、制造也应该紧跟步伐，合理利用资源、能源，进行洁净化生产，减少环境的污染，走可持续发展道路。运用绿色设计的思想所制造出的产品可以更好的适应国际标准，使我国的绿色产品能进入更广泛的国际市场，增强产品在国际市场上的竞争力。因此，绿色设计与制造是"清洁化生产"出"绿色产品"的重要手段[8]。

1.3.2　绿色制造的意义

　　1. 绿色制造是实施制造业环境污染源头控制的关键途径，是 21 世纪制造业实现可持续发展的必由之路

　　解决制造业的环境污染问题有两大途径：末端治理和源头控制。但是通过十多年的实践发现，仅着眼于控制排污口（末端），使排放的污染物通过治理达标排放的办法，虽在一定时期内或在局部地区起到一定的作用，但是，工业污染并未从绿色制造的理论与技术方面得到解决。其原因在于以下几点。

　　（1）随着生产的发展和产品品种的不断增加，以及人们环境意识的提高，对工业生产所排污染物的种类检测越来越多，规定控制污染物（特别是有毒有害污染物）的排放标准也越来越严格，从而对污染治理与控制的要求也越来越高。为达到排放的要求，企业要花费大量的资金，大大提高了治理费用，即使如此，一些要求仍然难以达标。

　　（2）由于污染治理技术有限，治理污染实质上很难达到彻底消除污染的目的。一般末端治理污染的办法是先通过必要的预处理，再进行生化处理后排放，而有些污染物是不能生物降解的污染物，只是稀释排放，不仅污染环境，治理不当甚至会造成二次污染；有的治理只是将污染物转移，废气变废水，废水变废渣，废渣堆放填埋，污染土壤和地下水，形成恶性循环，破坏生态环境。

　　（3）只着眼于末端处理的办法，不仅需要投资，而且使一些可以回收的资源（包含未反应的原料）得不到有效的回收利用而流失，致使企业原材料消耗增高，产品成本增加，

经济效益下降，从而影响企业治理污染的积极性和主动性。

(4) 预防优于治理。根据日本环境厅 1991 年的报告："从经济上计算，在污染前采取防治对策比在污染后采取措施治理更为节省。"例如，就整个日本的硫氧化物造成的大气污染而言，排放后不采取对策所产生的受害损失是现在预防这种危害所需费用的 10 倍。据美国环境保护署(U.S. Environmental Protection Agency，EPA)统计，美国用于空气、水和土壤等环境介质污染控制总费用(包括投资和运行费)，1972 年为 260 亿美元(占 GNP 的 1%)，1987 年猛增至 850 亿美元，80 年代末达到 1200 亿美元(占 GNP 的 2.8%)。如杜邦公司每磅废物的处理费用以每年 20%~30%的速率增加，焚烧一桶危险废物可能要花费 300~1500 美元。即使付出如此之高的经济代价，仍未能达到预期的污染控制目标，末端处理在经济上已不堪重负。

综上所述，发达国家通过治理污染的实践，逐步认识到防治工业污染不能只依靠治理排污口(末端)的污染。要从根本上解决工业污染问题，必须以"预防为主"，实施源头控制，将污染物消除在生产过程之初(产品设计阶段)，实行工业生产全生命周期控制。20 世纪 70 年代末以来，不少发达国家的政府和各大企业都纷纷研究开发少废、无废技术，开辟污染预防的新途径，把推行绿色制造、清洁生产及其他面向环境的设计和制造技术作为经济和环境协调发展的一项战略措施。

2. 绿色制造是 21 世纪国际制造业的重要发展趋势

绿色制造是可持续发展战略思想在制造业中的体现，致力于改善人类技术革新和生产力发展与自然环境的协调关系，符合时代可持续发展的主题。美国政府已经意识到绿色制造将成为下一轮技术创新高潮，并可能引起新的产业革命。1999~2001 年，在美国国家自然科学基金(United States National Science Foundation，NSF)和美国能源部(United States Department of Energy，DOE)的资助下，美国世界技术评估中心(World Technology Evaluation，WTE)成立了专门的"环境友好制造(即绿色制造)"技术评估委员会，对欧洲及日本有关企业、研究机构、高校在绿色制造方面的技术研发、企业实施和政策法规等的现状进行了实地调查和分析，并与美国的情况进行对比分析，指出了美国在多方面已经落后的事实，提出了绿色制造发展的战略措施和亟待攻关的关键技术。

在我国，绿色制造被列为《国家中长期科学和技术发展规划纲要(2006－2020 年)》明确的制造业领域发展的三大思路之一，纲要中规定积极发展绿色制造，加快相关技术在材料与产品开发设计、加工制造、销售服务及回收利用等产品全生命周期中的应用，形成高效、节能、环保和可循环的新型制造工艺。制造业资源消耗、环境负荷水平进入国际先进行列。

3. 绿色制造是实现国民经济可持续发展战略目标的重要技术途径之一

在十六大报告中，将实现可持续发展战略作为全面建设小康社会的三大目标之一。目标指出"可持续发展能力不断增强，生态环境得到改善，资源利用效率显著提高，促进人与自然的和谐，推动整个社会走上生产发展、生活富裕、生态良好的文明发展道路。"因此，绿色制造是实现国民经济可持续发展战略目标的重要技术途径之一。另外，根据

WTE 的《环境友好制造最终报告》显示，衡量一个国家国民经济发展所造成的环境负荷总量时，可以参考公式 1-1 进行分析。

$$环境负荷=人口×GDP/人口×环境负荷/GDP \qquad (1\text{-}1)$$

国内生产总值(gross domestic product，GDP)是指一个国家或地区范围内的所有常住单位，在一定时期内生产最终产品和提供劳务价值的总和。式(1-1)中，"人口"为国民数量；"GDP/人口"为人均 GDP，反映人民生活水平；"环境负荷/GDP"反映了创造单位 GDP 价值给环境带来的负荷。根据"三步走战略"的远景发展目标战略规划，从 20 世纪末进入小康社会后，国民经济将分 2010 年、2020 年、2050 年三个发展阶段，逐步达到现代化的目标。国内生产总值将继续保持 7%左右的增长速度，到 2010 年翻一番；人口总量到 2000 年、2010 年、2020 年和 2050 年分别控制在 13 亿、14 亿、15 亿和 16 亿。因此，以 200 年为基准并维持环境负荷总量的不变，根据式(1-1)可以计算出 2010 年、2020 年和 2050 年的单位 GDP 的环境负荷的递减情况，如表 1.3 所示。

表 1.3　2000～2050 年的单位 GDP 环境负荷递减情况

年份	2000	2010	2020	2050
人口增长倍数	1	1.077	1.154	1.231
人均 GDP 增长倍数	1	1.827	3.354	23.937
单位 GDP 的环境符合递减倍数	1	0.508	0.258	0.034

因此，如果维持国民经济发展所造成的资源消耗和环境影响不变，即与 2000 年持平，那么到 2050 年，我们国家单位 GDP 的环境负荷要降到现在的 1/30。以汽车制造为例，到 2010 年、2020 年、2050 年，生产一辆汽车所消耗的资源、能源和对环境的污染应减为现在环境负荷的 0.508(约 1/2)、0.258(约 1/4)、0.034(约 1/30)，其压力是非常大的。因此，为了改善我国国民经济的发展质量，实现国家可持续发展战略，实施绿色制造，减少制造业资源消耗和环境污染已势在必行。

4. 绿色制造将带动一大批新兴产业，形成新的经济增长点

绿色制造的实施将导致一大批新兴产业的形成，如绿色产品制造业。制造业不断研究、设计和开发各种绿色产品以取代传统的资源消耗和环境影响较大的产品，将使这方面的产业持续兴旺发展。

实施绿色制造的软件产业。企业实施绿色制造，需要大量实施工具和软件产品，如产品生命周期评估系统、计算机辅助绿色设计系统、绿色工艺规划系统、绿色制造的决策支撑系统、ISO 14000 国际认证的支撑系统等，这将会推动一批新兴产业软件的形成。

废弃产品回收处理产业。随着汽车、空调、计算机、冰箱、传统车床设备等产品的老化报废，一大批具有良好回收利用价值的废弃产品需要进行回收处理、再利用或者再制造，因此，将导致新兴的废弃物物流和废弃产品回收处理产业。回收处理产业通过回收利用、处理，将废弃产品再资源化，节约了资源与能源，并可以减少这些产品对环境的压力[9~12]。

1.3.3　实施绿色制造的必要性

尽管绿色制造是 21 世纪的可持续发展模式，在当今资源价格日益上涨、地球环境日益恶化的情况下能够使企业保持持久的竞争优势，但很多企业并不愿意实施绿色制造，尤其在发展中国家。以我国为例，目前经济增长方式依然是粗放型的，制造业走的仍然是高投入、高能耗的道路，2006 年，中国经济增长 10.7%，增速已连续四年保持在 10% 或者多一点，但是经济增长付出的资源环境代价过大，2006 年中国 GDP 总量占世界的比重约为 5.5%，但重要能源资源消耗占世界的比重却较高，比如能源消耗 24.6 亿 t 标准煤，占世界的 15% 左右；钢表观消费量为 3.88 亿 t，占 30%；水泥消耗 12.4 亿 t，占 54%。《国民经济和社会发展第十一个五年规划纲要》提出的"十一五"期间单位国内生产总值能耗降低 20% 左右，主要污染物排放总量减少 10% 的约束性指标的重要途径。2006 年我国政府下令开展节能减排工作，但 2007 年政府工作报告中温家宝总理强调 2006 年没有实现年初确定的单位国内生产总值能耗降低 4% 左右、主要污染物排放总量减少 2% 的目标。2009 年政府工作报告中提到，2006～2008 年三年累计，单位国内生产总值能耗下降 10.08%，化学需氧量、二氧化硫排放量分别减少 6.61% 和 8.95%，能源资源消耗多，环境污染重依然是长期制约我国经济健康发展的矛盾之一。这说明实施绿色制造、节能减排过程中还存在很多的困难和问题，严重制约了绿色制造在企业的实施。

为了提高企业的绿色制造水平，迫切需要开展绿色制造的运行模式及其实施方法的研究，目的就是要从系统的角度寻求对策，为广大制造企业实施绿色制造提供技术支持。通过合理的运行模式设计以及实施方案的设计，有利于有效控制绿色制造实施成本和保证实施效果，切实减少资源消耗和环境排放，取得良好的经济效益和社会效益，实现企业的可持续发展。实施绿色制造的必要性及意义主要体现在以下几个方面。

《制造与技术新闻》期刊在一篇题为《绿色制造是优先发展战略》的头条报道中指出：在不久的将来，无论从工程还是商务与市场的角度，绿色制造都将成为工业界最大的战略挑战之一。目前，已有很多跨国企业纷纷在不同程度上开始推行绿色制造战略，开发绿色产品，如德国的西门子公司、日本的丰田和日立公司、美国的福特集团等。在这样一个经济全球化时代，跨国企业战略和发达国家发展战略往往代表着一种新的技术创新和产业变革方向。当前，在新一轮绿色技术浪潮中，欧洲、日本、美国等国家地区和他们的企业已经起航，预示着新一轮技术创新和产业变革竞争的开始。

1. 实施绿色制造是建设资源节约型、环境友好型社会，发展循环经济的迫切需要

党的"十六大"把全面建设小康社会作为我国 21 世纪头二十年的奋斗目标，并将可持续发展列入全面建设小康社会的基本奋斗目标，即"可持续发展能力不断增强，生态环境得到改善，资源利用效率显著提高，促进人和自然的和谐，推动整个社会走上生产发展、生活富裕、生态良好的文明发展道路"。2006 年 3 月发布的《中华人民共和国国民经济和社会发展第十一个五年规划纲要》中，"建设资源节约型、环境友好型社会"被列入"十一五"时期的重要任务之一。建设资源节约型、环境友好型社会，是要在社会生产、建设、流通、消费的各个领域，在经济和社会发展的各方面，切实保护和合理利用各种资源，提高资源利用率,以尽可能少的资源消耗和环境占用获得最大的经济效益和社会效益。国务院在 2006 年工作要点中明确指出,发展循环经济是建设资源节约型、环境友好型社会和实现可持续发展的重要途径。要大力发展循环经济,在重点行业、产业园区、城市和农村实施一批循环经济试点。完善资源综合利用和再生资源回收的税收优惠政策,推进废物综合利用和废旧资源回收利用。在这种"资源生产—产品生产—产品消费—产品废弃—资源再生产"的循环过程中,资源的再生产环节成为循环经济能够真正形成闭环的关键,也就成为国民经济发展的产业结构中越来越重要的、不可或缺的产业组成部分。

绿色制造的基本思想是实现制造业产品全生命周期资源消耗、环境污染以及人体安全健康危害的减量化和源头控制,并有利于资源循环利用。因此,绿色制造是落实《国民经济和社会发展第十一个五年规划纲要》提出的建设资源节约型、环境友好型社会,发展循环经济政策的关键配套技术之一。

2. 实施绿色制造是实现我国节能减排目标的有效途径

中国的经济增长是以牺牲环境和对能源的过度消耗为代价的。依据 1999 年的数据,中国每百万美元 GDP 的二氧化碳工业排量是 3077.7t,是同期日本的 11.8 倍,印度的 1.4 倍,位居全部 60 个国家(或地区)中的倒数第三位。可见,中国的环境竞争力是非常低下的。根据《洛桑报告》的指标,2001 年,中国 GDP 增幅是 7.3%,但除掉能源消耗后的实际 GDP 净增长率是 5.79%;2000 年的 GDP 增长是 8.0%,除去能源消耗后的实际 GDP 增幅 7.16%,两年比较,明显看出中国的能源消耗处于快速增长状态,中国经济对能源的依赖在增加。

新华社 2006 年 8 月 31 日受权发布的《国务院关于加强节能工作的决定》明确规定到"十一五"期末,万元国内生产总值(按 2005 年价格计算)能耗下降到 0.98t 标准煤,比"十五"期末降低 20%左右,平均年节能率为 4.4%。重点行业主要产品单位能耗总体达到或接近 21 世纪初国际先进水平。从 2006 年开始,实施单位 GDP 能耗公报制度,并将能耗降低指标分解到各省份,中央政府与各地政府和主要企业分别签订了节能目标责任书。并且每年的《政府工作报告》都将年度节能减排状况进行总结汇报。

在这种大背景下,从各级政府到企业对节能减排都非常重视,形成一股节能减排的浪潮。企业实施绿色制造,研发应用绿色新技术,对传统工艺技术进行绿色改造,无疑是实现节能减排的有效途径。

3. 推广应用绿色制造技术,是突破"绿色贸易壁垒",改善和促进出口贸易,拉动相关产业发展的需要

随着中国加入 WTO,世界经济的一体化,传统的非关税壁垒被逐步削减,绿色贸易壁垒以鲜明的时代特征正日益成为国际贸易发展的主要关卡。绿色贸易壁垒包括环境进口附加税、绿色技术标准、绿色环境标准、绿色市场准入制度、消费者的绿色消费意识等方面的内容。将环保措施纳入国际贸易的规则和目标,是环境保护发展的大趋势,但同时也客观上导致了绿色贸易壁垒的存在。我国是世界上最大的发展中国家,在发达国家建立的绿色壁垒面前,已经付出了较大的代价。联合国的一份统计资料表明,我国每年有 74 亿美元的出口商品受绿色壁垒的不利影响。许多专家纷纷提出突破"绿色贸易壁

垒"的措施，如积极实施 ISO14000 和环境标志认证、积极参与国际环境公约和国际多边协定中环境条款的谈判以及要加强环境经济政策的研究和制定等。同时，专家们也普遍认为，提高科技和生产力水平是突破绿色贸易壁垒的基本措施之一。推广应用绿色制造技术将实现我国企业出口产品技术革新，提高出口产品的环境意识水平，有助于突破"绿色贸易壁垒"，从而改善和促进出口贸易，拉动相关产业发展。

4. 实施绿色制造是全球日益兴起的绿色产品消费趋势的需要

国际经济专家的分析普遍认为，到 2010 年，绿色产品将成为世界主要商品市场的主导产品。不少著名企业都将绿色产品作为未来竞争的重要筹码，不惜投入大量财力、人力、物力进行研究。如，柯达公司研制了名为"相迷救星"的新型相机，87%的质量可回收；由美国 MCC 等著名电器公司发起的"电子产品和环境"年度研讨会已经成为 IEEE 最有影响的学术会议之一；国内海尔洗衣机从 2003 年就开发出了不用洗衣粉洗衣机，目前《家用电动洗衣机——不用洗衣粉洗衣机性能测试方法及限值》已正式获得了国家标准化管理委员会批准，在 2009 年上半年开始实施；自 2006 年 8 月，绿色和平组织开始推出绿色电子产品排行榜，据 2008 年第 10 期排行榜统计，大部分企业在产品的有毒物质和回收问题上逐渐有所改善。随着政府立法和公众环保意识的逐渐增强，绿色消费已经渐渐成为人们的共识，绿色产品日趋受到欢迎。企业只有同时重视绿色制造、去除有毒物质和循环再用废旧资源，不断推出绿色产品，才能在未来的市场竞争中立于不败之地。

综上所述，无论从国民经济的宏观角度还是从公司企业经营的实际需要，绿色制造的实施都已势在必行。

目前，国内研究与欧洲、日本、美国等发达国家相比，其差距主要表现在以下四个方面。

1. 消费者观念的差距

调查结果显示：瑞典 85%的消费者愿意为环境的清洁而支付较高价格；加拿大 80%的消费者愿意多付 10%的价格购买对环境有益的产品；40%的欧洲消费者喜欢购买环境标志产品而放弃传统产品；综合北京、武汉、成都、广州四地绿色消费调查结果，我国愿意为环境改善而支付高价格的消费者略低于 8%。从调查结果可以看出，绿色产品在国际市场上相对于传统产品具有强劲市场竞争力，而我国消费者的环境意识相对落后。

2. 绿色制造的教育、环境意识普及方面存在差距

在国外许多著名大学都有关于工业生态和绿色制造方面的专门的教育计划，如耶鲁大学工业环境管理教育计划、挪威理工大学的工业生态学教育、丹麦技术大学的工业生态学教育、卡内基梅隆大学的绿色设计创新计划。此外加州大学伯克利分校的绿色设计与制造协会、阿拉巴马大学的绿色制造中心等也都面向全校学生开列了绿色制造方面的专门课程体系。目前，我国关于绿色制造方面的教育还处于起步和探索阶段。

3. 企业意识相对落后

由于我国大多数企业对绿色制造不太了解，一般都认为绿色制造就是搞环保的，在

企业实施绿色制造不但不会带来效益，可能还会带来不少麻烦。甚至有些已经获得ISO14000 环境管理体系认证的企业也没有真正认识到绿色制造的价值，他们虽然获得认证，但实际上在产品开发和生产都没有太大的改观，使得环境管理认证仅仅成为一张证书而已。而国际上很多企业都将绿色制造作为优先发展战略之一，甚至认为在不久的将来，无论从工程还是商务与市场的角度，绿色制造都将成为工业界最大的战略挑战之一。目前，已有很多跨国企业纷纷制定了具体的绿色制造战略，争做绿色制造先锋，创造行业标准，如德国的西门子公司、日本的丰田和日立公司、美国的福特集团等。

4. 技术研究方面的差距

由于研究积累少，资金人力投入不足，企业不够重视，绿色制造在国内还属起步阶段，很多研究主要集中在理论、概念与结构框架性的探索研究。还没有深入到制造业的生产实践中去，对制造业的影响仍比较小。有不少文献对许多专门技术，如绿色加工技术、拆卸性设计技术、产品生命周期评估技术、绿色回收处理技术进行了介绍。但与这些技术有关的实用关键技术、应用案例、实用化的软件工具等的报道却很少[12]。

1.4　绿色制造的研究内容

绿色制造及其相关问题的研究近年来非常活跃。特别是在美国、加拿大、西欧等一些发达国家，对绿色制造及相关问题进行了大量的研究。总结国内外已有的研究工作，可建立绿色制造的研究内容体系，如图 1.1 所示。

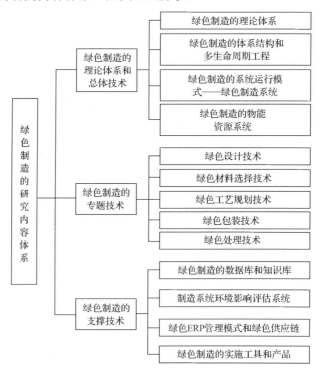

图 1.1　绿色制造的研究内容体系框架

1.4.1 绿色制造的理论体系和总体技术

绿色制造的理论体系和总体技术是从系统的角度，从全局和集成的角度，研究绿色制造的理论体系、共性关键技术和系统集成技术。

1. 绿色制造的理论体系

包括绿色制造的资源属性、建模理论、运行特性、可持续发展战略，以及绿色制造的系统特性和集成特性等。

2. 绿色制造的体系结构和多生命周期工程

包括绿色制造的目标体系、功能体系、过程体系、信息结构、运行模式等。绿色制造涉及产品整个生命周期中的绿色性问题，其中大量资源如何循环使用或再生，又涉及产品多生命周期工程这一新概念。

3. 绿色制造的系统运行模式——绿色制造系统

只有从系统集成的角度，才可能真正有效地实施绿色制造。为此需要考虑绿色制造的系统运行模式—绿色制造系统。绿色制造系统将企业各项活动中的人、技术、经营管理、物能资源、生态环境，以及信息流、物料流、能量流和资金流有机集成，并实现企业和生态环境的整体优化，达到产品上市快、质量高、成本低、服务好、有利于环境，并赢得竞争的目的。绿色制造系统的集成运行模式主要涉及绿色设计、产品生命周期及其物流过程、产品生命周期的外延及其相关环境等。

4. 绿色制造的物能资源系统

鉴于资源消耗问题在绿色制造中的特殊地位，且涉及绿色制造全过程，因此应建立绿色制造的物能资源系统，并研究制造系统的物能资源消耗规律、面向环境的产品材料选择、物能资源的优化利用技术、面向产品生命周期和多生命周期的物流和能源的管理与控制等问题。作者们综合考虑绿色制造的内涵和制造系统中资源消耗状态的影响因素，构造了一种绿色制造系统的物能资源流模型。

1.4.2 绿色制造的专题技术

1. 绿色设计技术

绿色设计是指在产品及其生命周期全过程的设计中，充分考虑对资源和环境的影响，在充分考虑产品的功能、质量、开发周期和成本的同时，优化各有关设计因素，使得产品及其制造过程对环境的总体影响和资源消耗减到最小。

2. 绿色材料选择技术

绿色材料选择技术是一个系统性和综合性很强的复杂问题。一是绿色材料尚无明确界限，实际中选用很难处理。二是选用材料，不能仅考虑其绿色性，还必须考虑产品的功能、质量、成本等多方面的要求，这些更增添了面向环境的产品材料选择的复杂性。美国卡奈基梅隆大学 Rosy 提出了基于成本分析的绿色产品材料选择方法，它将环境因素融入材料的选择过程中，要求在满足工程（包括功能、几何、材料特性等方面的要求）和环境等需求的基础上，使零件的成本最低。

3. 绿色工艺规划技术

大量的研究和实践表明，产品制造过程的工艺方案不一样，物料和能源的消耗将不一样，对环境的影响也不一样。绿色工艺规划就是要根据制造系统的实际，尽量研究和采用物料和能源消耗少、废弃物少、对环境污染小的工艺方案和工艺路线。Bekerley 大学的 Sheng 等提出了一种环境友好性的零件工艺规划方法，这种工艺规划方法分为 2 个层次：①基于单个特征的微规划，包括环境性微规划和制造微规划；②基于零件的宏规划，包括环境性宏规划和制造宏规划。应用基于 Internet 的平台对从零件设计到生成工艺文件中的规划问题进行集成。在这种工艺规划方法中，对环境规划模块和传统的制造模块进行同等考虑，通过两者之间的平衡协调，得出优化的加工参数。

4. 绿色包装技术

绿色包装技术就是从环境保护的角度，优化产品包装方案，使得资源消耗和废弃物产生最少。目前这方面的研究很广泛，但大致可以分为包装材料、包装结构和包装废弃物回收处理 3 个方面。当今世界主要工业国要求包装应做到"3R1D"即 reduce（减量化）、reuse（回收重用）、recycle（循环再生）和 degradable（可降解）原则。

5. 绿色处理技术

产品生命周期终结后，若不回收处理，将造成资源浪费并导致环境污染。目前的研究认为面向环境的产品回收处理是个系统工程，从产品设计开始就要充分考虑这个问题，并作系统分类处理。产品寿命终结后，可以有多种不同的处理方案，如再使用、再利用、废弃等，各种方案的处理成本和回收价值都不一样，需要对各种方案进行分析与评估，确定出最佳的回收处理方案，从而以最少的成本代价，获得最高的回收价值，即进行绿色产品回收处理方案设计。评价产品回收处理方案设计主要考察三方面：效益最大化、重新利用的零部件尽可能多、废弃部分尽可能少。

1.4.3　绿色制造的支撑技术

1. 绿色制造的数据库和知识库

研究绿色制造的数据库和知识库，为绿色设计、绿色材料选择、绿色工艺规划和回收处理方案设计提供数据支撑和知识支撑。绿色设计的目标就是如何将环境需求与其他需求有机地结合在一起。比较理想的方法是将 CAD 和环境信息集成起来，以便设计人员在设计过程中，像在传统设计中获得有关技术信息与成本信息一样，能够获得所有有关的环境数据，这是绿色设计的前提条件。只有这样设计人员才能根据环境需求设计开发产品，获取设计决策所造成的环境影响的具体情况，并可将设计结果与给定的需求比较对设计方案进行评价。由此可见，为了满足绿色设计需求，必须建立相应的绿色设计数据库与知识库，并对其进行管理和维护。

2. 制造系统环境影响评估系统

环境影响评估系统要对产品生命周期中的资源消耗和环境影响的情况进行评估，评估的主要内容如下：制造过程物料的消耗状况、制造过程能源的消耗状况、制造过程对环境的污染状况、产品使用过程对环境的污染状况、产品寿命终结后对环境的污染状况等。制造系统中资源种类繁多，消耗情况复杂，因而制造过程对环境的污染状况多样、程度不一、极其复杂。如何测算和评估这些状况，如何评估绿色制造实施的状况和程度是一个十分复杂的问题。因此，研究绿色制造的评估体系和评估系统是当前绿色制造研究和实施急需解决的问题。当然此问题涉及面广，又非常复杂，有待于作专门的系统研究。

3. 绿色 ERP 管理模式和绿色供应链

在绿色制造的企业中，企业的经营和生产管理必须考虑资源消耗和环境影响及其相应的资源成本和环境处理成本，以提高企业的经济效益和环境效益。其中，面向绿色制造的整个(多个)产品生命周期的绿色 MRP II/ERP 管理模式及其绿色供应链是重要研究内容。

4. 绿色制造的实施工具和产品

研究绿色制造的支撑软件，包括计算机辅助绿色设计、绿色工艺规划系统、绿色制造的决策支持系统，ISO14000 国际认证的支撑系统等。

1.5　绿色制造的发展趋势

1.5.1　绿色制造技术的宏观发展趋势

国际上对环境意识制造和逆向制造技术展开了讨论。欧洲、日本、美国等发达国家的许多跨国公司都制定了绿色制造实施目标和措施，开展节能、降耗、产品生命周期评估(life-cycle analysis，LCA)、环境审核、绿色产品开发等具体工作，如日本本田公司 2001年曾提出到 2003 年将全面实施绿色制造"的口号。特别是，近年来随着 ISO14000 环境管理体系系列标准、OHSAS18000 职业健康与安全卫生标准系列、绿色产品标志认证等的颁布，企业环境管理和绿色制造的研究更加活跃。截至 2002 年年底，已有 118 个国家49462 家企业已经获得 ISO14000 环境管理体系认证。可以不夸张地说，环境保护和绿色制造研究形成的强大绿色浪潮。正在全球兴起。绿色制造技术的宏观发展趋势体现在以下几个方面：

1. 绿色制造正朝着标准化、政策化、法律化的方向发展

由于传统企业长期以来忽视了环境和职业健康方面投入，认为这方面的投入与效益

不相关，因此绿色制造在企业的实施既要依靠市场引导，同时也需要通过标准化、政策化和法律化等手段强制推行。目前国际标准化组织和许多发达国家都纷纷推出绿色制造方面的标准、政策和法律，如 ISO14000 环境管理体系系列标准、英国标准协会、挪威船级社等颁布的 OHSAS18000 职业健康安全管理体系系列标准、德国的"蓝色天使"绿色产品标志计划、美国和加拿大联合推出的环境与公共卫生产品认证制度等。

2. "绿色贸易壁垒"促使着绿色制造技术的全球化发展

随着中国加入世界贸易组织，世界经济的一体化，传统的非关税壁垒被逐步削减，绿色贸易壁垒以鲜明的时代特征日益成为国际贸易发展的主要关卡。绿色贸易壁垒包括环境进口附加税、绿色技术标准、绿色环境标准、绿色市场准入制度、消费者的绿色消费意识等方面内容。将环保措施纳入国际贸易的规则和目标，是环境保护发展的大趋势，但同时也客观上导致了绿色贸易壁垒的存在。为了突破绿色贸易壁垒，积极参与全球化贸易的竞争。扩大本国产品的出口，绿色制造技术研究不再是公众环境意识强的发达国家的专利，而受到世界各国的普遍关注和重视，正朝着全球化的方向发展。我国许多专家纷纷提出突破"绿色贸易壁垒"的措施，如积极实施 SIO14000 和环境标志认证、积极参与国际环境公约和国际多边协定中环境条款的谈判以及加强环境经济政策的研究和制定等。专家们也普遍认为，提高科技和生产力水平是突破绿色贸易壁垒的基本措施之一，应该大力发展绿色制造技术，开发出绿色产品，走清洁生产的道路。

3. 绿色制造技术的集成特性愈来愈突出

绿色制造不仅仅意味着环保、健康，而是一种新时代突显绿色环保的先进制造模式，是时代进步的特征，愈来愈表现出多方面的集成特性。

(1)效益目标集成。绿色制造表现出制造企业经济效益和社会效益的集成，具体表现为制造时间、产品质量、制造成本、资源消耗和环境影响各目标的集成。

(2)组织模式集成。绿色制造组织模式的集成主要体现为其社会化属性。绿色制造技术作为可持续发展战略在制造业的体现，其研究和发展不是哪一方面的责任，而是企业、政府、非盈利组织、高校、消费者共同的职责。是一个社会化的问题。需要提高全社会的环境意识。群策群力推动绿色制造技术的发展和应用。

(3)技术集成。绿色制造技术逐步发展成为多个交叉技术学科。即环境工程绿色制造的理论与技术领域技术、制造工程领域技术、管理工程技术的交叉。

4. 绿色产品制造业正带动着传统产业的更新换代

"绿色"是产品开发和制造的一种创新理念。随着公众环境意识的增强，以及一系列环境技术标准和绿色产品认证的出台，这种创新理念逐步市场化、效益化。一项调查结果显示：我国愿意为环境改善而支付高价格的消费者略低于 8%。绿色产品在国际市场上相对于传统产品具有强劲市场竞争力。我国消费者的意识虽然相对落后，但由于基数大，仍不可小视，同样孕育着强大的市场潜力。由于绿色产品制造采用的是面向产品全生命周期的一体化制造模式，涉及原材料生产、产品设计、制造与装配、包装、销售、使用、回收处理等多个制造环节，因此在国际国内市场的驱动下，绿色产品制造业的蓬勃发展，将全面带动着我国传统产业的变革，实现良性的产业更新换代。

5. 绿色制造带来的新兴产业正在兴起，一批新的产业正在不断兴起

环保装备制造产业、产品回收和处理及逆向物流产业、再制造业、绿色制造实施咨询业、环境标准认证业等。此外，实施绿色制造的软件产业也正在形成，如国际市场上已有几十种关于绿色设计的商用软件。这些软件包括数据库软件和生命周期分析软件等[15]。

1.5.2　机电产品绿色设计与制造的发展趋势

机电产品绿色设计与制造的发展趋势主要表现在：

(1) 全球化。随着近年来全球化市场的形成以及我国加入世界贸易组织，绿色产品的市场竞争将是全球化的。

(2) 社会化。绿色设计与制造的研究与实现需要全社会的共同努力和参与，以建立绿色设计与制造所必需的社会支持系统。

(3) 集成化。目前，产品和工艺设计与材料选择系统的集成、用户需求与产品使用的集成、绿色制造的过程集成等集成技术的研究将成为绿色设计与制造的重要研究内容。

(4) 并行化。绿色设计今后的一个重要趋势就是与并行工程相结合，从而实现并行式绿色设计。

(5) 智能化。绿色设计与制造的决策目标体系是现有制造系统目标体系与环境影响、资源消耗的集成，绿色产品评估指标体系及评估专家系统，均需要人工智能技术的参与。

(6) 产业化。绿色设计与制造的实施将导致一批新兴产业的形成，包括废弃物的回收处理装备制造业、废弃物回收处理的服务产业、绿色产品设计与制造业和实施绿色设计与制造的软件产业。

1.5.3　绿色制造研究的科学价值和应用前景

(1) 绿色制造研究属国际制造科学技术前沿，将推动制造科学的发展绿色制造近年来的研究非常活跃。美国的一些国家重点实验室和国家标准技术研究院，以及麻省理工学院、加州大学伯克利分校等著名高等学校，均纷纷开展了这方面的研究。这些充分体现了绿色制造的学科前沿性。绿色制造将涉及现代制造观的变革、可持续制造理论、21 世纪制造系统的系结构以及大制造、大过程和学科交叉等一系统制造科学问题，它的研究无疑将会推动制造科学的发展[16]。

(2) 绿色制造是人类社会可持续发展的必然需求，具有重大社会效益绿色制造是人类可持续发展战略在制造业的体现，它考虑环境和资源既要满足经济发展的需要，又使其作为人类生存的要素之一而直接满足人类长远生存的需要，从而形成了一种综合性的发展战略。显然绿色制造的研究具有重大的社会效益。

(3) 绿色制造也将是 21 世纪企业取得显著经济效益的机遇实施绿色制造，最大限度的提高资源利用率，减少资源消耗，可直接降低消耗，从而直接降低成本；同时，实施

绿色制造减少或消除环境污染，可减少或避免因环境问题引起的罚款；并且，绿色制造环境将全面改善或美化企业员工的工作环境，有助于提高员工的主观能动性和工作效率；特别是未来的市场是绿色产品的市场；因此绿色制造对企业是一种机遇。

（4）国际环境管理标准的提出，更增添了企业对实施绿色制造的需求，ISO14000 系列标准提出后，在国际上引起了很大震动。实施绿色制造已是大势所趋。

（5）绿色制造将为我国企业消除国际绿色贸易壁垒提供有力支撑近年来，许多国家要求进口产品要进行绿色性认定，要有"绿色标志"。特别是有些发达国家以保护本国环境为由，制定了极为苛刻的产品环境指标来限制国际产品特别是发展中国家产品进入本国市场，即设置"绿色贸易壁垒"。绿色制造将为我国企业提高产品绿色性提供支撑手段。

（6）绿色制造将推动一类新兴产业的形成企业实施绿色制造，需要大量实施工具和软件产品，这是一个很大的市场，将会推动一类新兴产业的形成[8, 13, 14]。

参 考 文 献

[1] 席俊杰, 吴中, 马淑萍. 从传统生产到绿色制造及循环经济[J]. 中国科技论坛, 2005, (5): 95-99.

[2] 刘旌. 循环经济发展研究[D]. 天津: 天津大学, 2012.

[3] 叶文虎, 甘晖. 循环经济研究与展望[J]. 中国人口资源与环境, 2009, 19(3): 102-106.

[4] 宋德勇, 欧阳强. 循环经济的特征及其发展战略[J]. 江汉论坛, 2005, (7): 36-39.

[5] 梁樑, 朱明峰. 循环经济特征及其与可持续发展的关系[J]. 华东经济管理, 2005, 19(12): 61-64.

[6] 李兆前, 齐建国, 吴贵生. 从3R到5R: 现代循环经济基本原则的重构[J]. 数量经济技术经济研究, 2008, (1): 53-59.

[7] 黄贤金. 循环经济学[M]. 南京: 东南大学出版社, 2009.

[8] 李公法, 孔建益, 杨金堂, 等. 机电产品的绿色设计与制造及其发展趋势[J]. 机械设计与制造, 2006, (6): 170-172.

[9] 刘飞, 曹华军, 张华, 等. 绿色制造的理论与技术[M]. 北京: 科学出版社, 2005.

[10] 李聪波, 刘飞, 曹华军, 等. 绿色制造运行模式及其实施方法[M]. 北京: 科学出版社, 2011.

[11] 张华, 江志刚. 绿色制造系统工程理论与实践[M]. 北京: 科学出版社, 2013.

[12] 李聪波. 绿色制造运行模式及其实施方法研究[D]. 重庆: 重庆大学, 2009.

[13] 刘飞, 张华. 绿色制造的内涵及研究意义[J]. 中国科学基金, 1999, (6): 324-327.

[14] 刘飞, 曹华军, 何乃军. 绿色制造的研究现状与发展趋势[J]. 中国机械工程, 2000, 11(1-2): 105-109.

[15] 刘飞, 曹华军, 张华, 等. 绿色制造的理论与技术[M]. 北京: 科学出版社, 2005.

[16] 郑季良. 绿色制造系统的集成发展论: 基于企业集群视角[M]. 昆明: 云南人民出版社, 2009.

第2章　产品绿色化及其评价

制造业是创造财富的重要产业，是国民经济和国家安全的支柱产业。制造业的发展可以有力地促进社会经济的发展，极大地丰富人类的物质文明与精神文明。但是传统的高投入、高消耗、高污染的粗放型方式也造成了资源、能源的过快消耗以及环境污染的加剧等大量不可逆转的负面影响。

绿色设计是实现人类社会可持续发展的需要，是可持续发展的必然选择，绿色设计将生态环境与经济发展联结为一个互为因果的有机整体，考虑自然生态环境的长期承载能力，使环境和资源既能满足经济发展的需要，又能够满足人类长远生存的需要。本章对绿色设计的基本概念、绿色设计的关键技术、绿色设计的主要方法、绿色设计评价体系等内容进行了系统的介绍。

2.1　绿色设计的基本概念

2.1.1　绿色设计的提出

在漫长的人类设计史中，工业设计为人类创造了现代生活方式和生活环境的同时，也加速了资源、能源的消耗，并对地球的生态平衡造成了极大的破坏。据统计，全世界制造业每年大约产生55亿t无害废物和7亿t有害废物。如今，种类繁多的日用消费品已经进入千家万户，新产品源源不断地推出，产品生命周期日趋缩短，造成废弃的废旧工业产品数量猛增。在欧洲，每年约有80万t旧的电视机、计算机设备、收音机、测试仪器和300万t废旧汽车丢进垃圾场。在美国，由家庭和工业企业产生的城市固体废物已达到每人每天近2kg，如果依次来推算，一个1000万左右人口的大城市，一天产生的固体废弃物就是2万t，一年就是730万t！正是在这种背景下，人们对于现代科技文化所引起的环境及生态破坏进行了反思，并且强调社会责任心的回归。

20世纪60年代，美国设计理论家威克多·巴巴纳克(Victor Papanek)在《为真实世界而设计》(*Design for the real world*)一书中强调"设计应该认真考虑有限的地球资源的使用，为保护地球的环境而服务"。随着科技的发展以及人类物质文明和精神文明的不断提高，人类意识到生存的环境日益恶化，可利用的资源日趋枯竭，经济的进一步发展受到了严重制约，这些问题直接影响到人类文明的繁衍。80年代末，首先在美国掀起了"绿色消费"浪潮，继而席卷了全世界。绿色冰箱、环保彩电、绿色电脑等绿色产品不断涌现，广大消费者也越来越崇尚绿色产品，绿色设计应运而生[1]。

2.1.2　绿色设计的需求

人口、资源和环境是当今人类社会面临的三大问题，随着全球环境的不断恶化，环境问题已对人类社会的生存和发展造成相当严重的威胁。如何协调环境与发展之间的矛盾已经成为人类需要解决的一个迫在眉睫的问题。环境问题不是一个孤立存在的问题，它和人口、资源有着根本性的内在联系。

1. 绿色消费的必然要求

绿色设计是绿色消费的要求。绿色消费是在 20 世纪 80 年代后期逐渐形成的，人们在购买物品时，不仅关心产品的功能、寿命、造型和价格，而且更加关心产品的环境性能，宁愿多花钱购买绿色产品。除此之外，人们在生活上也尽量节约能源和资源，人们的消费观念不再以大量消耗资源、能源求得生活上的舒适，而是在求得舒适的基础上，大量节约资源和能源。

对于这样一种趋势，产品设计人员面临的一个挑战就是如何将产品设计与环境保护融为一体，使产品从材料上、设计上满足环境保护的要求，并与包装设计的视觉效果及保护功能等各方面结合起来，最终获得绿色产品，而这正是绿色设计必须解决的问题。

2. 生态环境的必然选择

制造业是创造财富的重要产业，是国民经济和国家安全的支柱产业。制造业的发展可以有力地促进社会经济的发展，极大地丰富人类的物质文明与精神文明。但是传统的高投入、高消耗、高污染的粗放型方式也造成了大量不可逆转的负面影响，如资源、能源的过快消耗，环境污染的加剧等等，从而造成了资源和能源枯竭危机。

绿色设计是一个综合性的发展战略，可以使资源、能源得到有效利用，并使环境污染降低到最低程度。绿色设计把可持续发展思想融入到产品设计过程中，将生态环境与经济发展联结为一个互为因果的有机整体，考虑自然生态环境的长期承载能力，使环境和资源既能满足经济发展的需要，又能够满足人类长远生存的需要。因此，绿色设计是实现人类社会可持续发展的需要，是可持续发展的必然选择。

3. 企业发展、市场竞争的需要

产品绿色化无疑增加了企业必要的环保投入，但是通过实施绿色设计，可以最大限度的提高资源和能源的利用率，直接降低成本，因此也会给企业带来可观的收益。

在当前条件下，企业出于自身的发展和市场竞争的需要，不能不实施绿色设计和开发绿色产品。除了环保法律法规的逐渐完善迫使企业必须遵守相关的法律条款之外，更重要的是，绿色设计本身的优点也可以让企业在实施绿色设计的同时获益匪浅，对企业自身的发展和产品市场竞争力的提高具有现实意义。

绿色设计虽然强调环境保护，但这与企业的效益并不矛盾。绿色设计不仅仅意味着必要的环保投入，同时意味着产品的高质量和低成本，例如，绿色设计通过减少零件的尺寸和重量来降低制造过程中的资源消耗，经过绿色设计的产品在报废以后可以回收再利用，这都可以减少产品的制造成本。此外，这些企业还能获得各种有形无形的优惠政策，从而使企业获益。

4. 消除贸易保护的有效方法

现在，各国政府部门普遍重视环境保护，在国际贸易中，进口国政府通过颁布复杂多样的环保法规和条例，建立了严格的环保技术标准和产品包装要求，实施了环境标志制度，对进口产品设置了绿色贸易壁垒。

绿色设计以提高产品的"绿色度"为目标，绿色产品则是绿色设计的最终载体。对产品进行绿色设计，可以生产满足社会和市场需要的绿色产品，从而克服贸易保护的限制，无论对社会的发展和经济的提高，还是提高产品在国际市场上的竞争力都具有重要的意义。因此，绿色设计是消除贸易保护的有效方法。

5. 环保法规的压力[2]

近年来，由于工业污染严重、废弃产品增多、资源严重缺乏，针对产品的环保立法越来越多。这些法律法规对企业的行为进行了约束，并要求制造商对产品在其全生命周期内产生的环境影响进行负责，并为其对环境的破坏付出代价。

到 20 世纪 90 年代初，有关环境的国际性条约、公约和协定已有 100 多项，如《海洋法公约》《蒙特利尔关于臭氧层空洞化备忘录》《气候变化框架公约》等。其中，1991年 4 月，国际商会(International Chamber of Commerce，ICC)通过了《可持续发展商务宪章》，明确地对企业提出了 16 条环境管理要求，在国际上产生了重要影响。而各国和各地区制定的诸如《环境保护法》等各种法律法规更是不计其数。

欧盟仅在 1989 年制定的环境法规就达 29 项之多。欧盟在 1993 年提出了"制造商责任制"法令，内容非常广泛，对设计、制造、用料标识、有害物质禁用期限、处理要求、回收率、再生材料的使用及其分类回收体系的建立都提出了明确的要求。欧盟在 2000年提出了"废旧电子电器回收法令草案"，要求电子产品的回收与再利用率达到 90%，禁止使用锡、铅、水银和卤化阻燃剂材料，到 2004 年，所有新电子产品使用的塑料中，至少含有 5%的再生塑料。欧盟于 2005 年 8 月 13 日开始正式实施《报废电子电气设备指令》，2006 年 7 月 1 日正式实施《关于在电子电气设备中禁止使用某些有害物质指令》。日本政府在 1998 年制定的《废旧家电回收法》已于 2001 年 4 月 1 日开始实行，并于 2000年 5 月制定发布了《推进形成循环型社会基本法》，由过去的控制工业污染，转变为以循环、共存、参与和国际行动四项长期工作为主要内容的，最终建立以再循环使用为基础的发展战略。1998 年，德国出台了"废旧信息设备处理办法"，其要点是：制造商(制造和进口信息设备者)有义务回收废旧设备。到目前为止，瑞典政府发布了三项关于回收处理废旧家电的法规，包括《电子电器产品制造商责任法》《废旧电器和电子垃圾预处理条例及指导原则》以及包括电炉设备的《废旧电子电器处理法》。

我国早在 1989 年 12 月颁布实施了《中华人民共和国环境保护法》，于 1994 年在世界上率先制定了《中国 21 世纪议程——中国人口、环境与发展白皮书》，推动了我国的可持续发展战略。针对我国废旧产品日益增多，固体废物污染日益严重的现实，1995 年10 月，《中华人民共和国固体废物污染环境防治法》正式颁布实施。2002 年 5 月，国家经贸委拟定《关于建立家用电器回收利用体系工作方案》，牵头成立了废旧家用电器回收利用体系工作协调小组，并成立立法起草小组，着手制定《废旧家用电器回收利用管理办法》。2003 年 1 月 1 日，我国颁布实施了《清洁生产促进法》。2003 年 3 月，广东省环保局编写的我国首个固体废物污染防治规划——《广东省固体废物污染防治规划》已由广东省人民政府批准实施。2003 年 6 月，沈阳市出台了《沈阳市废旧家用电器污染防治技术政策》，对沈阳市家用电器及电脑的回收做了具体规定。

　　这些和环境有关的法律法规对产品制造商应负的责任和义务做出了相关规定，这些规定涵盖了产品从生产制造到报废的整个生命周期。传统的设计方法由于仅仅从产品的功能角度出发对产品进行设计，因此没有考虑到产品对环境产生的影响，而绿色设计强调在设计阶段就考虑产品在整个生命周期内产生的环境影响，通过在设计阶段的有效规划使产品在生命周期内产生的负面环境影响降低至最小。在各种法律的驱使之下，企业必须通过实施绿色设计来提高产品的绿色性能，促进企业的良性发展。

2.1.3　绿色设计的定义

　　在产品生命周期内，着重考虑产品环境属性(自然资源自然资源的利用、环境影响及可拆卸性、可回收性、可重复利用性等)，并将其作为设计目标，在满足环境目标的同时，并行地考虑并保证产品应有的基本功能、使用寿命、经济性和质量等[1]。绿色设计(green design，GD)便为应对产品的绿色需求而产生的设计方法，也称为生态设计(ecological design，ED)[3]、环境化设计(design for environment，DFE)[4]、生命周期设计(life cycle design，LCD)或环境意识设计(environmental conscious design，ECD)等，虽然说法不同，但其含义大体一致，其基本思想是在设计阶段就将环境因素和预防污染的措施纳入产品设计之中，将环境性能作为产品的设计目标和出发点，力求使产品对环境的影响最小。

　　传统产品设计中，设计仅涉及产品寿命周期的市场分析、产品设计、工艺设计、制造、销售及售后服务等几个阶段，而且设计也主要是从企业自身的发展和利益出发，仅仅考虑或很少考虑环境属性，其设计指导原则只是要产品易于制造，并且具有要求的功能、性能即可。按照传统设计生产的产品在达到其使用寿命后基本上成为垃圾，传统设计是从"摇篮到坟墓"的过程，其产品的寿命周期具有开放性。

　　绿色设计区别于传统设计，绿色设计则是面向产品生命周期的设计；在整个产品生命周期内全程考虑环境因素，即产品从概念形成到生产制造、使用乃至废弃后的回收、重用及处理处置的各个阶段。要从根本上防止污染，节约资源和能源，关键在于设计和制造，不能等产品产生了不良的环境后果之后再采取防治措施，要预先设法防止产品及其工艺对环境产生的副作用。

　　绿色设计在一开始就考虑产品整个生命周期中从概念形成到产品报废的所有因素，在设计初期不仅仅考虑功能和质量，更要考虑对环境的影响和可持续发展，从而最优的去配置生产资源，减少损耗，达到生态经济效益最佳的效果，可以把废物的产生在源头处加以控制，减少环节后期垃圾处理的矛盾。

　　基于绿色设计的产品应具备以下要求：在制造过程中节约资源；在使用过程中节省资源、无污染；在产品报废后便于回收和再利用。

2.2　绿色设计的关键技术

2.2.1　绿色材料及其选择

从资源、能源和环境角度分析，人类的消费过程实际上是一个资源消耗和能源消耗及环境污染的过程。材料选择是产品设计的第一步，而材料的绿色特性对产品的绿色性能具有十分重要的影响，这就要求人类必须从环境保护出发，重新认识和评价过去所研究、开发和使用的材料。

1. 影响材料选择的因素

材料选择既要考虑产品的功能、结构、安全性、产品表面和时代感等因素，还要充分考虑产品的抗腐蚀性和使用环境等因素，如表 2.1 所示。

表 2.1　影响材料选择的因素

因素	内容
产品的功能	不同功能的产品对材料选择的要求是各不相同的。所以，在进行产品设计时，首先要明确所设计的产品是干什么的，主要功能是什么，然后根据其功能选择合适的材料
产品的结构	产品结构的复杂程度，对加工工艺和由此而产生的成本影响很大，进而影响到材料的选择。从材料的可靠性来考虑，材料应具备足够的强度和刚度；从产品的使用寿命来考虑，材料还应具备一定的耐久性
产品的安全性	安全性是材料选择最基本的因素。从人机系统角度考虑，一切产品都是为人服务、供人使用的，所以产品的安全使用是第一位的，这一点绝不能有半点含糊。材料应按有关标准选用，并充分考虑各种可能出现的危险
产品的表面	产品设计的美感在很大程度上受材料表面的影响，因此，材料的选择应注意材料所能允许制造成的表面形式。从产品表面效果看，根据设计的具体要求应从材料的肌理、色彩和质地三个方面考虑
产品的抗腐蚀性	产品抗腐蚀性的好坏直接影响到产品的外观、使用寿命和对产品的维护
产品的时代感	具有时代感的产品突出的一点就是反映某一时期市场的需要。随着时代的进步、科学技术的发展、人们审美观念的变化，人们对产品的材料也提出了新的要求，越是具有时代感的产品，越受消费者的欢迎
产品的使用环境	任何产品都在特定的环境中使用，所以产品的材料也必定受到环境的影响，因此，在材料的选择中，必须对产品在使用中可能存在的影响因素作必要的考虑

2. 绿色材料的定义与特征

绿色材料又称环境协调材料(environmental conscious material，ECM)或生态材料(eco-materials)是指那些具有良好使用性能或功能，并对资源和能源消耗少，对生态、环境污染小，有利于人类健康，再生利用率高或可降解循环利用，在制备、使用、废弃直至再生循环利用的整个过程中，都与环境协调共存的材料。基于绿色材料的定义可以看出，绿色材料具有三个特征：良好的使用性能、较高的资源利用率和对生态环境无副作用[5]。

3. 绿色材料的选择与管理

(1)在绿色设计中，材料选择应遵循如下原则[5]。

①尽可能使用在自然界中可循环的材料，并将自然的循环应用到其废弃和生产过程中。

②尽可能少地使用自然界中不可循环的材料，对那些非用不可的材料，应先设计一个再循环系统，在材料的废弃和再生过程中，严格控制数量。

(2)基于绿色材料选择原则，选择绿色材料还应考虑如下几个因素，如表 2.2 所示。

表 2.2　选择绿色材料考虑的因素

因素	特点
减少使用材料种类	使用较少的材料种类，不但可简化产品的结构，便于零件的生产、管理和材料的标识、分类与回收，而且在相同的产品数量下，可得到较多的回收材料，废弃产品得不到及时有效的处理会造成严重的环境污染
选用废弃后能自然分解并为自然界吸收的材料	绿色产品设计要求选择能自然降解的材料。国外已开始使用废弃后在光合作用或生化作用下能自然分解的塑料制作包装材料。我国也研制出了一种新型塑料薄膜，这种塑料薄膜在使用后的一段时间内即可降解成碎片，溶解在土壤中被微生物吃掉，从而减少环境污染
选用不加任何涂镀的原材料	从产品设计美观、耐用和防腐等要求出发所大量采用的涂镀工艺方法，不仅给废弃后的产品回收利用带来困难，而且大部分涂料本身就有毒。涂镀工艺本身也会给环境带来极大的污染。因此，需选用不加任何涂镀的原材料
选用回收材料或再生材料	由于像塑料、铝等许多材料使用后其性能基本不变，所以这些材料都可以加以回收利用。使用可回收的材料不但可减少资源的消耗，而且可以减少原材料在提炼加工过程中对环境的污染。如电视机的外壳、计算机的显示器外壳、键盘等许多零件都可用可回收塑料来制造。如果可回收塑料的性能不能满足零件的要求，可考虑在可回收塑料中加入一定比例的新塑料粒子，以改善其性能
尽可能选用无毒材料	铅及其化合物、镍及其化合物、铬及其化合物以及许多化学物质如苯、三氯乙烯等都具有毒性。使用有毒材料将给环境造成严重的污染，对人身安全会造成严重的潜在危害。因此，应尽量的避免使用这种材料。如果产品中一定要使用有毒材料，则必须对有毒材料进行显著地标注。另外，有毒材料应尽可能布局在便于拆卸的地方，以便回收或集中处理

(3)绿色材料的管理。

除了选择合适的绿色材料外，材料管理对绿色设计也非常重要。绿色设计中的材料管理包括两个方面，如表 2.3 所示。

表 2.3　绿色设计中的材料管理

类型	内容
原材料的管理	对原材料的管理，就是不能把含有有毒成分与无毒成分的材料混放在一起，以免引起材料之间的交叉感染
回收重用管理	对回收重用管理，包括回收和重用两个方面。前者是指对快要达到产品生命周期的产品，将有用部分要充分地回收利用，并根据各种材料的性能分类存放和管理；后者是指对可重用的材料应充分地利用，不要浪费，对不可重用的材料可以采用适宜的工艺方法进行处理处置，使其对环境的影响降低到最低限度

目前，常用的材料管理方法有：

①减少材料的种类；

②研究开发无毒无害材料；

③开发使用天然材料；

④研究产品结构的拆卸性能、回收性和可重用性能；

绿色材料选择与管理的计算机辅助系统是今后绿色材料管理的发展方向。

2.2.2　拆卸技术

拆卸是产品回收和重用的前提，无法拆卸的产品既谈不上有效回收，更谈不上重新利用。拆卸设计是绿色设计的关键技术之一，产品拆卸性能的好坏对产品使用过程中的维护及废弃淘汰后的有效回收、重用等均具有重要意义[6]。

1. 拆卸设计的意义

由于现代化机械产品很多都是机电结合的或多学科交叉的技术密集型产品，有些产品兼有无污染或有污染部分，给拆卸带来了许多困难；整个产品废弃淘汰后，可重用部分由于拆卸困难而难于回收重用，即使能够拆卸，也由于拆卸过程费时、费力、经济性差，回收重用的价值不大。不可拆卸不仅会造成大量可重用零部件、材料的浪费，而且因废弃物不好处置，还会造成严重的环境污染。设计拆卸性能良好的产品结构，对节约资源能源、保护环境以及实现可持续发展具有重要意义。

2. 拆卸设计的类型

拆卸设计的目的不同，相应的拆卸设计类型也不同。拆卸设计的类型有三种——破坏性拆卸、部分破坏性拆卸和非破坏性拆卸，如表 2.4 所示。在拆卸过程中，不损坏任何零部件，这是拆卸的最理想方法，也是拆卸的最高阶段。

表 2.4　拆卸类型

类型	特点
破坏性拆卸	将产品上的零部件分离，不管产品结构的破坏程度如何
部分破坏性拆卸	在拆卸过程中，只准损坏部分廉价零部件，其余零部件要安全可靠的分离。采用火焰切割、高压水喷射切割、激光切割等方法，可以进行这种分离
非破坏性拆卸	在拆卸过程中，只准损坏部分廉价零部件，其余零部件要安全可靠的分离。采用火焰切割、高压水喷射切割、激光切割等方法，可以进行这种分离

3. 可拆卸产品设计

可拆卸性是产品的固有属性，可拆卸产品设计就是在产品设计过程中，将可拆卸性作为设计目标之一，使产品的结构不仅便于装配、拆卸和回收，而且便于制造和具有良好的经济性。迄今为止，可拆卸产品设计尚没有系统的设计资料，因此，制定拆卸设计准则是实现可拆卸产品设计的首要问题[7]。

4. 拆卸设计准则

拆卸设计准则就是为了将产品的可拆卸性要求及回收约束转化为具体的产品设计而确定的通用或专用设计准则或原则。制定拆卸设计准则的目的如表 2.5 所示。

表 2.5　拆卸设计准则

拆卸设计准则	指导设计人员进行产品设计
	便于产品使用过程中的维护和服务
	便于废弃后产品有效的回收和利用

5. 设计准则的内容

以下设计准则是根据可拆卸产品的设计经验及某些资料归纳、整理而成的，可供在设计过程中参考。

1) 拆卸工作量最少准则

拆卸工作量最少包含两层意思：一是产品在满足功能要求和使用要求的前提下，尽可能采用最简单的结构和外形，组成产品的零件材料种类尽可能少；另一层含义是简化维护及回收人员的工作，降低对维护、拆卸回收人员的技能要求，使产品中的有毒有害材料易于分类和处理。

拆卸工作量最少准则包括以下几个方面：

(1) 简化产品功能原则。产品功能多样化，特别是机电产品的功能日趋增多，是导致产品结构与使用复杂化的根源。因此，在产品设计时，在满足使用要求的前提下，尽量简化掉一些不必要的功能。通常是进行功能价值分析来确定产品合理的功能，这样可使产品结构简化，便于废弃淘汰后的进一步拆卸回收和利用。

(2) 零件合并原则。通过分析组成产品的各零部件，将完成功能相似或结构上能够组合在一起的零部件进行合并。合并时必须对以下三个问题进行回答，即该零件与其他零件是否有相对移动？该零件的材料是否与其他零件的材料不同？该零件是否有装配或拆卸要求？

(3) 减少产品所用材料种类原则。减少组成产品的材料种类，会使组成产品材料的相容性增大，对一些没有再利用价值的零部件可不必进一步拆卸，而作为整体回收，因而可大大简化拆卸工作。

(4) 有害材料的集成原则。有些产品由于条件所限或功能要求，必须使用有毒或有害材料，此时，在结构设计时，在满足产品功能要求的前提下，尽量将这些材料组成的零部件集成在一起，以便于以后的拆卸与分类处理。

2) 结构可拆卸性准则

产品零部件之间的连接方法对可拆卸性有重要影响。在产品设计过程中，要尽量采用简单的连接方式，尽量减少紧固件数量，统一紧固件类型，并使拆卸过程具有良好的可达性及简单的拆卸运动。

(1) 采用易于拆卸或破坏的连接方法。将零部件连接在一起的方法有很多种，如螺纹连接、焊接、粘接、搭扣式连接等，这些方法的选择必须考虑拆卸分离是否方便。

通常，金属零部件选用螺纹连接，因为其他连接方式要求有较大的拆卸力；塑料零件理想的连接方式是搭扣式连接，此时无需拆下其他零件，且无杂质残留；若采用黏接，则拆卸工作就比较麻烦，因为，黏接零件的分离需要较大的拆卸力，而残留在零件上的黏接剂在回收前必须去除，因而拆卸处理过程复杂。若想不分离，则要求被粘贴材料、黏接剂与基体材料为同一种材料，如目前有些塑料产品上的标签，其标签材料、黏接剂和基体材料就采用了同一种材料(多为聚碳酸酯)，以简化拆卸分离工作。

(2)紧固件数量最少原则。拆卸部位的紧固件数量要尽可能少，使拆卸容易且省时省力。螺纹连接虽然拆卸方便，但螺纹连接的数量不宜过多，否则，会使拆卸时间延长。同时，紧固件类型应统一，这样可减少拆卸工具种类，简化拆卸工作。

(3)简化拆卸运动。这是指完成拆卸只要做简单的动作即可。具体地讲，就是拆卸应沿一个或几个方向做直线移动，尽量避免复杂的旋转运动，并且拆卸移动的距离要尽可能短。

(4)可达性原则。对连接部位的拆卸、切断、切割等提供易于接近的位置，对手工及自动分离的零件，其连接部位和连接应易于接近，且尽可能在预先确定的区域内。合理的结构设计是提高产品可达性的有效途径。

一般来讲，为了解决拆卸过程的可达性问题，必须从三方面入手：第一是看得见——视角可达，即拆卸时，应能看到内部的拆卸操作，并有足够的空间容纳拆卸人员的手臂及进行观察；第二是够得着——实体可达，即拆卸过程中，操作人员身体的某一部位或借助工具能够接触到拆卸部位；第三是足够的拆卸操作空间，即需要拆卸的部位，其周围要有足够的空间，以方便拆卸工作，如螺栓、螺母的布置应留有足够的扳手空间。

3)拆卸易于操作原则

拆卸过程中，不仅拆卸动作要快，而且还要易于操作，这就要求在结构设计时，在要拆下的零件上预留可供抓取的表面，避免产品中有非刚性零件存在，将有毒有害物质密封在同一单元结构内，提高拆卸效益，防止环境污染。

(1)单纯材料零件原则。尽量避免金属材料与塑料零件的相互嵌入，如目前广泛采用的注塑零件就往往将金属部分嵌入塑料中，这会使以后的分离拆卸工作难以进行。

(2)废液排放原则。有些产品在废弃淘汰后，其中往往含有部分废液体，如汽车中的汽油或柴油、润滑油，机床中的润滑油等，为了在拆卸过程中不致使这些废液遍地横流，造成环境污染和影响操作安全，在拆卸前首先要将废液放出。因此，在产品设计时，要留有易于接近的排放点，使这些废液能方便、完全的排出。

(3)便于抓取原则。当待拆卸的零部件处于自由状态时，要方便地拿掉，必须在其表面设计预留便于抓取的部位，以便准确、快速地取出目标零部件。

(4)非刚性零件原则。产品设计时，尽量不采用非刚性零件，因为这些零件的拆卸不方便。

4)易于分离原则

即在产品设计时，尽量避免零件表面的二次加工，如油漆、电镀、涂覆等，同时，避免零件及材料本身的损坏，也不能损坏回收机器(如切碎机等)，并为拆卸回收材料提供便于识别的标志。

(1)一次表面原则。即组成产品的零件，其表面最好是一次加工而成，尽量避免在其表面上再进行诸如电镀、涂覆、油漆等二次加工。二次加工后的附加材料往往很难分离，残留在零件材料表面则形成材料回收时的杂质，影响材料的回收质量，除非附加材料与基体材料具有良好的相容性，但这一点目前还很难实现。

(2)便于识别原则。产品的组成材料种类往往较多，特别是复杂的机电产品，为了避免将不同材料混在一起，在设计时就必须考虑给出材料的明显识别标志，以便其后的分类回收。常用的识别方法有模压标志(将识别标志制作在模具上，然后复制到零件表面)、条形识别标志(将识别标志用模具或激光方法制作在零件上，这种标志便于自动识别)、颜色识别标志(用不同颜色标明不同材料)等。由于产品在使用过程中，零件表面的状态会发生变化，使得这些标志模糊不清或者丢失，给分类回收造成了困难，因此，适宜于长期保留的识别标志还有待于进一步地研究。

(3)统一标准原则。设计产品时，应优先选用标准化的设备、工具、元器件和零部件，并尽量减少其品种、规格。标准化是现代产品的设计特点，从简化拆卸及维修的角度，要求尽量采用国际标准、国家标准或行业标准的硬件(元器件、零部件等)和软件(如技术要求等)，减少元器件、零部件的种类、型号和式样。实现标准化有利于产品的设计和制造，也有利于废弃淘汰后产品的拆卸回收。

(4)模块化设计原则。模块化是实现部件互换通用、快速更换和拆卸的有效途径，因此，在设计阶段采用模块化设计，可按功能将产品划分为若干个各自能完成某些功能的模块，并统一模块之间的连接结构、尺寸，这样不仅制造方便，而且对拆卸回收也有利。

(5)产品结构的可预估性原则。产品在使用过程中，由于存在污染、腐蚀、磨损等情况，且在一定的时间内需要进行维护或维修，这些因素均会使产品的结构产生不确定性，即产品的最终状态与原始状态之间产生了较大的改变。为了使产品废弃淘汰时其结构的不确定性减少，设计时应遵循以下原则：①避免将易老化或易被腐蚀的材料与所需拆卸、回收的材料零件组合；②要拆卸的零部件应防止被污染或腐蚀。

上述这些准则是以有利于拆卸回收为出发点，在设计过程中，准则之间有时会产生矛盾或冲突，此时应根据产品的具体结构特点、功能、应用场合等综合考虑，从技术、经济和环境三方面进行全局协调优化。

2.2.3　回收技术

节约自然资源、减少环境污染是绿色设计的根本目标，合理的回收和再生将产生巨大的经济效益和社会效益。如果在产品设计时就考虑回收和再生，则可以有效提高废弃产品的再生率，由此，产生了面向回收的设计思想和方法。

1. 回收设计概念

这里所说的回收是区别于通常意义上的废旧产品回收的一种广义回收。表 2.6 给出了回收设计与传统设计的比较，回收设计(design for recovering&recycling，DFR)就是实现广义回收所采用的手段或方法，即在进行产品设计时，充分考虑产品零部件及材料回收的可能性、回收价值大小、回收处理方法、回收处理结构工艺性等与回收有关的一系列问题，以达到零部件及材料资源和能源的充分有效利用，是环境污染最小的一种设计思想和方法[8]。

再利用是回收设计的主要目标，其途径一般有两种，即原材料的再循环和零部件的再利用。鉴于材料再循环的困难程度和高昂的成本，目前，较为合理的资源回收方式是零部件的再利用。对回收及重复利用零部件的机电产品可行性研究表明：零部件的重复利用可使产品的最终成本平均下降 30%。因此，回收设计具有明显的经济效益和社会效益，它不仅降低了与废弃物处理有关的一切费用，而且减少或消除了违反有关法律后所受到的相关处罚。

影响回收的两个主要因素是产品的拆卸技术和回收利用成本。其解决方法可遵循以下两个基本原则：首先拆下产品中最有价值的部分；尽量提高拆卸效率。

表 2.6　传统设计与回收设计附加的比较

传统设计的要求	面向回收设计的附加要求
功能	长寿命或短寿命产品
安全性	环境保护法规，回收材料特性及测试方法
使用	回收方法及废弃规则物
人机工程因素	利用可回收材料的设计准则
生产	先期用户回收及后勤保障，回收材料的生产性能
装配	装配策略，面向拆卸的联结结构
运输	重用及再生材料运输及装置
维护	将拆卸集成在回收后勤保障中
回收废物处理	产品回收，再生，材料回收，处理
制造成本	制造成本，使用成本，回收成本

2. 回收设计方法

图 2.1 是回收设计过程框图。由图可见，回收设计过程设计的三个阶段(概念设计、粗略设计、详细设计)以模块化结构满足拆卸性能要求，以零部件的重复利用及良好的回收工艺满足回收策略及回收目标。

(1)明确并定义设计任务。确定设计任务的依据是用户及市场需求、国家的有关法律法规和政策。根据这些要求和规定，可以确定产品生命周期的长短、回收方式，同时应了解产品所用材料的相容性、回收性能等。

(2)确定产品的功能及基本组成。根据设计任务，确定其具体功能和实现这些功能的基本结构。

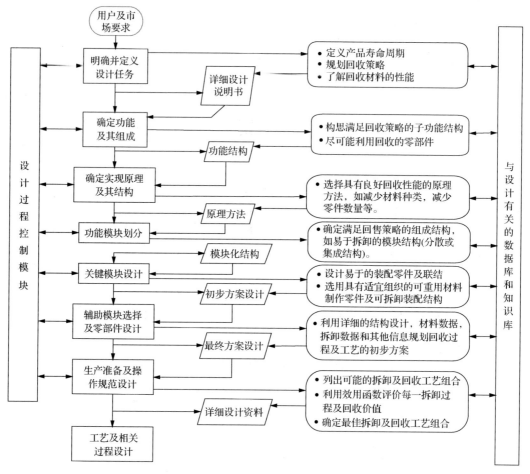

图 2.1　面向拆卸的回收设计过程

　　(3)确定实现产品功能的原理及其结构。一般来说,实现某种功能的原理结构可能有很多,但从便于以后的拆卸回收考虑,应尽可能采用所需零部件数量少、所用材料种类少的结构。

　　(4)产品功能模块的划分。为了保证产品具有良好的拆卸回收性能,在进行结构设计时,应尽量采用模块化结构。因此,在确定了实现产品功能的原理及其结构后,则可确定产品功能模块的划分及组合原则,根据产品特点,决定采用分散模块结构或集成模块结构。

　　(5)关键(主要)模块设计。根据功能模块的划分结果,对组成产品的主要模块结果进行具体设计,主要包括组成模块的零件数量最少化,模块内部及模块之间连接结构的统一化、标准化,并易于拆卸分离,尽量采用可回收零部件及材料等。

　　(6)辅助模块的选择及零部件设计。产品的主要模块设计完成后,其基本结构就大致确定了。但产品总体功能的实现还需要选择适宜的辅助模块,并对有关零部件进行设计。其主要内容包括各零部件、模块之间的连接结构,根据产品中零部件材料特点确定拆卸回收对象,并对回收过程及回收工艺做出初步规划。

　　(7)回收工艺及回收评价。经过上述设计过程即可确定产品的具体结构,此时,可对产品的整体拆卸回收效果进行评价，即优化拆卸过程及回收方法、拆卸回收过程的经济性分析，确定最佳回收策略，最终实现产品回收设计的目标。

3. 回收设计准则

在回收设计中，应遵循以下设计准则，如表 2.7 所示。

表 2.7　回收设计准则

内容	特点
设计的结构易于拆卸	合理的部件结构应保证毫无损伤地拆下目标零件(要回收的材料及重用的零部件)，这可通过选用易于接近并分离的联结结构来实现；需要时，可将有害材料集成在一起，并能以一种简单的分离方式拆下
可重用零部件材料要易于识别分类	可重用零件的状态(如磨损、腐蚀等)要容易明确地识别，这些具有明确功能的可拆卸零件应易于分类，并根据其结构、连接尺寸及材料给出识别标志
结构设计应有利于维修调整	设计的结构尽可能用简单的工具就能调整，其布局应符合人机工程学原理，便于对拆下零件进行再加工，易于调整件及新换零件的重新安装。同时，尽可能避免磨损或使磨损最小，可根据任务分解原理，将易损件布局在能调整、再加工或需更换的零件上或区域内
尽可能利用回收零部件或材料	在回收零部件的性能、使用寿命满足使用要求时，应尽可能将其应用于新产品设计中，或者在新产品设计中尽可能选用回收的可重用材料，这样可充分利用材料资源，节约生产费用，降低生产成本，保护生态环境
应便于分离拆卸不合理的材料组合	有些零件为满足使用性能要求，在目前状况下不得不采用不同材料组合，这样在设计时应从结构上考虑其便于拆卸分离，便于以后回收

2.2.4　绿色设计数据库和知识库

绿色设计由于涉及产品生命周期全过程，需要占有大量的资料，运用多种技术和方法才能帮助设计人员作出正确的决策。为了满足绿色设计要求，必须建立相应的数据库和知识库，并对数据和知识进行管理和维护。绿色设计数据是指在绿色设计过程中所使用的和产生的数据。绿色设计知识是指支持绿色设计决策所需的规则。建立绿色数据库、知识库是绿色产品开发、评价和决策的基础[5]，其中包括材料影响数据库、制造工艺环境影响数据库、产品使用环境影响数据库、生命周期评价(life cycle assessment，LCA)数据库，价值分析数据库及各种知识库等。

1. 绿色设计的数据和知识的种类、特点

1)绿色设计数据种类和知识的种类

绿色设计数据包括产品生命周期过程中的所有数据。如材料数据、不同材料的环境负担值、材料的自然及人工降解周期、制造、装配、销售和使用过程中产生的废弃物数量及能耗、回收分类特征数据及生命周期各个阶段的费用和时间等。这些数据分为静态数据和动态数据。静态数据是指经过标准化和规范化的设计数据，如手册中的所有数据、回收分类特征等，这些数据常用表格、线图、公式、图形和格式化文本表示；动态数据是指在设计过程中产品产生的有关信息，如中间过程数据、零件图形数据、环境数据等。

绿色设计过程中，除了涉及大量的数据外还涉及大量的知识。常用的知识有：公理性知识、经验性知识及标准性知识等，这些知识主要用于设计过程中的选择与决策，如材料选择、方案选择、拆卸结构选择、设计结果决策等。

2) 绿色设计数据与知识的特点

绿色设计数据隶属于工程数据，具有以下三方面的特点。

(1) 数据类型复杂。绿色设计数据与一般的关系型数据不同，它们除了具有一般的关系型数据库所能表达的数据类型外，还具有变长、非结构化数据、过程数据、复杂关联关系数据和图形数据等。可见，绿色设计数据与知识是由复杂的数据类型所构成，用一般关系型商用数据库很难实现对它们的管理。

(2) 动态数据模式。动态数据是在设计过程中由各种问题求解行为所产生的中间及最终设计结果。在求解中，必须具备动态数据模式来支持动态数据的处理，这完全不同于传统的商用数据的处理模式。

(3) 数据结构复杂。绿色设计数据的复杂数据类型和动态数据模式的特点，又导致了数据结构的复杂与实现的困难。虽然局部设计数据可采用常用的线性表、树结构、链表结构等来实现，但作为全局设计的数据还涉及复杂的树状、网状和图状等结构。

2. 绿色设计的数据与知识的获取与表达

如何获取、表达绿色设计所需的数据和知识，使之既便于计算机内部对它们的描述与管理，又便于绿色设计系统的设计决策，是计算机辅助绿色设计所要研究的重要问题。

1) 绿色设计数据与知识的获取

为了获取绿色设计数据与知识，应该做到两点。

(1) 设计数据与知识表达方式规范化和标准化。这里有三层含义：数据与知识内存表达规范化（系统要为各种数据和知识制定合理的表达模型与相应的数据结构）；数据与知识内存表达方式的格式标准化（供用户收集和整理数据与知识时用）；数据与知识获取界面的规范化（依靠标准化的设计数据与知识来获取界面的实现）。

(2) 设计数据与知识获取方式规范化和方便化。数据与知识的获取一般分为两步进行：收集、整理、归纳、总结和分类；输入、维护、管理。

2) 绿色设计数据与知识的表达

绿色设计数据与知识是通过数据结构来实现的。用于绿色设计数据与知识的数据结构有串、栈、表、树、图以及框架结构（类似于树）、网格结构（类似于图）等。

3. 绿色设计的数据库与知识库的设计

1) 绿色设计数据库与知识库管理系统的功能要求

绿色设计数据库与知识库的动静结合，决定了相应的数据管理功能具有如下的要求。

(1) 支持复杂数型数据的定义。数据类型是构成数据对象的基础，因此，要求绿色设计数据的管理功能能实现对结构化定长、非结构化变长数据的定义与描述。

(2) 支持动态数据模式的操作。由于在绿色设计过程中，动态数据的库模式是动态可变的，因此，相应的数据管理功能应能支持库模式的动态修改与扩充。

（3）支持复杂数据模型的定义、描述与操作。绿色设计数据经常涉及"多对多"关系型的数据实体，这样就要求数据库和知识库具有表示和处理实体间复杂关系并保证实体完整性的能力。

（4）支持分布式环境下的数据操作。绿色设计涉及产品生命周期全过程，各过程之间需要进行数据交换，这就必须依赖计算机网络。相应的，绿色设计数据管理也具备计算机网络操作功能，且包含分布式数据存储和处理机制。

2）绿色设计数据库与知识库的数据模型

设计数据库与知识库的数据模型是实现绿色设计数据与知识的核心。设计数据库与知识库模型通常有四类：层次模型、网状模型、关系型模型和面向对象的模型，如表 2.8 所示。

表 2.8　设计数据库与知识库模型

类型	内容
层次模型	用树结构表示空间实体之间联系的模型叫做层次模型。这种模型体现了事物"一对多"的关系，它具有结构简单、清晰的特点
网状模型	用网状关系的图结构表示空间实体之间联系的模型叫网状模型。这种模型体现了事物"多对多"的关系。层次模型是网状模型的一特例
关系模型	把信息集合定义为一张二维表的组织结构，每一张二维表为一个关系，表中每一行为一个记录，每一列为数据项。这种用表格数据来表示实体和实体之间联系的模型叫关系模型。这种模型的结构比较简单，也能够处理一些复杂事物之间的联系，但对大量的非线性工程数据，使用它就不太方便
面向对象的模型	随着数据和模型复杂性的不断增加，像层次模型、网状模型和关系模型等传统的数据模型已越来越不适应新环境的要求。传统的数据模型缺乏丰富的语言描述能力，难以支持像图像、文本、声音、规划或过程等新型数据类型以及各种信息的多版本性。为解决这一问题，支持面向对象的数据和传统数据库特征的数据库系统应运而生

4. 构造绿色设计数据库与知识库的一般步骤

绿色设计数据库与知识库的设计应遵循软件设计的"自顶而下，逐步求精"的原则。其一般步骤如下：

（1）绿色设计需求分析。

（2）概念结构设计。

（3）逻辑结构设计。

（4）物理结构设计。

尽管这一步骤与一般的数据库设计步骤相类似，但在构造绿色设计数据库与知识库中应充分考虑绿色设计数据库与知识库的特点。

2.2.5　绿色设计工具及其开发

绿色设计工具，即绿色产品的计算机辅助设计（computer aided design for green product），是目前绿色设计的研究热点和重点之一。绿色设计是一个多学科领域知识的集合，而且在设计过程中，这些知识不是简单的组合或叠加，而应是有机的融合。因此，利用常规的分析方法、计算方法和设计工具，是无法满足绿色设计要求的。其次，绿色设计所涉及的知识、数据等多呈现出一定的动态性和不确定性，用常规方法很难做出正确的决策判断。另外，对于产品设计人员而言，由于其精力和知识范围所限，只能要求他们在设计过程中具有一定的环境基础知识和环境保护意识，而不能要求他们成为出色的环境保护专家。

由此可见，实施绿色设计必须具有相应的设计工具作支持。开发绿色设计工具的目的就是通过应用现代信息技术手段，在产品设计的初期阶段，考虑产品生命周期所有阶段的生态需求，为产品设计人员提供可供遵循的设计准则和易于操作的设计工具，使绿色设计高效、有序地进行。

图 2.2 即为绿色设计工具的主要组成部分。它主要包括绿色设计的需求分析和目标确定、生命周期过程阶段描述与设计、设计评价、设计模拟及系统信息模型等。

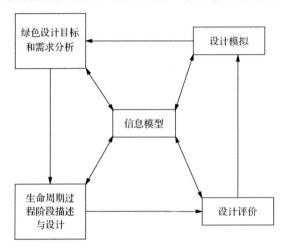

图 2.2 绿色设计工具的主要组成部分

1. 需求分析和目标确定

需求分析和目标确定需要根据设计产品的特点确定其具体内容，而不是所有的产品均必须按部就班地进行。图 2.3 是绿色设计的需求分析和目标确定的一个例子。

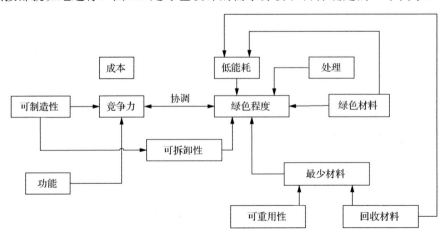

图 2.3 绿色设计的需求分析和目标确定

可以看出，这里的目标有两个，即产品的竞争力和绿色程度，而围绕这两个目标的需求则涉及诸多内容，如对竞争力而言，就需要考虑产品成本、可制造性(包括拆卸性)、产品功能需求等；而对产品的绿色程度来讲，需要考虑产品能耗、可处理性、绿色材料的选用、产品零部件的可重用性及回收材料的使用需求等。同时，为了使这两个目标取得协调，与其有关的需求之间也需要相应的协调。

2. 生命周期过程阶段描述与设计

描述产品生命周期各阶段的各种需求对环境的影响，并在设计过程中实现这些需求是这一部分的主要内容。这些需求有时是相互矛盾的，例如，可拆卸性设计可显著减少回收过程的环境影响并使回收过程大大简化；但另一方面，由于满足拆卸性能的要求势必使产品结构有所变化，会使制造过程的复杂性增加。详细描述这些需求，并在设计过程中进行协调和控制，使设计结果最终满足绿色设计的基本要求。

3. 设计评价

绿色设计评价可以利用各种工具，如计算机辅助拆卸分析(design for disassembly analysis，DFDA)、LCA 工具及各种数据库等，以支持生命周期各阶段设计过程的进行。依据评价结果决定是否改进设计。其中，评价指标体系的建立及评价方法的确定是综合评价的关键。

4. 设计模拟

按设计结果对产品功能、属性等进行模拟是保证产品设计成功的必要手段。这里的模拟是广泛意义上的模拟，它除了产品结构方面的模拟外，还包括产品能耗、排放物的数量或环境污染数值的大小的可视化模拟，如利用 bar 图或统计曲线图等。

5. 系统信息模型

绿色信息模型按优先性原则及时给设计人员提供设计过程每一阶段的有关信息，并能对设计过程中出现的矛盾进行协调解决。

绿色设计信息模型是绿色设计的核心。为使设计人员能够有效地使用、管理和处理绿色设计信息，要求绿色设计工具应具备诸如搜索、选择及分析已有信息的功能。通过信息模型，设计工具的各组成部分之间才能进行有效的通信和信息交换。某种产品由于功能要求而设计成某一结构形状，而这种形状所对应的加工方法却与产品的环境需求产生矛盾，这时，绿色设计信息模型必须能够协调解决这一类问题。

2.3　绿色设计的主要方法

绿色设计实质上是一种对产品从"摇篮到再现"全过程的控制设计。它在知识领域、设计方法以及设计过程等方面，比传统设计要复杂得多。因此，采用传统的设计方法或简单地将几种方法叠加起来是无法实现真正意义上的绿色设计的。绿色设计应该是现代设计方法的集成和设计过程的集成。

　　绿色设计过程一般需要经过以下几个阶段：通过市场调研进行需求分析；提出明确的设计要求；进行概念设计；进行初步设计；进行详细设计；进行产品设计的实施。如图 2.4 所示。

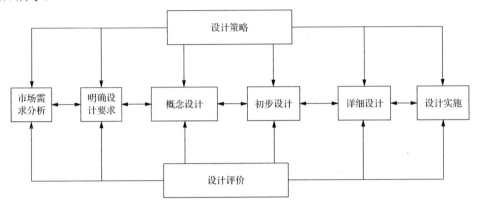

图 2.4　绿色产品设计阶段

　　虽然从表面上看，绿色产品设计过程与一般产品设计过程区别不大，但绿色产品设计过程中的每一阶段、设计评价和设计策略中都包含了环境的因素。在对产品进行市场调研和需求分析阶段中，首先通过市场调研，明确用户需求，提出完整的设计要求(包括环境需求)，然后采用各种设计策略来满足设计要求。在各个设计阶段中，还要不断地进行反映产品生命周期设计方案的评价。成功的产品设计最终应该能满足产品性能、成本和环境三个方面综合平衡的设计要求。

　　针对用户特征、消费者需求、协作需求、技术需求、管理需求和环境需求等节点定义作一说明。

　　用户特征：消费者使用产品的目的以及使用环境、空间的特点与限制。

　　消费者需求：产品消费者对产品各方面的需求，包括功能特点(如使用性、结构性、造型、色彩、安全性、价格等)、功能指标等。

　　协作需求：面向产品开发过程的内外协作的需求。内部协作需求是指参与产品开发的群体间的需求。外部协作需求是指反映生产该产品的企业之间的协作关系。

　　技术需求：它包括工程技术标准、生产与制造、资源等。其中，工程技术标准包括产品设计开发过程中所涉及的工程标准与规范；生产与制造包括产品加工工艺、制造、装配等环节的需求；资源包括涉及产品制造过程中所需要的材料、零部件等。

　　管理需求：汇集产品在生产、使用、废弃等过程中有关的管理需求。

　　环境需求：从产品生命周期的角度分析，评价产品对环境的影响，尽可能使产品的资源、能源利用率最高，并保证无环境污染或环境污染最小。

2.3.1　生命周期设计方法

1. 产品生命周期设计的概念

如前所述，传统设计的依托是产品的技术、经济性能和相应的设计规范，企业通常只管设计与制造产品并将生产的产品投放市场，而使用是用户的事，废弃淘汰后的处理或回收则是社会的事，生产厂家、用户和社会三者之间没有太多的联系。产品使用期间对人体健康造成的伤害及在生命周期过程中造成的环境污染由社会承担，不会追溯到生产厂家。这种状况已经不能适应未来社会发展的要求。只有生产厂家、用户和社会三者共同关心并参与产品的设计开发，也进行产品的全生命周期设计，才能克服传统设计存在的不足[9]。

　　产品生命周期设计的各个环节可用图 2.5 来描述。从此图可以看出，一个产品的生命周期包括以下各个环节：市场需求分析、设计开发、生产制造、销售、使用及废弃后的回收处理。在设计过程中，设计方案的选择是根据某种评价函数来进行的，这种评价函数必须包含图 2.5 中外圈所示的各项因素，即产品的基本属性、环境属性、劳动保护、资源有效利用、可制造性、企业策略和生命周期成本。

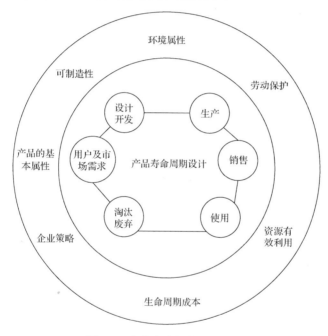

图 2.5　产品生命周期设计轮图

　　产品基本属性是指产品应具有的功能、质量、成本、服务及寿命。

　　环境属性是指在产品生命周期内的任何一个阶段都不会造成环境污染。

　　劳动保护或职业保健是指在生命周期设计中，分析评价产品生命周期内各阶段的工作条件对劳动安全和人体健康的影响，并采取适当措施减少或消除这种影响。

　　资源有效利用在这里通常是指材料资源和能源，由于材料和能源生产过程中会产生严重的环境污染，因而必须节约能源和原材料，实现其最佳利用效果。

　　可制造性是指产品可制造性能的好坏，如制造工艺性、装配工艺性、拆卸工艺性等。企业策略是指企业为迎合市场及用户需求而制定的本企业的若干特殊政策，如绿色产品战略、绿色设计准则、企业绿色形象等。

　　生命周期成本不同于传统产品的成本概念，它不仅包括设计成本、生产成本及某些附加成本，也包括使用成本及废弃淘汰产品的拆卸回收、处理处置成本等。

2. 生命周期设计的系统模型

在进行产品生命周期设计时，首先应进行产品生命周期的环境需求分析，明确设计目标和设计要点，再进行具体细节设计[9]。

(1)生命周期环境需求分析。产品生命周期的需求包括两类：一类是总需求，如优质、高产、清洁、绿色等；另一类则是环境需求，如回收性、不排放有害物质等。有时也可将总需求中对产品特性具有重要影响的需求定为设计目标，如竞争力、绿色程度等。

根据需求的特性，也可将其分为固定需求(fixed requirements)、最小需求(minimum requirements)和理想需求(desired requirements)。对环境需求而言，常见的是用公式表示的最小需求，以确立环境需求的极限值不超过某一规定的界限，如计算机主机在待机状态时的功率消耗不大于 30W，工作状态时的功率消耗不大于 60W 等。对具体产品来说，理想需求可能有很多，通常对其按优先级进行排序，并赋予一定的权值，还可根据具体情况，对理想需求进行更详细的分组。

环境需求分析除确定生命周期每一阶段的环境需求及表达方式外，还必须确定每一种需求之间的相互关系及协调解决机制。如对同一产品来说，其绿色程度和功能先进性需求之间存在一定的关系，若采用回收利用材料，则产品的绿色程度就好，但此时可能使产品功能的改进受到影响而不利于市场竞争。因此，不仅应清楚表达这些需求之间的关系，还要为综合解决所出现的矛盾而制定适宜的协调解决机制，就上例而言，可通过选用性能优良的回收材料或改进局部结构来达到采用回收重用材料既能保持产品的绿色程度要求又不影响产品功能改进的目的。

(2)生命周期设计的系统框图(图 2.6)。根据产品需求、环境需求及市场准入方面的

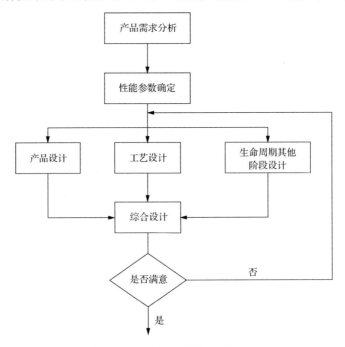

图 2.6　生命周期设计系统框图

需求分析，确定产品应具有的功能、性能等特性参数，进行生命周期各阶段的设计，并对各阶段的设计过程和结果进行协调。当设计结果满意时，则可得到与产品生命周期有关的所有信息，如设计资料、工艺信息等；若设计结果不能满足生命周期设计的要求，则可进行有关环节的协调和修改，直至最终达到所要求的设计目标。

(3)产品生命周期设计策略。生命周期设计的任务就是谋求在整个生命周期内资源优化利用，减小或消除环境污染。产品生命周期设计的策略包括以下几方面内容。

①产品设计应面向生命周期全过程，产品设计应考虑从原料采集直至产品废弃后的处理处置全过程中的所有活动。

②环境需求分析应在产品设计开发的初期阶段进行。在产品设计的初期阶段就应归纳出对其系统的环境要求，而不是依赖于末端处理，要综合考虑环境、功能、成本、美学等设计准则，在多目标之间进行权衡，做出设计决策。

③实现多学科、跨专业的合作开发设计。由于生命周期设计涉及生命周期的各个阶段、各种环境问题和环境效应以及不同的研究对象，如减少废弃物排放、现有产品的再循环、新产品研发及再循环等，所以，产品的设计任务涉及广泛的知识领域。多学科的合作设计，可以从一开始就仔细谋划设计的各个方面，集思广益，做出最佳的选择。这样不但可以增加产品成功开发的机会，而且可以缩短完成设计的时间。

以啤酒生产为例，啤酒生产不仅涉及啤酒酿造工艺和酿造设备的设计，还涉及啤酒的包装问题，在瓶装啤酒中，包括啤酒瓶、瓶盖标签等的设计。啤酒瓶作为灌装含气液体并多次重复使用的包装容器，应具备足够的坚固性，同时又应减轻重量、易于清洗；瓶盖直接与啤酒接触，瓶盖材料和垫片材料应无毒性，并能保证在保质期内有足够的密封性能；标签纸要有足够的牢度，以免在运输过程中脱落，印刷图案的油墨应不含有毒性。显然，有关啤酒瓶、瓶盖、标签纸、印刷油墨、黏结剂等问题都不是啤酒工艺设计师所擅长的。

2.3.2　并行工程方法

为了在设计过程中考虑产品的整个生命周期，在设计观念、方法和组织方面必然产生根本性的变革。并行工程是现代产品开发的一种模式和系统方法，它以集成、并行的方式设计产品及其相关过程，力求使产品开发人员在设计初始阶段就考虑产品生命周期全过程的所有因素，包括质量、成本、进度计划和用户的要求等，最终使产品达到最优化[10]。

1. 绿色设计对并行工程的需求

与一般设计相比，绿色设计对并行工程有着更加迫切的需求，主要原因有以下三点。

(1)设计目标的复杂性：绿色设计的产品既要具有基本的性能与功能，又要满足环境要求。

（2）涉及问题的复杂性：绿色设计比一般产品设计涉及的问题更多，问题的复杂程度也更高（如涉及资源消耗、产品绿色性能的评价等）。

（3）设计人员的多样性：绿色产品比一般产品设计涉及的人员更多，对设计人员的要求也更高，设计人员需要具备环境意识和一定的环保知识。

2. 并行绿色设计的实现

并行绿色设计采用绿色协同工作组（green team working group）的模式，这是一种先进的设计人员组织模式。由于设计目标和涉及问题的复杂性，并行绿色设计应组织多专业（如材料、设计、工艺和环境等）开发小组负责整个产品的设计，并要求设计小组内的所有人员协调工作，并行交叉地进行。图2.7即为绿色产品并行设计小组的组成。

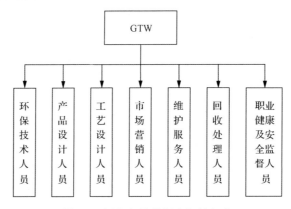

图 2.7　绿色产品并行小组的组成

其次，实现并行绿色设计的关键是产品的信息集成和技术方法的集成。产品生命周期全过程中的各类信息的获取、表达、表现和操作工具都集成在一起并组成统一的管理系统，特别是产品信息模型（product information model，PIM）和产品数据管理（product data management，PDM）。产品开发过程中涉及的多学科知识以及各种技术和方法也必须集成，并形成集成的知识库和方法库，以利于并行过程的实施。这两种集成能提供所需的分析工具和信息，并能在设计过程中尽可能早地分析设计特征的影响，规划生产过程，从而提供一个集成的工程支撑环境。

此外，并行绿色设计需要有一定的支撑环境。由于并行绿色设计是基于并行工程的绿色设计，因此，其支撑环境应包括并行工程支撑环境和绿色设计支撑环境两部分，如图2.8所示。并行绿色设计可根据图2.9所示的设计网络来实现。每个设计人员在各自的工作站上既可以像在传统的CAD工作站上一样进行自己的设计工作，又可以同时与其他工作站进行通信。根据设计目标的要求，既可以随时应其他设计人员的要求修改自己的设计，也可以要求其他设计人员修改其设计以适应自己的要求。图2.10则为绿色产品并行闭环设计流程图。

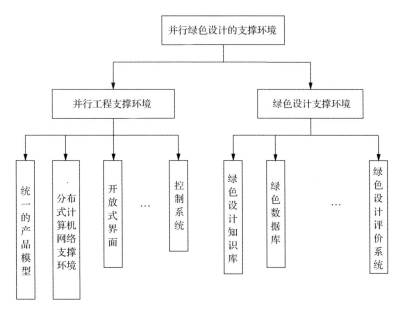

图 2.8　并行绿色设计的支撑环境

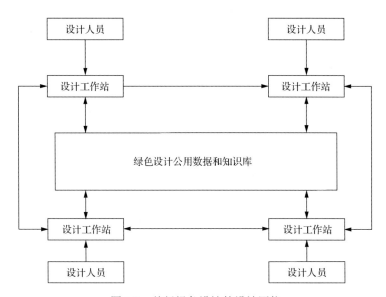

图 2.9　并行绿色设计的设计网络

　　并行绿色设计与传统设计相比，实现了各环节之间的信息交流与反馈，在每一次决策中都能从优化产品生命周期的角度考虑问题，从而消除了产品设计过程中的反复修改。而且在设计过程中，将产品寿命终结后的拆卸、分离、回收、处理处置等环节都考虑了进去，使所设计的产品从概念形成到寿命终结再回到回收处理形成了一个闭环过程，满足了产品生命周期全程的绿色要求[11~13]。

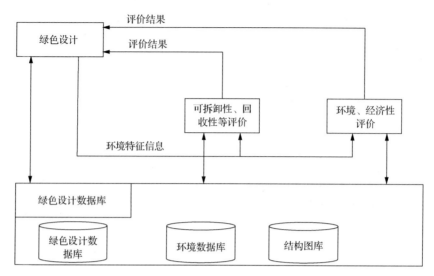

图 2.10 绿色产品并行闭环设计流程图

2.3.3 系统设计法

随着人们生活水平的不断提高，市场需求的不断变化，工业社会组织与产品形态逐渐趋于复杂，加之产品设计上可利用的生产设备、方法、技术、材料和加工方法等也日渐繁多，因此，绿色设计已不像以前的传统设计那样简单，它要求设计人员一定要有系统的设计观点。

系统设计法，就是从系统观点出发，始终着眼于从整体与部分之间、整体对象与外部环境之间的相互联系、相互作用、相互制约的关系中，综合地、精确地考察对象，以找到处理问题的一种最佳方法。其显著的特点是：整体性、综合性和最优化[14]。

系统设计法的核心是把绿色设计的对象及有关设计问题(设计过程与管理、设计信息资料的分类整理、设计目标的确定、人—机—环境的协调等)视为系统，然后系统地分析在产品生命周期的各个阶段，产品的绿色属性的不同方向，并进行综合协调，既不过分强调拆卸性、回收性，也不忽视装配性、制造性等，最终使产品达到综合"绿色化"。

2.3.4 模块化设计法

模块化设计法是产品结构设计的一种有效的设计方法，也是绿色设计中确定产品结构方案的常用方法[15]。

1. 模块化设计法的基本概念

模块化设计就是在对一定范围内的不同功能或相同功能不同性能、不同规格的产品进行功能分析的基础上，划分并设计出一系列功能模块。通过模块的选择和组合，可以构成不同的产品，以满足市场的不同需求。利用模块化设计能较好地解决产品品种、规格与制造周期和生产成本之间的矛盾。模块化设计有利于产品更新换代和提高产品质量，方便维修，有利于产品废弃后的拆卸回收，为增强产品的竞争力提供了条件。

模块化设计与传统设计在原则上的区别主要表现在：

(1) 模块化设计是标准化设计。虽然传统设计也需要运用有关的标准化资料，甚至采用一些标准件和通用件，但在总体上它还是属于专用性的特定设计。而模块化设计的对象则是通用性的，它须全面的理解并运用标准化理论，模块则是部件级的通用件。

(2) 模块化设计是组合化设计。传统产品的构成模式是整体式的，虽然其中也有部件的组合，但其部件及其组合方式是特定的。而模块化产品的构成特点是组合式的，组合的基本单元称作为模块，常作为独立商品而存在，设计中须充分考虑系统的协调性、互相性和组合性，设计难度颇大。

(3) 传统设计的对象只有一个，那就是产品，而模块化设计的对象却有两个，既可以是产品也可以是模块。实际上，一部分工厂以设计制造模块为主，另一部分工厂则是以设计制造产品(整机)为主。

基于模块化设计的特点，形成了模块化设计的三个不同特色的层次：模块化产品系统(总体)设计、模块化系统设计和模块化产品设计。

限于篇幅，本章主要介绍模块化产品设计，至于模块化产品系统(总体)设计和模块化系统设计读者可参考有关资料。

2. 模块化产品设计

模块化产品设计就是合理运用模块设计出满足用户和市场需求的产品。设计制造模块系统的最终目的就是为了能以最快的速度和最好的效益推出多样化的产品。设计模块化产品必须考虑如下几个因素。

(1) 分析用户和市场需求。分析用户和市场需求是模块化设计获取信息和确定开发目标的基本手段。需求分析主要包括：用户和市场对同类产品的需求量；用户和市场对同类型产品基本型和各种变体型的需求比例；用户对产品的价格、使用寿命、功能、维护等方面的具体要求；采用模块化设计的可行性以及所引起的产品成本的变化等。

(2) 定义模块参数。产品的参数有三类：尺寸参数(长、宽、高等)、运动参数(速度、加速度等)和动力参数(转矩、功率等)。这些参数值的分布一般服从等比或等差数列，其最大值和最小值应根据用户和市场的需求来确定。主参数表示产品的主要性能、规格大小等(如车床的最大加工直径、电冰箱的容积、电视机的屏幕尺寸等)。其他参数的合理确定对保证产品的整体性能也是很重要的。

(3) 制定系列型谱。系列型谱就是用不同的主参数范围去覆盖产品的需求所形成的产品类型。系列型谱的要点是合理确定模块化设计的产品种类和规格。系列型谱制定的过大，会增加产品的规格和种类，产品适应市场的能力固然增强，但设计工作量增大；系列型谱制定的过小，产品规格和品种减少了，虽然有利于进行针对性设计，设计过程也容易进行和控制，但产品适应市场的能力就减弱了。

(4)划分与选择模块。模块的划分是从产品设计的角度来考虑,而模块的选择则是为了构成能满足市场需求的产品。合理选择模块就是有效地利用各种模块的功能,简单、方便、快捷地生产出用户和市场所需求的产品。

模块化产品总体设计的第一步就是选用模块。模块的选择应从两个方面进行:一是需全面了解待设计产品的功能、功能分配、外部环境(广义的)等详细技术要求,调查与其相关的技术动态;二是需全面消化模块系统的构成特点、各模块的功能和接口参数等。通过对两者的反复分析,综合,选择相应的模块,进而考虑补充设计的范围和内容,使之构成满足要求的新产品。

模块化产品设计不是整体式结构,而是由模块构成的组合式结构,其组合方式有:直接组合式、集装组合式、改装组合式、间接组合式、分立(浮动)组合式(表2.9)。模块化的产品,特别是大型产品系统的组合,通常是多种组合方式的综合。

表 2.9　模块化设计的组合方式

类型	内容
直接组合式	按模块化系统提供的组合方式直接进行模块间组合
集装组合式	把若干种不同规格的功能模块装入一定的结构模块中,再装入整机进行组合
改装组合式	对一些外购模块的接口进行必要的改装,以适应整机组装的要求
间接组合式	不能进行直接组合的方式
分立组合式	各自分立安装以形成独立的产品所进行的组合

(5)分析计算。在模块化设计过程中,存在许多分析计算,如组合数计算、各种参数的选择计算及校验计算等。有关这方面的内容可参见有关文献。

2.3.5　基于绿色准则的设计

绿色设计就是将环境保护意识纳入产品设计过程,将绿色特性有机地融入产品全生命周期。这需要做两方面的工作:一方面,需要树立和培养设计人员的环境意识;另一方面,还需为设计人员提供便于遵循的绿色设计准则规范。

1. 绿色设计基础环境的建立

绿色设计基础环境的建立应从以下几方面着手。

(1)管理部门要对绿色设计的实施有足够的认识并引起足够重视。绿色设计是一种全新的设计理念,其实施是一项系统工程,要有全局的观念和不断创新的思想。管理部门要对绿色设计实施的长期性和战略性有充分的认识,并从宏观上约束和指导企业的生产经营行为。

(2)建立健全有关法律法规制度。通过制定健全的法律法规来约束或强制企业采用绿色设计,改变企业宁愿接受污染罚款、多交环境污染税,也不愿采用绿色设计的思想;从源头上消除产品的环境影响,消除对末端治理的依赖。

(3)制定环境道德规范和绿色设计规范。环境道德规范作为工程技术人员职业道德的一个重要组成部分，有助于培养他们"与环境友善"的自觉性。为了保证绿色产品设计过程的顺利进行，必须对 GTW 成员进行有关环境主题方面的培训，并为他们提供易于理解、便于掌握和使用性能良好的绿色设计规范，使"环境规范应成为产品和工艺设计固有的一部分"成为产品设计师和工艺师的共识。

(4)树立企业的绿色形象。绿色形象对企业来讲已成为市场竞争的一个很重要的方面，良好的绿色形象不仅可以使企业在消费者心目中留下良好的印象，而且可以为企业带来可观的直接和间接效益。

　2. 绿色设计准则的建立

绿色设计准则就是在传统产品设计中主要依据的技术准则、成本准则和人机工程学准则的基础上纳入环境准则，并将环境准则置于优先考虑的地位，如图 2.11 所示。

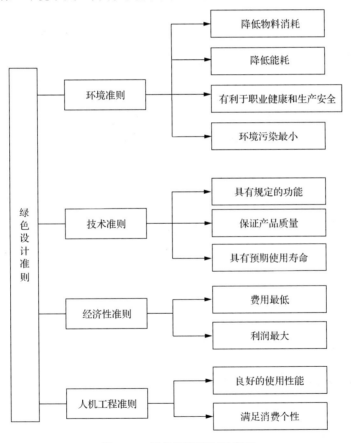

图 2.11　绿色设计准则示意图

(1)与材料有关的准则。产品的绿色属性与材料有着密切的关系，因此，必须仔细而慎重地选择和使用材料。与材料有关的准则包括以下几个方面：①少用短缺或稀有的原材料，多用废料、余料或回收材料作为原材料，尽量寻找短缺或稀有原材料的代用材料，提高产品的可靠性和使用寿命；②尽量减少产品中的材料种类，以利于产品废弃后的有效回收；③尽量采用相容性好的材料，不采用难于回收或无法回收的材料；④尽量少用或不用有毒有害的原材料。

(2) 与产品结构有关的准则。产品结构设计是否合理对材料的使用量、维护、淘汰废弃后的拆卸回收等有着重要影响。在设计时应遵循以下设计准则：①在结构设计中树立"小而精"的设计思想，如采用轻质材料、去除多余的功能、避免过度包装等，减轻产品重量；②简化产品结构，提倡"简而美"的设计原则，如减少零部件数目，这样既便于装配、拆卸、重新组装，又便于维修及报废后的分类处理；③采用模块化设计，这样，产品是由各种功能模块组成的，既有利于产品的装配、拆卸，也便于废弃后的回收处理；④在保证产品耐用的基础上，赋予产品合理的使用寿命，同时考虑产品精神报废(精神报废是指产品仍然具有完整的功能，只是由于款式、新旧程度、个人喜好等原因，而造成的产品废弃或淘汰)的因素；⑤在设计过程中，注重产品的多品种及系列化，以满足不同层次的消费需求，避免大材小用，优品劣用。

(3) 与制造工艺有关的准则。制造工艺是否合理对加工过程中的能量消耗、材料消耗、废弃物产生的多少等有着直接的影响，绿色制造工艺技术是保证产品绿色属性的重要内容之一。与制造工艺有关的设计准则包括以下几个方面：①产品或工艺过程的设计应该考虑到组成产品零部件材料的回收重用；②优化产品性能，改进工艺，提高产品合格率；③采用合理工艺，简化产品加工流程，减少加工工序，谋求生产过程的废料最少化，避免不安全因素；④减少产品生产和使用过程中的污染物排放，如减少切削液的使用或采用干切削；⑤在产品设计中，要考虑到产品废弃后回收处理的工艺方法，使产品报废后易于处理处置，且不会产生二次污染。

2.4　绿色设计评价体系

产品的绿色程度涉及产品生命周期的全过程，绿色设计评价自始至终贯穿于绿色设计过程中，这使得绿色评价成为一项复杂的工作；科学客观的评价产品的绿色程度，需要建立合理的评价指标体系，这是绿色设计的重要研究内容，也是绿色设计实施的关键。由于绿色产品类型的多样性，不同类型的产品具有不同的设计要求和环境特征，至今没有统一的、公认的、权威的绿色设计评价指标体系[16]。

2.4.1　评价指标体系的建立原则

评价产品的绿色程度时，指标体系的选择和确定是评价活动赖以进行的前提和基础，建立的指标体系不仅需要较好地反映产品的绿色程度，而且要便于在实际中应用[17]。指标体系的选取只有采用统一的标准和方法，才能对产品的绿色度做出正确的评价，在评价指标体系的建立过程中，应遵循的原则如表2.10所示。

表 2.10　评价指标原则

原则	内容
科学性原则	评价指标体系要力求客观、真实、准确地反映被评价对象的绿色属性。指标的确定要建立在科学的基础上，必须做到其物理意义明确、测量方法标准、统计方法规范。同时，正确分析反映被评价对象绿色程度的各个因素的具体内容及相互关系
系统性原则	评价指标体系要能全面、系统地反映被评价对象的技术属性、经济属性及环境属性的各个方面(即绿色产品的三大要素)，从中抓住影响较大的主要因素，充分利用多学科知识以及学科间的交叉和综合知识，以保证综合评价的全面性和可靠性
可操作性原则	绿色设计的评价指标体系既要系统全面，又要简单可行，指标数目要适量、内容应简洁，同时，各评价指标应具有明确的含义，指标值要易于收集与确定，能使评价者方便、准确地进行计算分析和评价
动态指标与静态指标相结合原则	人们对绿色产品的认识总是处于不断的发展变化中，受市场及用户需求等条件的制约，对产品的绿色设计要求也将随着工业技术的发展和社会的发展而不断变化，这决定了绿色设计的评价指标不是一成不变的，需要根据人们的认识和各时期发展的特点做出调整和设置，在建立评价指标体系时，既要考虑到现有状态，又要考虑到未来的发展
定性指标与定量指标相结合原则	绿色设计评价指标应尽可能量化，但由于评价问题的复杂性，某些指标(如环境政策指标、企业技术水平等)量化难度较大，需要采用定性指标来描述。为便于对评价对象做出科学的评价结论，需要根据实际情况，结合定性指标与定量指标，从质和量的角度对评价对象进行综合分析
不相容性原则	绿色设计的评价指标众多，应尽可能避免含义相同或相近的指标重复出现，做到评价指标具有一般性、代表性

2.4.2　评价指标体系的结构

目前，绿色产品尚未有统一的评价指标体系。要对产品设计方案的绿色度进行分析，需要遵循绿色设计评价指标体系的建立原则，在产品的设计、生产、包装、运输、销售、使用、废弃后回收处理处置等生命周期的每一个阶段，充分考虑产品的技术、经济及环境属性。这就是说，绿色设计的评价指标体系须系统地反映绿色产品的三大基本要素，即绿色产品的技术先进性、经济性及环境协调性。因此，以评价指标体系的建立原则为基础，充分考虑绿色产品的三大基本要素，给出绿色设计评价指标体系的框架结构(图 2.12)。

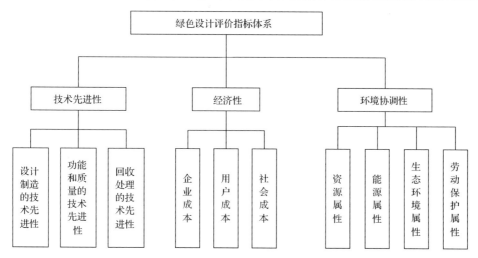

图 2.12　面向绿色设计评价指标体系

质量管理体系由组织结构、程序、过程、资源四部分组成。组织结构是在企业的管理工作中应明确建立的为执行其职能、规定其职权范围和联系方法的形式，包括职责的规定。职责是指一个组织或企业内部每个部门、每个人对分配在质量体系运行中应做的工作，以及由于没有做好工作而承担的责任。过程是将输入转化为输出的一组相关的资源和活动，包括产品质量形成过程、测量分析与改进过程、资源管理过程等。程序是为完成某项活动所规定的方法。资源是质量体系的硬件，包括人才资源和专业技能、设计和研制设备、制造设备、检验、试验及检查设备、仪器仪表和计算机软件等。

环境管理体系包括为制定、实施、实现、评审和保持环境方针所需的组织机构、规划活动、机构职责、惯例、程序、过程和资源。还包括组织的环境方针、目标和指标等管理方面的内容。

以煤矿行业为例，企业通过 ISO9000 和 ISO14000 标准体系认证，建立、实施和保持并持续改进质量管理体系、环境管理体系以增强顾客和相关方满意的纲领和行动准则，加快了企业管理的进步。同时，证实了企业有能力稳定地提供满足顾客和适用的法律法规要求的产品。通过体系的有效运行和持续改进，增进了顾客的满意度。

2.4.3　质量目标

质量目标是企业经营战略的重要组成部分，是对客户的承诺，是工厂为之奋斗的质量宗旨和行为准则。企业规定生产活动发生变化时进行的质量管理和环境管理活动，必须符合 ISO 管理体系规定的要求。绿色设计基本依据 ISO 管理标准进行。

2.4.4　职责与权限

实施 ISO 标准是一项涉及面广、工作量大、要求高的系统工作，是企业向传统管理的挑战。为了贯彻执行质量管理体系，必须加强对质量管理体系运作的领导，对组织内的职能及其相互关系予以规定和沟通，以促进有效的质量管理。

管理者代表的职责是，全面领导本企业产品的质量管理工作，向企业传达满足质量法律法规和其他要求的重要性；负责批准发布产品设计制造质量管理体系；负责策划、建立管理体系，明确组织机构及其职责和权限；确保产品设计制造管理体系运行所必要的资源配备；负责审批重要的管理文件和发展决策。

总工程师的职责是，负责企业产品设计制造质量管理及质量验证管理工作，对检验结果的准确性负领导责任，确保产品满足顾客和适用的法律法规的要求。负责企业制造技术管理工作，对产品设计、工艺等技术文件的审批、验证负领导责任。负责仲裁和解决重大技术质量问题，并负责严重不合格品的评审。负责宣传、贯彻企业的质量政策；识别、确定顾客的需求和期望，组织领导企业不断改进产品质量，增加顾客的满意度。

2.4.5　编制企业体系文件

文件的编制是实施 ISO 管理标准的关键。对照 ISO 管理标准要求，查找煤矿行业原有质量管理、环境管理与 ISO 管理标准的差距，确定适合于煤矿行业的国家、地方、行业质量、环境法律、法规。在完成企业有关信息的收集后，编制本企业切合实际的管理体系文件，为企业质量管理、环境管理体系的建立提供依据。

2.4.6　绿色设计评估程序

绿色产品设计与 ISO 管理体系标准一样，强调的都是对产品设计、生产、使用、报废、回收和再利用全生命周期中影响环境的因素加以控制，以不产生污染为最佳，或是最大限度地减少污染的产出，对产品的废弃物能够通过自然降解、生物降解或拆卸回收重新利用的方式，使物质进入再循环，使产品在整个寿命周期内的各个过程得到有效控制。通过设计目标、指标、管理方案以及运行控制对重要环境因素进行控制，有效地促进减少污染、节约资源和能源，有效地利用原材料和回收利用废旧物资，减少或完全避免污染物超标排放，最终实现经济的可持续发展。

当引进新设备、使用新材料、采用新工艺时，应对环境管理活动重新评估。产品制造过程的绿色设计主要是选用先进的加工设备和加工方法，如钢材切割中采用可重复使用的水力切割代替火焰切割、少切削量或微切削量加工、激光加工等，以减少生产过程对环境的影响。

产品工艺过程的绿色设计主要在于选择的工艺方法对环境无污染或污染最小，例如，在金属切削加工中的冷却尽可能选用不含磷的冷却液、在超声清洗中尽可能不使用氯氟烃作为清洗剂、在表面防护中能选用对环境污染小的喷砂涂漆、尽可能的不选用对环境污染严重的电镀处理、能回收利用或经再加工后可重用的应最大限度的加以利用，以减小对环境的污染和资源浪费。

当产品设计发生变化时，各部门应对相关的环境管理活动进行评估。

(1)确定环境方针的适应性。

(2)确定新的环境因素。

(3)确定和收集新的法律法规或其他要求。

(4)产生重大环境因素时,应重新评审目标、指标及制定并执行相应的环境管理方案。

(5)评审要确认新的运行控制所应编制的程序文件、作业指导书、记录表格等,包括：①该运行控制的职责；②应增加的培训内容；③正常情况的控制程序；④紧急情况的预防及处理等。

2.4.7　结论

ISO 国际标准为企业制定了一个纲领性的指导文件，绿色产品设计是围绕环境保护与可持续发展提出的一种新型设计理论，探讨这一专题的目的就是促使产品在开发时能够广泛的应用绿色产品设计的理论，考虑其寿命周期内的环境保护与可持续发展问题。

2.5　绿色产品的定义及特点

2.5.1　绿色产品的定义及内涵

绿色产品又称环境协调型产品(environmental conscious product)，是相对于传统产品而言的。美国《幸福》期刊 1995 年 2 月 6 日的一篇题为《为再用而制造产品》的文章认为：绿色产品是指那些旨在减少部件、合理使用原材料并使部件可以重新利用的产品。也有人把绿色产品看成是其使用寿命完结时，部件可以翻新和重新利用，或能安全地被处理掉的作品。还有人把绿色产品归纳为从生产到使用乃至回收的整个过程都符合特定的环境保护要求，对生态环境无害或危害极少，以及利用资源再生或回收循环再用的产品[18]。

上述定义虽然表述的侧重点有所不同，但其实质基本一致，即绿色产品应有利于保护生态环境，不产生环境污染或使污染最小化，同时，有利于节约资源和能源，不对人体造成健康与安全危害，而且这些特点应贯穿于产品生命周期全过程。应指出的是，环境保护不是单纯地减少污染，它还包括节省资源和能源，强调产品整个寿命周期中的安全性和宜人性。因此，上述定义至少还存在如下不足。

(1)未明确提出在产品的寿命周期中，应能同时满足能源合理利用问题。在绿色产品寿命周期中，仅强调合理利用资源是不够的，应同时从资源、能源两方面的合理利用上去真正地实现环境保护。

(2)未涉及绿色产品的经济性特点。环境保护是为了人类的可持续性发展，而经济也与人类的可持续发展紧密相关。绿色产品作为一种产品必将进入市场，它的经济性直接关系到其本身命运。成本较高的"绿色产品"虽然环保性好，但难以进入市场，从而无法实现其环境保护目的，故绿色产品的经济性是其一个十分重要的内涵。

(3)未明确指出绿色产品应具有良好的劳动保护性这一优点。绿色产品不应仅仅强调环境保护，而忽略了对其生产者和使用者的劳动保护问题。

根据上述分析，绿色产品指能满足用户使用要求，并在其寿命循环周期中(原材料制备、产品规划、设计、制造、包装及发运、安装及维护、使用、报废回收处理及再使用)能经济性地实现节省资源和能源、极小化或消除环境污染，且对劳动者(生产者和使用者)具有良好保护的产品。因此，绿色产品应具有以下内涵。

(1)优良的环境友好性，即产品从生产到使用乃至废弃、回收处理的各个环节都对环境无害或危害甚小。这就要求企业在生产过程中选用清洁的原料与工艺过程，生产出清洁的产品；用户在使用产品时，不产生环境污染或只有微小污染；报废产品在回收处理过程中产生的废弃物很少。

(2)最大限度地利用材料资源。尽量减少材料使用量，减少使用材料的种类，特别是稀有昂贵材料及有毒、有害材料。这就要求设计产品时，在满足产品基本功能的条件下，尽量简化产品结构、合理使用材料，并使产品的零件材料能最大限度地再利用。

(3)最大限度地节约能源。在产品生命周期的各个环节所消耗的能源应最少。

(4)具有安全、健康的特点。不含有毒、有害的物质，在生产、使用过程中不会造成人员伤害。

由绿色产品的定义可以看出，产品的绿色程度体现在其生命周期的各个阶段。普通产品的生命周期是指产品从"摇篮到坟墓"的所有阶段。绿色产品生命周期则应进一步扩展为从"摇篮到再生"的所有阶段。绿色产品生命周期包括以下过程：产品材料的获取与制备过程；绿色产品规划及设计开发过程；产品制造与生产过程；产品使用过程；产品维护与服务过程；废弃淘汰产品的回收、重用及处理处置过程。根据前面的分析，我们可由图 2.13 全面地理解绿色产品。

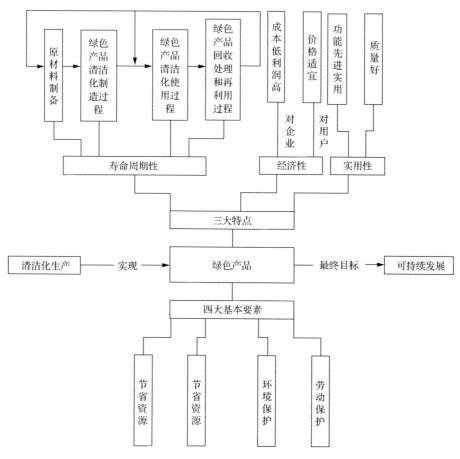

图 2.13　绿色产品特性图

　　虽然绿色产品的概念是美国政府在 20 世纪 70 年代的环境污染法规中首次提出的，但真正的绿色产品最早出现在前联邦德国。1987 年，前联邦德国实施了一项被称为"蓝色天使"的计划，对于在生产和使用过程中都符合环保要求且对生态环境和人体健康无损害的产品，环境标志委员会授予该产品环境标志。目前，德国 30%的商品已成为绿色产品。随后，日本、美国、加拿大等国也相继建立了自己的环境标志认证制度，以保证消费者能识别产品的环保性质，同时鼓励厂商生产低污染的绿色产品。目前的绿色产品已涉及诸多领域，如绿色汽车、绿色电脑、绿色相机、绿色冰箱、绿色包装、绿色建筑等。我国于 1993 年开始实行环境标志认证制度，并制定了自己的环境标志，如图 2.14 所示。同时，制定了严格的环境标志产品标准。认证企业从最初的几家发展到现在的 160 多家，已有 500 多种型号的产品获得中国环境标志。实施了 73 类产品的环境标志产品技术要求。实施环境标志认证可以根据国际惯例保护我国的环境利益，同时，也有利于促进企业提高产品在国际市场上的竞争力，因为越来越多的事实证明，谁拥有绿色产品，谁就拥有市场。

图 2.14　中国环境标志

2.5.2　绿色产品的特点

绿色产品具有技术先进性、经济合理性和环境友好性这三个最基本的特征，具体表现在以下几方面。

(1)技术先进性。技术先进性是绿色产品设计制造和赢得市场竞争的前提。绿色产品强调在产品整个寿命周期中采用先进技术，从技术上保证 10%地实现用户要求的使用功能、性能和可靠性。

(2)环境保护性。绿色产品要求从生产到使用乃至废弃、回收处理的各个环节都对环境无害或危害甚小，其评价应按当代国际社会公认的环保标准进行，它要求企业在生产过程中选用清洁的原料、清洁的工艺过程，进行清洁生产；从设计上应保证用户在使用该产品的全过程中不产生环境污染或只有微小污染，并同时保证产品在报废、回收处理过程中产生的废弃物最少。

(3)材料、资源利用最优性。绿色产品应尽量减少材料、资源的消耗量，尽量减少使用材料的种类，特别是稀有昂贵材料及有毒、有害材料的种类和用量。这就要求设计产品时，在满足产品基本功能的前提下，尽量简化产品结构，合理使用材料，并使产品中零件材料能最大限度地再利用。同时，还应保证在其生命周期的各个环节能源消耗最少。

(4)安全性。绿色产品首先必须是安全的产品，即它必须在结构设计、材料选择、生产制造和使用的各个环节上采用先进、有效的安全技术，实现产品安全本质化，确保用户或使用者在使用该绿色产品时的人身安全和健康。

(5)人机和谐性。现代社会需要的绿色产品必须进行科学的人类工效学设计和工业美学设计，使其具有良好的人机和谐性和美的外观特性，使用户(或操作者)在使用该产品时感觉舒适、轻松愉快，误操作率小，使整个人机系统具有最高操作功效。

(6)良好的可拆卸性。良好的可拆卸性在现代生产可持续发展中起着重要作用，已成为现代机械设计的重要分支。不具良好可拆卸性设计的产品不仅会造成大量可重复利用零部件的浪费，而且会因废弃物难以处理而污染环境。因此，是否具有良好的可拆卸性是衡量一个产品绿色化程度的重要指标。

(7)经济性。绿色产品除应具有上述特征外，还必须具有良好的经济性。即不但要制造成本最低，更重要的是要让消费者想买、愿意买，而且还要让用户买得起、用得起，以至报废时扔得起，即具有面向产品全生命周期的最小的全程成本。

(8)多生命周期性。从绿色产品的科学定义可以看出,绿色产品与传统概念的产品相比,是一种具有多生命周期属性的产品。普通产品的生命周期是指本代产品从设计、制造、装配、包装、运输、使用到报废为止所经历的全部时间,即从"摇篮到坟墓"的所有阶段。而绿色产品的生命周期不但包括本代产品的生命周期的全部时间,而且还包括报废或停止使用以后,产品或其有关零件在换代或以后各代产品中的循环使用或循环利用的时间,简称"回用时间",即从"摇篮到再现"的所有阶段。

所以,在评价绿色产品时,应充分考虑其寿命周期经济性基本要素:从绿色产品的定义我们还可看出,绿色产品具有四个基本要素,它们是:节省能源、节省资源、环境保护、劳动保护,这四个要素相互影响,缺一不可,而且,四个要素均应从产品寿命周期的角度考虑问题,同时还应充分考虑经济性[1~3]。

2.6 产品绿色度评价原则与指标体系

2.6.1 产品绿色度定义

产品的绿色度是指产品符合绿色产品要求的程度。产品的绿色度有狭义和广义两方面的含义,其中,狭义的产品绿色度是指产品对自然环境和人类的友好程度;而广义的产品绿色度是指产品的环境性、经济性和技术性的综合最优的组合。机电产品的绿色度指的是广义的产品绿色度,其绿色度体现在产品生命周期的全过程。

2.6.2 产品绿色度评价原则与指标体系

绿色机电产品设计的最终结果是否满足预期的要求或目标,是否需要改进,如何改进等问题,可以通过产品绿色度的评价来加以分析,寻找到对产品改进的方向,提出对产品改进的建议等。机电产品的绿色度评价是对产品的环境性、经济性和技术性的综合评价,是面向产品整个生命周期的一个多层次、多因素的评价问题[19]。机电产品绿色度评价的基本方法有以下几点。

(1)选择一个与该产品同类的机电产品作为参照对象。

(2)按该产品的特点建立其评价指标体系,并且采用一种科学合理的评价方法,求出该产品的综合评价得分,即该产品的绿色度。

(3)判断该产品是否符合绿色产品的基本要求或符合绿色产品的程度。

不同的机电产品有不同的使用要求和环境要求,而制定符合一般机电产品绿色度评价指标体系的原则,会有利于具体产品绿色度评价的进行。机电产品绿色度评价指标体系的制定应遵循以下原则。

(1)综合性原则:指标体系能够全面反映被评对象的综合情况,从技术、经济和环境等方面进行产品的绿色度评价。

(2)科学性原则:在产品绿色度评价体系中,相关指标准确反映被评对象的基本属性,指标的测量方法应正确、数据统计要规范。

(3)系统性原则:指标体系充分反映产品的技术属性、经济属性和环境属性等各项指标之间的协调性。

(4)可行性原则：评价指标应有明确的含义并以一定的统计数据为基础，可以根据数量进行分析计算。

(5)主要因素原则：对产品绿色度的评价不可能面面俱到，应选择其中影响较大的主要因素进行评价，选择因素过多会湮没主要因素，并使问题复杂化。

(6)动、静相结合的原则：由于产品设计理论及方法将随着科学技术和社会的发展而不断发展变化，所以，在制定机电产品绿色度评价指标体系时，既要考虑被评对象现在的状态，又要考虑其未来科学技术的发展趋势。

(7)定性和定量相结合的原则：把握被评对象"质"和"量"的两个方面，使定性分析和定量分析相结合，但要尽可能将评价指标量化。

由于绿色产品是针对全球性的环境保护问题提出的，因此，目前的机电产品评价指标体系的研究一般侧重于考察产品的环境协调性方面，其评价指标也主要包括生态环境污染、能源消耗和资源消耗等方面的内容。绿色产品是技术先进性、经济合理性和环境协调性的综合体现，其绿色度评价指标体系应该综合考虑这三方面的内容。根据机电产品的具体特点，以产品的技术性、经济性和环境性这三大属性为基础，并遵循产品绿色度评价指标体系的制定原则，建立机电产品的绿色度评价指标体系，如图 2.15 所示。

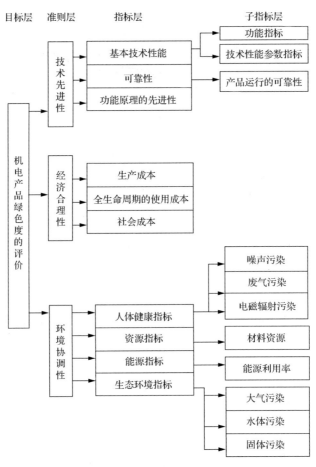

图 2.15　机电产品的绿色度评价指标体系

（1）技术先进性。现有的产品技术性能指标可以作为产品评价的基础，因此，对机电产品的技术性能进行评价时，首先要考察产品的基本技术性能和可靠性指标。产品的基本技术性能描述产品的基本功能和能达到的技术指标，而产品的可靠性主要考察产品运行的可靠性。其次，还要考察产品是否采用了先进的功能原理。一般来讲，产品技术性能的变革在很大程度上取决于产品所采用的功能原理的先进性，如太阳能路灯装置等。

（2）经济合理性。对产品的经济性进行分析时，不仅考虑产品的设计成本、生产成本，还要考虑产品在生产和使用过程中对生态环境造成的污染而导致的社会费用以及产品报废后的拆卸、回收、处理处置等费用。对机电产品的经济属性进行评价时，主要考察生产成本、使用成本和社会成本，因为这三种成本是构成机电产品总成本的主要因素，对产品的绿色度影响较大，而设计成本在总成本中所占比例较小，可以忽略。

（3）环境协调性。机电产品的环境属性主要考察产品在其生命周期全过程中节约资源和能源、保护生态环境和劳动者健康等方面的内容，具体内容有以下几点。

①资源指标。机电产品的资源属性主要指产品在全生命周期各个阶段中所使用的材料资源、设备资源、信息资源和人力资源。材料资源对环境的影响最直接、最重要，在产品绿色度评价中需要考虑；人力资源和信息资源对产品绿色度的影响不大，在实际评价中一般不加以考虑；设备资源与具体生产企业和生产工艺有关，在评价中根据实际情况再作考虑。

②能源指标。机电产品在生产、使用和回收中都要消耗大量的能源，因此，要采用合理的生产工艺提高能源利用率，同时，要尽量使用清洁能源和再生能源，以利于节约资源、减少环境污染。对一般机电产品进行评价时，能源的利用效率或单位产品的耗能对其绿色度的影响较大。

③生态环境指标。产品的生态环境指标是指产品在整个生命周期内与自然环境有关的各个指标。机电产品的生态环境指标主要考察产品对大气、水域、土地等方面的影响，包括大气污染指标、水体污染指标和固体污染指标等。

④人体健康指标。机电产品在其生命周期全过程中所产生的振动、摩擦、撞击和气流扰动等所产生的噪声，以及生产过程和使用过程中产生的废气、电磁辐射等对生产者、使用者及其周围环境造成不同程度的影响。

对机电产品的环境协调性进行评价时，应考虑上述因素[1]。

参 考 文 献

[1] 刘志峰, 刘光复. 绿色设计[M]. 北京: 机械工业出版社, 1999.

[2] 郭伟祥. 绿色产品概念设计过程与方法研究[D]. 合肥: 合肥工业大学, 2005.

[3] Catherine M R. Design for environment: A method for formulating product end-of life strategies [D]. Palo Alto: Stanford University, 2001.

[4] Brezet H, van Hemel C, Eco-Design: A Promising Approach to Sustainable Production and Consumption[M]. Netherlands: United Nations Environment Program publication, 1997.

[5] 刘光复, 刘志峰, 李钢. 绿色设计与绿色制造[M]. 北京: 机械工业出版社, 1999.

[6] 李方义. 机电产品绿色设计若干关键技术的研究[D]. 北京: 清华大学, 2002.

[7] 刘学平. 机电产品拆卸分析基础理论及回收评估方法的研究[D]. 合肥: 合肥工业大学, 2000.

[8] 倪俊芳. 面向回收的产品设计[D]. 上海: 上海交通大学, 1998.

[9] 曾建春, 蔡建国. 面向产品生命周期的环境、成本和性能多指标分析[J]. 中国机械工程, 2000, (9): 975~97.

[10] 熊光楞, 张和明, 李伯虎. 并行工程在中国的研究与应用[J]. 计算机集成制造系统, 2000, (6): 1-7.

[11] 刘志峰, 刘光复. 绿色产品并行闭环设计研究[J]. 机电一体化, 1996, (06): 12-14.

[12] 傅志红, 彭玉成. 产品的绿色设计方法[J]. 机械设计与研究, 2000, (02): 10-12.

[13] 曹焕亚, 祝勇仁. 机电产品并行式绿色设计方法的研究[J]. 机电工程, 2005, (11): 67-70.

[14] 陈为. 现代设计[M]. 合肥: 安徽人民出版社, 2002.

[15] 唐涛, 刘志峰, 刘光复, 等. 绿色模块化设计方法研究[J]. 机械工程学报, 2003, (11): 149-154.

[16] 刘光复, 许永华, 刘学平, 等. 绿色产品评价方法研究[J]. 中国机械工程, 2000, (09): 968-971.

[17] 张海秀, 刘晓叙. 机电产品绿色度的评价体系[J]. 机械制造与研究, 2007, 36(6): 14-16.

[18] 张建华, 王述洋, 李滨, 等. 绿色产品的概念、基本特征及绿色设计理论体系[J]. 东北林业大学学报, 2000, 28(4): 84-86.

[19] 汪永超, 张根保, 向东, 等. 绿色产品概念及实施策略[J]. 现代机械, 1999, (1): 5-8.

第3章 清洁生产

清洁生产作为可持续发展战略的优先行动领域和有效途径，在国内外得到了广泛关注。当前，我国正在大力提倡发展循环经济和建设生态产业，清洁生产是实现这一目标的有效载体和基本路径。因此，深入研究和实施清洁生产对于实现我国经济、社会与环境协调发展具有重要的理论意义和现实意义。本章介绍了清洁生产提出的背景及必要性，给出了清洁生产的定义、内涵和包括的内容，详细阐述了清洁生产审核的原则和程序，介绍了少无切削液、少无切屑加工中的清洁生产方式及企业实施清洁生产的典型案例。

3.1 清洁生产的提出及必要性

3.1.1 清洁生产的背景与提出

18世纪工业革命以来，蒸汽机等机器大规模应用的工业活动为人类带来了生产方式和生活方式的变革，创造了巨大的生产力。但是，在人类享受机械化带来的便利的同时，生态破坏和环境污染的灾难也随之而来。最早工业化的英国在1949～1960年间就发生了5次大的污染事件，死亡人数高达14000多人(表3.1)。

表3.1　英国伦敦污染大事件

时间	地点	污染物	后果
1949	伦敦	烟尘和 SO_2	死亡275人
1952	伦敦	烟尘和 SO_2	死亡12000余人
1956	伦敦	烟尘和 SO_2	死亡1000余人
1957	伦敦	烟尘和 SO_2	死亡400多人
1960	伦敦	烟尘和 SO_2	死亡750多人

此后，20世纪70年代，全球经济迅猛发展，资源过度消耗，环境污染也日益严重。世界上许多国家因经济高速发展而造成了严重的环境污染和生态破坏，并导致了一系列举世震惊的环境公害事件。进入80年代，随着经济的继续大规模发展，不仅发生了区域性的环境污染和大规模的生态破坏，而且出现了温室效应、臭氧层破坏、厄尔尼诺现象、土地沙漠化、森林锐减等大范围全球性的环境危机，严重威胁着全人类的生存和发展(表3.2)[1~3]。

表 3.2　20 世纪 70、80 年代世界十大环境事件

事件名称	发生地点	时间	污染情况	污染原因
维索化学污染	意大利	1976	多人中毒，居民搬迁，几年后婴儿畸形多	农药厂爆炸，二噁英污染
阿摩柯卡的斯油轮泄油	法国	1978	藻类、湖间带动物、海鸟灭绝，工农业生产旅游业损失巨大	油轮触礁，22 万 t 原油入海
三哩岛核电站泄漏	美国	1979	周围 50 英里 200 万人口极度不安，直接损失 10 多亿美元	核电站反应堆严重失水
威尔士饮用水污染	英国	1985	200 万居民饮水污染，44%的人中毒	化工公司将酚排放入河
墨西哥气体爆炸	墨西哥	1984	4200 人伤，400 人亡，300 栋房毁，10 万人被疏散	石油公司油库爆炸
博帕尔农药泄漏	印度	1984	1408 人伤，2 万人严重中毒，15 万人接受治疗，20 万人逃离	45t 异氰酸甲酯泄漏
切尔诺贝利核电站泄漏	苏联	1989	31 人亡，203 人伤，13 万人疏散，直接损失 30 亿美元	4 号反应堆机房爆炸
莱茵河污染	瑞士	1986	事故段生物绝迹，100 英里内鱼类死亡，300 英里内不能饮用	化学公司仓库起火，硫、磷、汞大量剧毒物入河
莫农格希拉河污染	美国	1988	沿岸 100 万居民生活受严重影响	石油公司油罐爆炸，350 万 t 原油入河
埃克森·瓦尔迪兹油轮漏油	美国	1989	海域严重污染	漏油 26.2 万桶

　　进入 21 世纪以来，中国经济发展明显提速，经济总量大幅增加，生态破坏和环境污染的问题也成为严峻的现实问题。而且，我国人口众多、社会发展不平衡，环保机制难以有效发挥作用，导致中国在很短时间内就成为了世界上大气污染最严重的国家之一[4]。根据世界卫生组织 2006 年公布的报告，在全球空气污染最严重的 10 个城市中，中国有 7 个。北京地区的雾霾、天津的土壤污染、松花江水污染、山西因煤炭开采造成的土地塌陷等生产事故带来的环境问题已经严重影响了人们的生活，并且带来了巨大的经济损失。例如，2005 年 11 月 13 日，吉林省吉林市的石化公司双苯厂胺苯车间发生爆炸，成百吨苯流入松花江，最高检测浓度超过安全标准 108 倍。下泄后，污染带从 80km 蔓延到 200km，导致下游松花江沿岸的大城市哈尔滨、佳木斯以及松花江注入黑龙江后的沿江俄罗斯大城市哈巴罗夫斯克等面临严重的城市生态危机[5]。

　　面对环境污染日趋严重的局面，发达国家在对其经济发展模式进行反思的基础上，认识到不改变长期沿用的大量消耗资源和能源来推动经济增长的传统模式，单靠一些补救的环境保护措施是不能从根本上解决环境问题的，解决的办法只有全过程考虑环境问题。由此，清洁生产应运而生。

　　工业发展与污染防治历程主要经历了以下四个阶段（图 3.1）[6~8]。

　　(1)直接排放阶段。20 世纪 60 年代以前，人们将生产过程中的污染物不加任何处理便直接排入环境。由于当时工业尚不发达，污染物的排放量相对较少，而环境容量比较大，因此环境污染问题并不突出。

　　(2)稀释排放阶段。进入 20 世纪 70 年代，人们开始关注工业生产所排放的污染物对环境的危害。为了降低污染物浓度、减少环境影响，采取了将污染物转移到海洋或大气中的方法，认为自然环境将吸收这些污染。后来，人们意识到自然环境在一定时间内对污染的吸收承载能力有限，开始将污染物稀释排放。

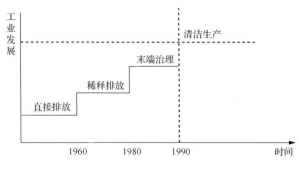

图 3.1　工业发展与污染防治历程

(3)末端治理阶段。20 世纪 80 年代，通过污染治理做到达标排放，废物处理注重了污染物的末端控制，强调减少污染物的排放量，但这只是"头痛医头，脚痛医脚"的做法。

(4)清洁生产阶段。20 世纪 90 年代，通过清洁生产解决环境污染。清洁生产并不是万能的，它不能保证达标，也不能代替必要的末端治理，但是它将极大地降低企业因达标而需要采取的末端治理的负荷。

清洁生产起源于 20 世纪 60 年代美国化工行业的污染预防审核。而"清洁生产"概念的出现，最早可追溯到 1976 年，欧共体在巴黎举行了"无废工艺和无废生产国际研讨会"，会上提出了"消除造成污染的根源"的思想。1979 年 4 月，欧共体理事会宣布推行清洁生产政策。1989 年 5 月，根据联合国环境规划署理事会会议的决议，制定了《清洁生产计划》，在全球范围内推进清洁生产。1992 年 6 月，在巴西里约热内卢召开的"联合国环境与发展大会"通过了《21 世纪议程》，号召工业提高能效，开展清洁技术，更新替代对环境有害的产品和原料，推动实现工业可持续发展。

中国政府亦积极响应，于 1994 年提出了"中国 21 世纪议程"，将清洁生产列为"重点项目"之一。1998 年 10 月在韩国汉城召开的第五次国际清洁生产高级研讨会上，出台了《国际清洁生产宣言》，包括中国在内的 13 个国家的部长及 51 位高级代表的领导人共同签署了该宣言。1999 年 5 月，原国家经贸委发布了《关于实施清洁生产示范试点的通知》，选择北京、上海等 10 个试点城市和石化、冶金等 5 个试点行业开展清洁生产示范和试点，正式开始了清洁生产的立法与实施。

我国工业要想持续稳定地发展，首先，必须改变高消耗、高投入的发展模式，走技术进步、提高经济效益、节约资源的集约化道路；其次，要改变偏重"末端治理"的环境管理模式。我们需要建立一种与现实国情和未来利益相适应的工业发展和环境管理模式，在我国工业还处在初级发展阶段的关键时期，就把保护和改善环境作为工业发展的战略目标，走清洁生产之路。

3.2　清洁生产的定义及主要内容

3.2.1　清洁生产的定义

清洁生产这一术语是 1989 年由联合国环境规划署(United Nations Environment Programme, UNEP)首次提出的。UNEP 对清洁生产的定义为：清洁生产是一种创新思想，该思想是将整体预防的环境战略持续运用于生产过程、产品和服务中以提高生态效率，并减少对人类及环境的危害。

对生产过程而言，要求节约原材料和能源，淘汰有毒原材料，减少废弃物的数量并且降低其毒性。对产品而言，要求减少从原材料获取到产品最终处置的全生命周期的不利影响。对服务而言，要求将环境因素纳入设计和所提供的服务之中。

UNEP 的定义将清洁生产上升为一种战略，该战略的作用对象为工艺和产品，其特点为持续性、预防性和综合性。

在我国，清洁生产的概念最早是在《中国 21 世纪议程》(1994)中提出的，早在 2000 年，国家环境保护部根据我国长期以来的环境保护实践认为，清洁生产是以节能、降耗、减污、增效为目标，以技术、管理为手段，通过对生产全过程的排污审核筛选并实施污染防治措施，以消除和减少工业生产对人类健康和生态环境的影响，从而达到防治工业污染、提高经济效益双重目的的综合性措施。这一概念是从清洁生产的目标、手段、方法和终极目的等方面阐述的，相比而言，较为具体、明确，易被企业所接受。经过许多学者 10 多年的智慧结晶，2003 年我国开始实施的《清洁生产促进法》，把国际惯例与中国实际相结合，对清洁生产的概念更加科学的界定为：清洁生产是指不断采取改进设计、使用清洁的能源和原料、采用先进的工艺技术与设备、改善管理、综合利用等措施，从源头削减污染，提高资源利用效率，减少或避免生产、服务和产品使用过程中污染物的产生与排放，以减轻或消除污染物对人类健康和环境的危害。

可以看出，国内外对于清洁生产概念的描述和界定虽有不同，但其主旨和中心思想基本一致，都是改变末端治理的传统环境保护策略，发展从源头减少污染、以生产全过程综合预防为主的可持续发展战略。

3.2.2　清洁生产的内涵

清洁生产借助于相关理论和技术，在产品整个生命周期的各个环节采取"预防"措施，将生产技术、生产过程、经营管理、原料及产品等方面与物流、能量、信息等要素有机结合起来，并优化运行方式，从而帮助企业以最小的环境影响、最少的资源能源使用、最佳的管理模式实现最优化的经济增长[9]。

清洁生产概念中包含了四层涵义。

(1)清洁生产的目标是节省能源、降低原材料消耗、减少污染物的产生量和排放量。

(2)清洁生产的基本手段是改进工艺技术、强化企业管理，最大限度地提高资源、能源的利用水平和改变产品体系，更新设计观念，争取废物最少排放及将环境因素纳入服务中去。

(3)清洁生产的方法是排污审核，即通过审核发现排污部位、排污原因，并筛选消除或减少污染物的措施及产品生命周期分析。

(4)清洁生产的终极目标是保护人类与环境，提高企业自身的经济效益。

综上所述，大力发展清洁生产既符合经济社会发展的规律，也是我国可持续发展、走新型工业化道路的必然要求。

3.2.3 清洁生产的内容

清洁生产的内容，可归纳为"三清一控制"，即清洁的原料与能源、清洁的生产过程、清洁的产品，以及贯穿于清洁生产的全过程控制。

1) 清洁的原料与能源

清洁的原料与能源，是指在产品生产中能被充分利用而极少产生废物和污染的原材料和能源。为此：①少用或不用有毒、有害及稀缺原料，选用品位高的较纯洁的原材料；②常规能源的清洁利用，如利用清洁煤技术，逐步提高液体燃料、天然气的使用比例；③新能源的开发，如太阳能、生物能、风能、潮汐能、地热能的开发利用；④各种节能技术和措施等，如在能耗大的化工行业采用热电联产技术，提高能源利用率。

2) 清洁的生产过程

生产过程就是物料加工和转换的过程，清洁的生产过程，要求选用一定的技术工艺，将废物减量化、资源化、无害化，直至将废物消灭在生产过程之中。废物减量化，就是要改善生产技术、工艺和设备，以提高原料利用率，使原材料尽可能转化为产品，从而使废物达到最小量；废物资源化，就是将生产环节中的废物综合利用，转化为进一步生产的资源，变废为宝；废物无害化，就是减少或消除将要离开生产过程的废物的毒性，使之不危害环境和人类。

实现清洁生产过程的措施有：①尽量少用或不用有毒、有害的原料(在工艺设计中就应充分考虑)；②消除有毒、有害的中间产品；③减少或消除生产过程中的各种危险性因素，如高温、高压、低温、低压、易燃、易爆、强噪声、强震动；④采用少废、无废的工艺；⑤选用高效的设备和装置；⑥做到物料的再循环(厂内、厂外)；⑦简便、可靠的操作和控制；⑧完善的管理等。

3) 清洁的产品

清洁生产覆盖构成产品整个生产周期的各个阶段(图 3.2)，包括产品的设计、原辅材料的购置、生产、包装、运输、流通、消费和报废等，从全过程减少对人类和环境的不利影响。清洁的产品，是指有利于资源的有效利用，在生产、使用和处置的全过程中不产生有害的产品。清洁产品又叫绿色产品、可持续产品等。

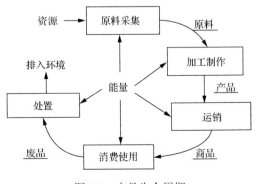

图 3.2 产品生命周期

　　为使产品有利于资源的有效利用，产品的设计工艺应使产品功能性增强，既满足人们的需要又省料耐用。为此应遵循三个原则：精简零件、容易拆卸；稍经整修即可重复作用；经过改进能够实现创新。

　　为避免产品危害人和环境，在设计产品时应遵循下列三原则：产品生产周期的环境影响最小，争取实现零排放；产品对生产人员和消费者无害；最终废弃物易于分解成无害物。

　　清洁产品具体应具备以下几方面的条件：①节约原料和能源，对昂贵和稀缺原料的使用率低，尽可能"废物"利用；②产品在使用过程中以及使用后不含有危害人体健康和生态环境的元素；③易于回收、复用和再生；④合理包装；⑤合理的使用功能，节能、节水、降低噪声的功能，以及合理的使用寿命；⑥产品报废后易处理、易降解等。

　　4) 全过程控制

　　清洁生产中的全过程控制包括两方面的内容，即生产原料或物料转化的全过程控制和生产组织的全过程控制。

　　(1) 生产原料或物料转化的全过程控制，也称为产品的生命周期的全过程控制。它是指从原料的加工、提炼到生产出产品、产品的使用直到报废处置的各个环节所采取的必要的污染预防控制措施。

　　(2) 生产组织的全过程控制，也就是工业生产的全过程控制。它是指从产品的开发、规划、设计、建设到运营管理所采取的防止污染发生的必要措施。

　　应该指出，清洁生产是一个相对的、动态的概念，所谓清洁生产的工艺和产品，是和现有的工艺相比较而言的。推行清洁生产，本身是一个不断完善的过程，随着社会经济的发展和科学技术的进步，需要适时地提出更新的目标，不断采取新的方法和手段，争取达到更高的水平。

3.3　清洁生产审核

3.3.1　什么是清洁生产审核

　　清洁生产审核(cleaner production audit，CPA)也称清洁生产审计，是审核人员按照一定的程序，对正在运行的生产过程进行系统分析和评价的过程；也是审核人员通过对企业的具体生产工艺、设备和操作的诊断，找出能耗高、物耗高、污染重的原因，掌握废物的种类、数量以及生产原因的详尽资料，提出减少有毒和有害物料的使用、产生以及废物产生的备选方案，经过对备选方案的技术经济及环境可行性分析，选定可供实施的清洁生产方案的分析、评估过程[10]。

　　清洁生产审核是为了高效推动清洁生产而开发的一种工具/工作方法/程序。根据规定，政府应当将清洁生产纳入国民经济和社会发展计划以及环境保护、资源利用、产业发展、区域开发等规划中，鼓励企业自愿开展清洁生产审核，但对于污染物排放超过国家或者地方规定排放标准的、超过单位产品能源消耗限额标准构成高耗能的、使用有毒、有害原料进行生产或者在生产中排放有毒、有害物质的企业,应当实施强制性清洁生产审核。

清洁生产审核方式包括企业自主审核和咨询机构第三方审核两种。开展清洁生产审核的人员应具备以下条件:①掌握清洁生产审核知识;②至少包括工艺技术、环保、能源、财务等专业人员;③具有三年以上行业从业经验;④工艺技术、环保、能源三专业的审核人员至少有一名具有高级职称。鼓励具备上述审核人员条件的企业自主开展清洁生产审核;不具备上述审核人员条件的企业,可以聘请外部审核人员或委托咨询服务机构协助企业组织开展清洁生产审核。

3.3.2　清洁生产审核原则

清洁生产审核包括对企业生产过程的重点或优先环节、工序产生的污染进行定量监测,找出高物耗、高能耗、高污染的原因,然后有的放矢的提出对策、制定方案,减少和防止污染物的产生。在清洁生产中:①尽可能使产品在生产和使用过程中无毒、无污染;②尽可能选择无毒、无害、无污染或少污染的原辅材料;③评价生产过程和生产工艺水平,找到主要原因,提高工艺先进性、提高自动化程度、提高生产效率;④找到因管理不善而造成的物耗高、能耗高、排污多的原因和责任,制定加强管理的制度,提出解决的办法;⑤对需要进行投资改造的生产方案必须进行技术、环境、经济的可行性分析,选择最佳方案。

3.3.3　生产活动分析与清洁生产审核程序

清洁生产审核是一种系统的、有计划的判断废弃物产生部位、分析废弃物产生原因、提出削减废弃物方案的程序,其目的在于提高资源利用效率,减少或消除废弃物的产生。在产品的整个生命周期过程中都存在对环境产生负面影响的因素,因此,环境问题不仅存在于生产环节的终端,而且贯穿于与产品有关的各个阶段,包括从原料的提取和选择、产品设计、工艺、技术和设备的选择、废弃物综合利用、生产过程的组织管理等各个环节,而这正是清洁生产的理念之一。清洁生产审核作为推动清洁生产的工具,也需要覆盖产品生命周期的各个阶段,从生产的准备过程开始,对全过程所使用的原料、生产工艺,以及生产完工的产品使用进行全面分析,提出解决问题的方案并付诸实施,以实现预防污染、提高资源利用率的目标。一般的工业生产过程包括 8 个要素(图 3.3)。

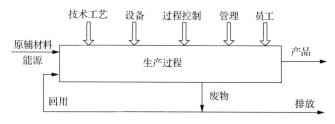

图 3.3　工业生产的 8 要素

1. 原辅材料和能源

在这一环节，废弃物产生的主要原因包括：①原辅料不纯或(和)未净化；②原辅料储存、发放、运输的流失；③原辅料的投入量或(和)配比的不合理；④原辅料及能源的超定额消耗；⑤有毒、有害原辅料的使用；⑥未利用清洁能源和二次资源。

2. 技术工艺

在这一环节，废弃物产生的主要原因包括：①技术工艺落后，原料转化率低；②设备布置不合理、无效传输线路过长；③反应及转化步骤过长；④连续生产能力差；⑤工艺条件要求过严；⑥生产稳定性差；⑦使用对环境有害的物料。

3. 设备

在这一环节，废弃物产生的主要原因包括：①设备破旧、漏损；②设备自动化控制水平低；③有关设备之间配置不合理；④主体设备和公用设施不匹配；⑤设备缺乏有效维护和保养；⑥设备的功能不能满足工艺要求。

4. 过程控制

在这一环节，废弃物产生的主要原因包括：①计量检测分析仪表不齐全或监测精度达不到要求；②某些工艺参数(例如温度、压力、流量、浓度等)未能得到有效控制；③过程控制水平不能满足技术工艺要求。

5. 管理

在这一环节，废弃物产生的主要原因包括：

(1)有利于清洁生产管理的条例、岗位操作规程等未能得到有效的执行。

(2)现行管理制度不能满足清洁生产的需要，即①岗位操作规程不够严格；②生产记录(包括原料，产品和废弃物)不完整；③信息交换不畅；④缺乏有效的奖惩方法。

6. 员工

在这一环节，废弃物产生的主要原因包括：

(1)员工素质不能满足生产需要，即①缺乏优秀管理人员；②缺乏专业技术人员；③缺乏熟练操作人员；④员工的技能不能满足本岗位的要求。

(2)缺乏对员工主动参与清洁生产的激励措施。

7. 产品

在这一环节，废弃物产生的主要原因包括：①产品储存和搬运中的破损、漏失；②产品的转化率低于国内外先进水平；③不利于环境的产品规格和包装。

8. 废弃物

在这一环节，废弃物产生的主要原因包括：①对可利用废弃物未进行再利用和循环使用或循环利用率低；②废弃物的物理化学性状不利于后续的处理和处置；③单位产品废弃物产生量高于国内外先进水平。

清洁生产审核的主要内容可分为三个主题。

1) 生产过程中耗用资源的审核

(1) 能源审核。能源利用，特别是燃煤造成的环境问题越来越突出，危害人类环境的酸雨主要是由于燃煤引起的。开发利用对环境危害较小甚至无害的清洁能源，对可持续发展有着重要意义。能源审核的内容包括：企业清洁能源的利用情况；企业开发降低污染或杜绝污染的能源替代技术情况及其效果；企业能源的利用效率等。

(2) 原材料审核。原材料作为加工的对象，一方面，其毒性大小对生产产品的毒性大小有直接的影响；另一方面，其耗用数量与废物排放数量呈正比关系。原材料审核的内容主要是查明企业是否尽量选用对环境无害的原材料，否则，应分析企业所用的原材料毒性或难降解性；查明产出的产品对环境是否有危害及其危害程度；检查企业是否采取有效措施回收利用原材料及其回收利用程度。

(3) 工艺技术审核。企业生产过程中的工艺技术水平对生产过程产生废弃物和污染物的状况有重大影响。企业采用先进技术，加强生产工艺技术改造，设计合理的工艺流程，不仅可以减少废弃物的排放，而且可以将减污任务分配到生产过程的各个环节，减少对环境的污染，降低减污成本。因此，审核人员应检查企业是否不断进行工艺技术改造，提高原材料利用效率，减少废弃物的排放；检查企业是否开发减污工艺流程，以及是否在生产工艺流程的上游进行污染控制；评价工艺技术改造的实际效果。

(4) 设备审核。作为技术工艺的具体体现，设备的实用性及其维护、保养情况均会影响生产过程中废弃物的产生。因此，清洁生产审核应对设备的使用、更新、维护、保养情况进行审查。

2) 清洁产品审核

清洁产品，包括节约原材料和能源、少用昂贵和稀缺的原料的产品；利用二次资源作原料的产品；使用过程中和使用后不含危害人体健康和环境的产品；易于回收、利用和再生的产品；易处置降解的产品。清洁产品审核的内容包括：检查企业清洁产品的设计情况，选择最佳的设计方案；产品在生产过程中是否高效地利用资源；产品在使用过程中是否对用户及其用户的环境有不利的影响；产品在废弃后是否会使接纳它的环境受到污染；企业是否注意回收与利用技术的开发，变有害无用为有益有用；产品的包装物是否对环境有不利的影响等。

3) 清洁管理审核

任何管理的缺陷都是产生废弃物的重要原因。审核人员应检查清洁生产管理系统的建立健全及其运行的科学性、有效性；检查清洁生产管理内部控制制度的健全性、有效性；核实清洁生产主要技术经济指标的完成情况及其影响因素；检查清洁生产政策和措施的落实和效果。

　　清洁生产审核主要以企业为主组织实施,通常由专家或者企业技术人员按照一定的技术规程进行。考虑到清洁生产审核是一项技术性很强的工作,而且不同行业所适用的清洁生产审核方法会有所不同,根据国外清洁生产审核方法,结合我国清洁生产审核的实践,可以将整个审核过程分解为具有可操作性的 7 个阶段、35 个步骤(图 3.4)。

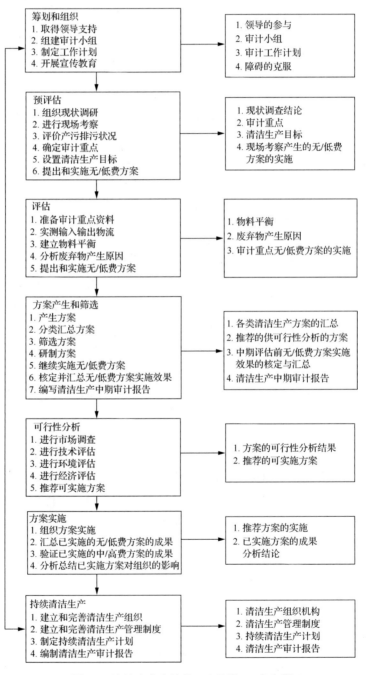

图 3.4　清洁生产审核的 7 个阶段 35 个步骤

1) 筹划和组织

筹划与组织是实施企业清洁生产审核的准备与策划阶段,这一阶段关系到清洁生产审核工作的实施效果。这个阶段的主要工作有三项:一是开展宣传教育,排除清洁生产审核的障碍。为使企业全部人员了解清洁生产审核工作的意义,需要安排专人负责清洁生产的宣传工作,通过厂报、板报、有关会议、印制宣传材料等方式,组织工段、班、组长学习清洁生产知识,鼓励全厂员工填写合理化建议表,调动全厂职工开展清洁生产的积极性。二是组建清洁生产审核小组,推选审核组长、选择审核组成员、明确审核任务。审核小组的成员数目根据企业的实际情况来确定,一般情况下,全时制成员由3~5人组成,应具备的条件是:①具备企业清洁生产审核的知识或工作经验;②掌握企业的生产、工艺、管理等方面的情况以及新技术信息;③熟悉企业的废弃物产生、治理和管理情况以及国家和地区的环保法规和政策等;④具有宣传、组织工作能力和经验。三是制定审核工作计划,包括工作目标、工作内容、进度安排、预期效果等。

2) 预评估

预评估是清洁生产审核的初始阶段,是发现问题和解决问题的起点。这个阶段的主要任务是调查以下几方面内容:①工艺中最明显的废物和废物流失点;②耗能和耗水最多的环节和数量;③原料的输入和产出;④物料管理的状况;⑤生产品、成品率、损失率;⑥设备的维护和清洗等。在此基础上,确定审核重点,制定清洁生产目标,初步提出实施无/低费方案并实施。同时,对已发现的问题可以及时地提出解决的办法和措施。

该阶段的主要工作有两项:一是进行现场考察。现场考察的主要内容有:厂貌、原料的购置和贮存、生产工艺和技术、设备的利用与维护、产品的性质与销售、环境污染的控制等。二是确定审核重点。确定审核重点的原则是:该审核重点应有明显的经济效益、环境效益和社会效益,具体方法可采用权重总和法,该法主要依据各备选审核重点在各因素中所占的权重总和来确定。一般应考虑六个因素:①物耗、能耗大的生产单元;②污染物产生和排放量较大,超标严重的环节;③生产效率低下,严重影响正常生产的环节;④易产生废品的环节;⑤对操作人员身体健康影响大的环节及生产工艺落后的"老大难"部位;⑥事故多、维修多的部位以及难操作且易造成生产波动的部位。

3) 评估

该阶段主要是对已确定的审核重点进行物料、能量、废物等的输入、输出定量测算,对生产全过程(从原材料投入到产品产出)全面进行评估。寻找原材料、产品、生产工艺、生产设备及其运行与维护管理等方面存在的问题,分析物料、能源损失和污染排放的原因。主要有五项工作:一是准备审核重点资料,包括收集资料、编制审核重点的工艺流程图、编制单元操作工艺流程图和功能说明表、编制工艺设备流程图。二是实测输入输出物流。三是建立物料平衡,包括进行预平衡测算、编制物料平衡图、阐述物料平衡结果。四是分析废弃物的产生原因,包括原辅料及能源、技术工艺、设备、过程控制、产品、废弃物、管理、员工。五是提出和实施无/低费方案。

4) 方案的产生和筛选

本阶段的任务是根据评估阶段的结果,对产生的各种方案进行筛选归类,推荐可实施的多个中/高费方案，对前阶段无/低费方案的实施效果进行核定和总结，并继续实施无/低费方案，并编写清洁生产中期审核报告。

5) 可行性分析

在无/低费方案实施的基础上，对推荐的中/高费方案进行可行性分析，对筛选出来的备选方案进行技术、环境、经济评估，并分析对比各方案的可行性，推荐可供实施的方案。

需要指出的是，对方案进行技术、环境、方案确定后，对于一些无费或少费、容易实施的方案，应立即付诸实施。一般情况下，管理类、包装类方案较易得到实施，对于投资大、回收期长的方案应作详细的可行性分析。可行性分析主要从以下几个方面来进行：一是进行市场调查，包括调查市场需求、预测市场需求、确定方案的技术途径。二是进行技术评估。主要分析其技术先进程度、技术指标、所需要的技术培训及在本行业中推广的价值等。三是进行环境评估。主要分析污染物种类和量的变化及可能削减的环境保护治理费用等。四是进行经济评估，主要评估其投资支出、运行费用、效益、投资渠道、投资分配等。包括清洁生产经济效益的统计方法、经济评估方法、经济评估指标及其计算、经济评估准则。五是推荐可实施方案。

6) 方案实施

清洁生产方案的实施分两步。第一步是实施投资费用较少或无投资费用、收效明显、容易实施的方案。此类方案的实施应贯彻边审核边实施的原则，它们的实施不仅有利于使企业迅速受益，更重要的是有利于提高企业推行清洁生产的信心。第二步是实施投资较大、投资期较长、涉及面较广的方案。这些方案可能有改变原料、工艺的方案，更新关键设备、提高产品档次的方案以及关键车间或工段的搬迁等。实施这类方案的一般有以下几步：①筹措资金，组织方案实施。方案实施的资金来源可能有企业自筹、环保投资贷款、世行贷款、发行债券或股票等，应对这些资金的数量和有效使用时间作详细分析，并列出方案实施的时间安排，确定各实施阶段的资金额，明确在各实施阶段中，企业内的主管部门及其责任。②汇总已实施的无/低费方案的成果。③验证已实施的中/高费方案的成果。包括技术评价、环境评价、经济评价、综合评价。④分析总结已实施方案对企业的影响，分析方案是否收到了预期效果和存在的问题，以确定相应的解决办法。汇总环境效益和经济效益，对比各项单位产品指标，宣传清洁生产成果。

7) 持续清洁生产阶段审核

持续清洁生产阶段，开始选择另一个重点单元进行清洁生产审核。一是建立和完善清洁生产组织，明确任务、落实归属、确定专人负责。二是建立和完善清洁生产管理制度，把审核成果纳入企业的日常管理、建立和完善清洁生产激励机制、保证稳定的清洁生产资金来源。三是制定持续清洁生产计划。四是编制清洁生产审核报告。清洁生产审核报告一般要包括以下内容：①企业基本情况(名称及类型、地理位置、组织机构、职工人数及文化结构、产品、产值、资源、能源利用状况、企业环境保护状况等)；②企业实施清洁生产组织和计划(领导参与情况、宣传动员和培训情况、审核员组成情况、审核工作计划)；③本企业清洁生产的审核指标体系(指标体系的来源与水平、与国内先进及国际先进指标体系的差距)；④根据清洁生产指标体系审核本企业清洁生产的情况，找出本企业存在的差距、问题和原因(结合生产工艺流程图和能源、水、物料平衡表逐项分析)；⑤解决问题的对策、措施和方案及落实情况(落实计划进度情况)；⑥落实各项清洁生产整改措施的效果(单项说明)；⑦清洁生产建章立制情况(建立的规章制度、近期计划、远期目标、主要保障措施等)；⑧结论(过程措施评定、措施效果评定、清洁生产水平评定、投入产出评定)。

参 考 文 献

[1] 何劲. 关于企业清洁生产研究的文献综述[J]. 科技进步与对策, 2006, 6: 178-180.

[2] 陈文明. 清洁生产——环境战略的新认识[J]. 化学进展, 1998, 10(2): 113-122.

[3] Brown L R. 生态经济革命[M]. 萧秋梅译. 新北: 扬智文化事业股份有限公司, 1999.

[4] 刘思华. 企业经济可持续发展论[M]. 北京: 中国环境科学出版社, 2002.

[5] 张凯, 崔兆杰. 清洁生产理论与方法[M]. 北京: 科学出版社, 2005.

[6] 熊文强, 郭孝菊, 洪卫. 绿色环保与清洁生产概论[M]. 北京: 化学工业出版社, 2002.

[7] 王守兰, 武少华, 万融, 等. 清洁生产理论与实务[M]. 北京: 机械工业出版社, 2002.

[8] 贾爱娟, 靳敏. 国内外清洁生产评价指标综述[J]. 陕西环境, 2003, (3): 33-34.

[9] 廖健, 刘剑平, 单洪青. 我国对清洁生产的鼓励政策[J]. 当代石油石化, 2005, (2): 28-30.

[10] 刘惠荣, 高亨超, 王英平. 以循环经济理念促进清洁生产的实施[J]. 前沿, 2005, (8): 74-75.

第4章 再制造工程基础

再制造是实现资源高效循环利用的最佳途径之一，实施机电产品再制造，既可实现大量报废产品的再利用，也可以降低装备腐蚀和磨损带来的巨大经济损失。与传统制造业相比，可节约成本50%，节能60%，节材70%，几乎不产生固体废物，对环境的影响显著降低，经济效益、社会效益和生态效益显著，有力促进了资源节约型、环境友好型社会的建设。

党的十八大报告把"生态文明建设"放在突出位置，"中国制造2025"将绿色发展作为基本方针，强调"发展循环经济，提高资源回收利用效率，构建绿色制造体系，走生态文明的发展道路"。再制造是循环经济"再利用"的高级形式，是绿色制造的重要环节，是绿色制造全生命周期管理的发展和延伸，是实现资源高效循环利用的重要途径。再制造产业符合"科技含量高、经济效益好、资源消耗低、环境污染少"的新型工业化特点，发展再制造产业有利于形成新的经济增长点，将成为"中国制造"升级转型的重要突破。

4.1 再制造概述

4.1.1 再制造工程的定义

再制造工程是以机电产品全寿命周期设计和管理为指导，以废旧机电产品实现性能跨越式提升为目标，以优质、高效、节能、节材、环保为准则，以先进技术和产业化生产为手段，对废旧机电产品进行修复和改造的一系列技术措施或工程活动的总称。简言之，再制造是废旧机电产品高科技维修的产业化[1, 2]。

中国国家标准GB/T 28619—2012《再制造术语》对"再制造"的定义为：对再制造毛坯进行专业化修复或升级改造，使其质量特性不低于原型新品水平的过程(注：质量特性包括产品功能、技术性能、绿色性、经济性等)。再制造的重要特征是再制造产品的质量和性能要达到或超过新品，成本仅为新品的50%，节能60%，节材70%以上，对保护环境贡献显著[3]。在国家可持续发展战略和"以人为本，人口、资源、环境协调发展"的科学发展观指导下，再制造工程已成为构建循环经济的重要组成部分。

再制造的对象是广义的，它既可以是设备、系统、设施，也可以是其零部件；既包括硬件，也包括软件。

再制造工程包括以下两个主要部分。

(1)再制造加工：主要针对达到物理寿命和经济寿命而报废的产品，在失效分析和寿命评估的基础上，把蕴涵使用价值、由于功能性损坏或技术性淘汰等原因不再使用的产品作为再制造毛坯，采用表面工程等先进技术进行加工，使其性能和尺寸迅速恢复，甚至超过新品。

(2)过时产品的性能升级：主要针对已达到技术寿命的产品或是不符合可持续发展要

求的产品,通过技术改造、更新,特别是通过使用新材料、新技术、新工艺等,改善产品的技术性能、延长产品的使用寿命、减少环境污染。性能过时的机电产品往往是几项关键指标落后,不等于所有的零部件都不能再使用,采用新技术镶嵌的方式进行局部改造,就可以使原产品跟上时代的性能要求。

4.1.2 再制造在产品全寿命周期中的地位

全寿命周期过程是指在设计阶段就考虑到产品寿命历程的所有环节,将所有相关因素在产品设计分阶段得到综合规划和优化的一种设计理论。全寿命周期设计意味着设计产品不仅是设计产品的功能和结构,而且要设计产品的规划、设计、生产、经销、运行、使用、维修保养、直到回收再利用处置的全寿命周期过程[4]。

装备发展的实践证明,装备全寿命周期管理不仅要考虑装备的论证、设计和制造的前期阶段,而且还要考虑装备的使用、维修直至报废品处理的后期阶段。再制造工程在综合考虑环境和资源效率问题的前提下,在产品报废后,能够高质量地提高产品或零部件的重新使用次数和重新使用率,从而使产品的寿命周期成倍延长,甚至形成产品的多寿命周期。因此,再制造工程是对产品全寿命周期的延伸和拓展,赋予了废旧产品新的寿命,形成了产品的多寿命周期循环。

目前,国内外越来越重视产品的全寿命周期管理[5]。传统的产品寿命周期是"研制—使用—报废",其物流是一个开环系统。通过在产品寿命周期中采用再制造方式,可以实现理想的绿色产品循环寿命周期,使其变废为宝,"起死回生",即"研制—使用—再生",形成一个闭环的循环服役系统。国家标准《机械产品再制造通用技术要求》(GB/T 28618—2012)规定了机械产品再制造流程,如图 4.1 所示。

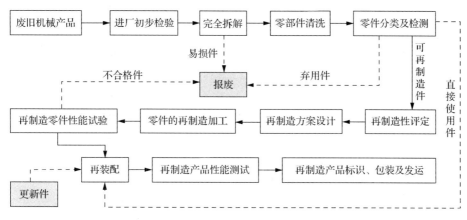

图 4.1 机械产品再制造流程

4.1.3 装备再制造与装备维修及再循环的关系

1. 装备再制造与装备维修的相同点

当装备发生故障无法正常服役时,只有通过维修或再制造来恢复其性能。装备再制造与装备维修的主要相同点是二者均是通过采用专有技术对故障装备进行延长使用寿命的活动,从而避免由于重新购置装备导致的生产成本的扩大。但是,这种相同点一定程度造成了社会各界对装备再制造的误解,片面认为再制造的实质就是维修,束缚了再制造产业的发展。

2. 装备再制造与装备维修的不同点

维修是为了保持和恢复设备良好的状态而进行的修复性活动,是在装备服役阶段为保持装备良好的状况和正常运行而对故障装备采取的修复措施,常具有随机性与应急性。装备再制造与装备维修最主要的不同表现在如下几点。

(1)成品质量不同。修理只针对在使用年限内且没有完全报废的装备,目的是故障装备可以继续服役。而再制造可使废旧装备的质量和性能恢复至新装备状态。

(2)加工技术不同。再制造比维修包含更多的高新技术,例如,高新表面工程技术、纳米热处理技术、数控化改造技术、抗疲劳修复技术、快速成型技术及其他加工技术等。

(3)工艺流程不同。再制造包括再制造性设计阶段、再制造生产阶段、再制造装备使用阶段的维护、再制造装备回收阶段等循环过程。维修只是考虑故障装备的修理过程。

(4)经济效益不同。再制造不但可以通过延长装备的使用寿命获取经济效益,还可以充分提取废旧装备的制造活动成本、能源消耗成本和设备工具消耗成本等附加价值。

(5)活动时间不同。维修主要是在装备发生故障时开始活动。由于回收零部件的性能状态不同,对其进行再制造时需要采用不同的工艺流程,因此,再制造的时间会存在较大的不确定性。德国的 Rolf Steinhilper 对开始装备再制造加工时间给出了一个结论:准备进行再制造的废旧装备中,许多零部件只是处于其失效寿命的第二个阶段,即偶发故障期,此阶段的装备失效率非常低,可靠性期望值高。图 4.2 是 Rolf Steinhilper 提出的装备再制造加工开始时间示意图[6]。

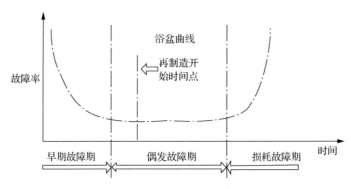

图 4.2　基于浴盆曲线的再制造开始时间

3. 装备再制造与再循环

再循环是指将废旧产品回收到能够重新利用资源的过程,其工艺过程主要包括拆解、粉碎、分离或燃烧等步骤。根据所回收资源的形式、性能及用途,再循环可分为原态再循环和易态再循环，前者是指回收到与废弃件具有相同性能的材料，后者是指将废弃品回收成其他低级用途材料或者能量资源。再循环一般用于可消费品（如报纸、玻璃瓶等），也可用于耐用品（如汽车发动机、机电产品等）。

但无论哪种再循环方式，都破坏了原零部件的形状和性能，销毁了原产品在第一次制造过程中赋予产品的全部附加值，仅仅回收了部分材料或能量，同时，在回收过程中注入了大量的新能源，而且在再循环过程中的粉碎、分离等环节要产生大量的废水，所以，再循环是废旧机电产品资源化的一种低级形式。

再制造不同于再循环，再制造可以最大限度获得废旧零部件中蕴含的附加值。大量零部件的直接或再制造后的重用，使得再制造产品的性能在达到或超过新品的情况下，生产成本可以远远低于新品，因此，再制造是废旧机电产品资源化的最佳形式和首选途径。

目前，许多国家已经开始加强立法来鼓励设计和生产环保产品。近年来，环境友好的生态产品绿色市场已经发展起来。世界上有许多生态标志，如日本的"生态标志"（Ecomark）、美国的"绿色标签"（Green Seal）、德国的"蓝鹰标志"（Blue Angle）。由于生态产品的成本要高于普通产品，因而发展缓慢。而再制造产品作为生态产品，且其成本低于新品，因此有着广阔的发展前景。然而，目前许多消费者对再制造产品还存在着片面认识，认为再制造产品是"二手货"或"翻新品"，不愿购买或使用。再制造的突出特征是将废旧产品回收拆卸后，按零部件的类型进行收集和检测，将有再制造价值的废旧产品作为再制造毛坯，利用高新技术对其进行批量化修复、性能升级，使其质量特性达到或优于原有新品水平的制造过程。

4.1.4　再制造的主要特征

再制造的突出特征是将废旧产品回收拆卸后，按零部件的类型进行收集和检测，将有再制造价值的废旧产品作为再制造毛坯，利用高新技术对其进行批量化修复、性能升级，使其质量特性达到或优于原有新品水平的制造过程。

我国再制造业的发展经历了产业萌生、科学论证和政府推进三个主要阶段，经过十余年的创新发展，已形成了"以尺寸恢复和性能提升"为特征的中国特色再制造。中国特色的再制造是在维修工程、表面工程的基础上发展起来的，大量应用了寿命评估、复合表面工程、纳米表面工程和自动化表面工程等先进技术，可以使旧件尺寸精度恢复到原设计要求，并提升零件的质量和性能。我国的这种以尺寸恢复和性能提升为主的再制造模式，在提升再制造产品质量的同时，还可大幅度提高旧件的再制造率，例如，斯太尔发动机的再制造率（指再制造旧件占再制造产品的重量比）比国外提高了 10%。再制造产品的重要特征是其质量特性不低于新品，再制造与制造新品相比，可节能 60%，节材 70%，大气污染物排放量降低 80% 以上。再制造迎合了传统生产和消费模式的巨大变革需求，是实现废旧机电产品循环利用的重要途径，是资源再生的高级形式，也是发展循环经济、建设资源节约型、环境友好型社会的重要举措，更是推进绿色发展、低碳发展，促进生态文明建设的重要载体[7]。

再制造优先考虑产品的可回收性、可拆解性、可再制造性和可维护性等属性的同时，保证产品的基本目标(优质、高效、节能、节材等)，从而使退役产品在对环境的负面影响最小、资源利用率最高的情况下重新达到最佳的性能，并实现企业经济效益和社会效益的协调优化[8]。

4.1.5　再制造工程的学科体系

再制造工程学科体系是在装备维修保障的实践中逐渐形成的，在装备维修工程、表面工程等相关学科不断发展、交叉、综合的基础上逐步发展起来的。再制造工程与维修工程、表面工程、制造工程和环境工程等武器装备相关学科密不可分。我国自主创新的再制造发展模式是表面工程在装备再制造领域的应用实践中逐步探索形成的。它包含的内容十分广泛，涉及机械工程、材料科学与工程、信息科学与工程和环境科学与工程等多种学科的知识和研究成果。再制造工程融汇上述学科的基础理论，结合再制造工程实际，逐步形成了废旧产品的失效分析理论、剩余寿命预测和评估理论、再制造产品的全寿命周期评价基础以及再制造过程的模拟与仿真等。此外，还要通过对废旧装备恢复性能时的技术、经济和环境三要素的综合分析，完成对废旧装备或其典型零部件的再制造性评估。

2012 年，"再制造工程"学科被教育部批准为二级学科博士点，其一级学科为机械工程。再制造学科体系构成复杂，涵盖着再制造基础理论、再制造工程关键技术、再制造工程质量控制、再制造工程技术设计、再制造工程管理等多项内容。装备再制造工程的学科体系框架概括如图 4.3 所示[9]。

4.1.6　再制造工程的关键技术

装备再制造工程是通过各种高新技术来实现的。在这些再制造技术中，有很多是及时吸取最新科学技术成果的关键技术，如先进表面技术、微纳米涂层及微纳米减摩自修复材料和技术、修复热处理技术、再制造毛坯快速成型技术及过时产品的性能升级技术等。再制造工程的关键技术所包含的种类十分广泛，其中，主要技术是先进表面技术和复合表面技术，主要用来修复和强化废旧零件的失效表面。由于废旧零部件的磨损和腐蚀等失效主要发生在表面，因而各种各样的表面涂敷技术应用得最多。微纳米涂层技术是以微纳米材料为基础，通过特定涂敷工艺对表面进行高性能强化和改性，可以解决许多再制造中的难题，并使其性能大幅度提高。修复热处理是一种通过恢复内部组织结构来恢复零部件整体性能的技术。再制造毛坯快速成型技术是根据零件几何信息，采用积分堆积原理和激光同轴扫描等方法进行金属的熔融堆积。过时产品的性能升级技术不仅包括通过再制造使产品强化、延寿的各种方法，而且包括产品的改装设计，特别是引进高新技术或嵌入先进的部(组)件使产品性能获得升级的各种方法。除上述这些有特色的技术外，通用的机械加工技术和特种加工技术也经常使用。

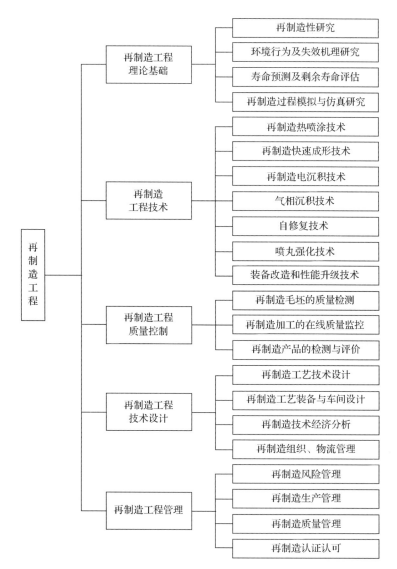

图 4.3　装备再制造工程学科体系框架

4.1.7　再制造工程的质量控制与技术设计

再制造工程的质量控制中，毛坯的质量检测是指通过检测废旧零部件的内部和外部损伤，从技术、经济、环境等方面分析决定其再制造的可行性。产品的质量检测是指对给定的产品按照规定的程序确定一个或多个特性或性能的技术操作，通过检查和验证产品质量是否符合有关规定的活动。为保证再制造产品的质量性能不低于新品，在再制造过程中要建立起全面的质量管理体系，严格进行再制造过程的在线质量控制和再制造成品的检测。

再制造工程的技术设计包括再制造工艺过程设计，工艺装备、设施和车间设计，再制造技术经济分析，再制造组织、物流管理等多方面内容。其中，再制造的工艺过程设计是关键，需要根据再制造对象的运行状况提出技术要求，编制合理的再制造工艺。再制造产品的物流管理包括再制造对象的逆向(回收)物流管理和再制造产品的供应物流管理两方面。合理的物流管理能够提高再制造产品的生产效率、降低成本、提高经济效益。

4.1.8　再制造国内外发展现状

1. 国外再制造产业的发展

国外的再制造经过几十年发展，已形成了巨大的产业，成为循环经济的重要组成部分。美国于 20 世纪 90 年代初建立了国家再制造与资源恢复国家中心(NC3R)以及再制造研究所、再制造工业协会，并在《2010 年及其以后的国防制造工业执行提要》中明确将新的再制造技术列入其优先发展的国防制造工业的新重点。德国从 1991 年起，政府多次拨款支持机电再制造，帮助企业与高校、研究机构开展再制造研究工作。欧洲也通过了支持再制造的相关法律法规，并且正在德国建设欧洲再制造技术中心[10]。

国外再制造产品涉及汽车及其配件、工业设备、航空航天及国防装备、电子产品等十几个领域，其中，汽车、工程机械、机床领域再制造产品所占比例最大。以美国为例，汽车零部件再制造业是美国的第三大再制造制产业，表 4.1 为 2009～2011 年美国汽车零部件再制造情况统计表，由表可知，2011 年美国国内汽车零部件再制造产值达 62 亿美元，提供了 3 万余个全职工作岗位。再制造投资额从 2009 年的 761 万美元增长到 2011 年的 1057 万美元，增长了近 40%。美国进口再制造汽车零部件从 2009 年的 12190 万元增长到 2011 年的 14820 万元，增长了 21%，出口额从 2009 年的 4310 万元增长到 2011 年的 5820 万元，增长了 35%，美国成为再制造汽车零部件的净进口国[11]。

国外再制造企业主要有三种运作模式：第一种是原制造商投资、控股或者授权生产的再制造企业，包括原始设备制造商(original equipment manufacturer, OEM)和原装配件供应商(original equipment supplier, OES)。这类企业拥有自己的再制造品牌，经过再制造的产品通过原制造企业的备件和服务体系流通销售。第二种是独立的再制造公司，这类公司具备开展各种产品再制造的能力。如卡特彼勒在全球拥有 14 家专业的再制造公司，为不同产品提供再制造服务，年处理再制造产品 220 万件。第三种是从提供服务和维修开始，然后逐渐过渡到开展再制造业务。这类企业主要是电子产品再制造公司，如日本施乐公司在全国建立了 50 个废弃旧复印机回收点，对回收后的零件进行再制造后再次投入使用，到 2000 年该公司已将废旧复印机的零件循环利用率提高到 50% 以上，拥有旧零部件的复印机产量达到总产量的 25%。

表 4.1　2009～2011 年美国汽车零部件再制造情况统计表

项目	年份		
	2009	2010	2011
产值/百万美元	701.8	696.9	621.1
投资额/百万美元	7.61	10.56	10.57
进口额/百万美元	121.9	146.2	148.2
出口额/百万美元	43.1	49.4	58.2
全职雇员/人	30069	30404	30653

2015 年，欧洲知识转移联盟(European Remanufacturing Network, ERN)发布了报告《再制造市场研究》，通过电话和网络调查、荟萃分析(meta-studies)和自上而下分析的方法搜集并分析了航空航天、汽车、电子电器设备、家具、重型装备和非道路车辆、机床、海洋装备、医疗器械、铁路装备九个行业的数据，评估了欧盟再制造产业发展水平。据统计，2015 年欧盟再制造业产值约 300 亿欧元，提供了 19 万个工作岗位，再制造业产值占新品制造产业的 1.9%左右，表 4.2 为 2015 年欧盟再制造业产值统计表。其中，航空航天再制造业产值高达 124 亿欧元，占欧盟再制造业总产值的 42%，其再制造业产值占制造业产值的 11.5%，欧盟航空航天再制造业产值较高与其发达的航空工业密切相关。其次为汽车、电子电器设备、HDOR、医疗器械等行业。

表 4.2　2015 年欧盟再制造业产值情况

行业	产值/十亿欧元	公司数量/个	就业人数/千人	旧件数量/千件	行业比例/%
航空航天	12.4	1000	71	5160	11.5
汽车	7.4	2363	43	27286	1.1
电子电器设备	3.1	2502	28	87925	1.1
家具	0.3	147	4	2173	0.4
HDOR	4.1	581	31	7390	2.9
机床	1.0	513	6	1010	0.7
海洋装备	0.1	7	1	83	0.3
医疗器械	1.0	60	7	1005	2.8
铁路装备	0.3	30	3	374	1.1
总额	29.8	7204	192	132405	1.9

注：行业比例 = 再制造产值/制造产值。

日本由于受国土面积小、资源匮乏等因素制约，基于"资源环境立国"的战略考量，积极开展立法工作，推进资源循环性社会的建设，推动再制造产业的发展。1970 年，日本颁布了《废弃物处理法》，旨在促进对报废汽车、家用机器等的循环利用，对非法抛弃有用废旧物采取罚款、征税等惩戒措施。1991 年，日本国会修订了《废弃物处理法》(该法此后共修订超过 20 次)，并通过了《资源有效利用促进法》，确定了报废汽车、家用机器等的循环利用需进行基准判断、事前评估、信息提供等。2000 年，日本颁布了《建立循环型社会基本法》，规定汽车用户若将废旧汽车零部件交给再制造企业，则可免除缴纳废弃物处理费。2002 年，日本国会审议通过了《汽车回收利用法》，并于 2005 年 1 月正式实施，是全球第一部针对汽车业全面回收的立法。该法规对汽车再制造行业加大了整治力度，实行严格的资格许可制度，并设立配套基金，对废旧汽车回收处理进行补贴。政府部门通过完善法律规定，统筹和规范再制造企业的生产、销售、回收等各个环节。据统计，2015 年日本再制造业产值约 44 亿美元，再制造产业主要集中在汽车(8.5 亿美元)、硒鼓(2.5 亿美元)、复印机(1.2 亿美元)等领域。

2. 我国再制造产业的发展

1)再制造业在国内的发展概况

我国的再制造业的发展经历了产业萌生、科学论证和政府推进三个阶段。第一个阶段是再制造产业萌生阶段。自 20 世纪 90 年代初开始，我国相继出现了一些再制造企业，主要开展重型卡车发动机、轿车发动机、车用电机等的再制造，产品均按国际标准进行再制造，质量符合再制造的要求[12]。第二阶段是学术研究、科学论证阶段。1999 年 6 月，徐滨士院士在西安召开的"先进制造技术国际会议"上发表了题为《表面工程与再制造技术》的学术论文，在国内首次提出了"再制造"的概念。2000 年 3 月，徐滨士院士在瑞典哥德堡召开的第 15 届欧洲维修国际会议上发表了题为"面向 21 世纪的再制造工程"的会议论文，这是我国学者在国际学术会议上首次发表关于"再制造"的论文。2000 年 12 月，徐滨士院士在中国工程院咨询报告《绿色再制造工程在我国应用的前景》中对再制造工程的技术内涵、再制造工程的设计基础、再制造工程的关键技术等进行了系统、全面的论述。2006 年 12 月，中国工程院咨询报告《建设节约型社会战略研究》中，把机电产品回收利用与再制造列为建设节约型社会 17 项重点工程之一。通过多角度的深入论证，为政府决策提供了科学依据。第三阶段是国家颁布法律、政府全力推进阶段。2005～2015 年，再制造业发展非常迅速，一系列政策相继出台，为再制造业的发展注入了强大动力，我国已进入到以国家目标推动再制造产业发展为中心内容的新阶段，国内再制造业的发展呈现出前所未有的良好发展态势[13]。

2)我国再制造产业政策环境不断优化

我国再制造产业的持续稳定发展，离不开国家政策的支持与法律法规的有效规范。我国再制造业政策法规经历了一个从无到有、不断完善的过程，我国再制造产业政策环境不断优化。

从 2005 年国务院颁发的《国务院关于做好建设节约型社会近期重点工作的通知》(国发[2005]21 号)和《国务院关于加快发展循环经济的若干意见》(国发[2005]22 号)文件中，首次提出支持废旧机电产品再制造，到 2015 年，国家层面上制定了近 50 项再制造业方面的法律法规，其中，国家再制造专项政策法规 20 余项，如图 4.4 所示。

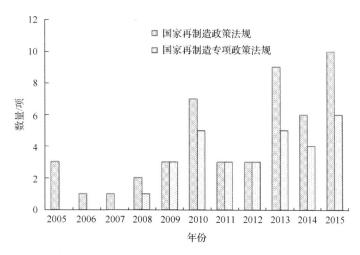

图 4.4　2005～2015 年我国再制造政策法规数量

2005 年，国务院颁发的《国务院关于做好建设节约型社会近期重点工作的通知》和《国务院关于加快发展循环经济的若干意见》文件中指出：国家将"支持废旧机电产品再制造"，并把"绿色再制造技术"列为"国务院有关部门和地方各级人民政府要加大经费支持力度的关键、共性项目之一"。2008 年 8 月，第十一届全国人民代表大会常务委员会第四次会议通过《中华人民共和国循环经济促进法》，该法在第 2 条、第 40 条及第 56 条中六次阐述再制造，指出国家支持企业开展机动车零部件、工程机械、机床等产品的再制造和轮胎翻新，销售的再制造产品和翻新产品的质量必须符合国家规定的标准，并在显著位置标识为再制造产品或者翻新产品。2009 年 1 月，《循环经济促进法》实施，将再制造纳入法制化轨道。2011 年 3 月，国务院发布的《中华人民共和国国民经济和社会发展第十二个五年规划纲要》中明确提出"强化政策和技术支撑，开发应用源头减量、循环利用、再制造、零排放和产业链接技术，推广循环经济典型模式。大力发展循环经济，健全资源循环利用回收体系，加快完善再制造旧件回收体系，推进再制造产业发展"。2013 年 1 月，国务院发布了《循环经济发展战略及近期行动计划》(国发[2013]5 号)，《计划》提出发展再制造，建立旧件逆向回收体系，抓好重点产品再制造，推动再制造产业化发展，支持建设再制造产业示范基地，促进产业集聚发展。建立再制造产品质量保障体系和销售体系，促进再制造产品生产与销售服务一体化。2013 年 8 月，国务院发布了《国务院关于加快发展节能环保产业的意见》(国发[2013]30 号)，《意见》提出要发展资源循环利用技术装备，提升再制造技术装备水平，重点支持建立 10～15 个国家级再制造产业聚集区和一批重大示范项目，大幅度提高基于表面工程技术的装备应用率。开展再制造"以旧换再"工作，对交回旧件并购买"以旧换再"再制造推广试点产品的消费者，给予一定比例的补贴。2015 年 5 月，国务院发布《中国制造 2025》(国发[2015]28 号)，提出全面推行绿色制造，大力发展再制造产业，实施高端再制造、智能再制造、在役再制造，推进产品认定，促进再制造产业持续健康发展。2016 年 3 月，国家发改委等十部委联合发布了《关于促进绿色消费的指导意见》，《意见》提出着力培育绿色消费理念、倡导绿色生活方式、鼓励绿色产品消费，组织实施"以旧换再"试点，推广再制造发动机、变速箱，建立健全对消费者的激励机制。2017 年 4 月，国家发改委、科技部、工信部等 14 部委联合发布了《循环发展引领行动》（发改环资[2017]751 号），支持再制造产业化、规范化、规模化发展，规范再制造服务体系，推动再制造业集聚发展，建设 30 个左右再生产品与再制造产品推广平台和示范应用基地，支持中央企业应用再制造产品，到 2020 年，主要再制造产品市场覆盖率达到 10%左右。

目前，我国已在法律、行政法规和部门规章等不同层面制定了一系列法律法规，再制造政策法规逐步细化、具体化，再制造法制化程度不断提高。我国再制造产业的发展既要发挥市场机制的作用，又要强调政府的主导作用，采取政府主导与市场推进的并行策略，在技术、市场、服务以及监管体系等方面积极沟通、加强协作，不断完善我国再制造业的政策法规，建立一个良性的、面向市场的、有利于再制造产业发展的政策支持体系和环境，形成有效的激励机制，实现我国再制造产业跨越式发展[14]。

3）再制造试点企业数量逐步扩大

为推进再制造产业规模化、规范化、专业化发展，充分发挥试点示范引领作用，结合再制造产业发展形势，国家发改委和工信部先后发布了再制造试点，截至 2016 年 3 月，我国再制造试点企业已有 153 家[15, 16]。2009 年 12 月，工信部印发的《机电产品再制造试点单位名单(第一批)》（工信部节 [2009] 663 号)涵盖工程机械、工业机电设备、机床、矿采机械、铁路机车设备、船舶、办公信息设备等领域的 35 个企业和产业集聚区。2010 年 2 月，国家发改委、国家工商管理总局联合发布了《关于启用并加强汽车零部件再制造产品标志管理与保护的通知》（发改环资[2010]294 号），公布了 14 家汽车零部件再制造试点企业名单，其中包括中国第一汽车集团公司等 3 家汽车整车生产企业和济南复强动力有限公司等 11 家汽车零部件再制造试点企业。2013 年 2 月，国家发改委办公厅发布了《国家发展改革委员会办公厅关于确定第二批再制造试点的通知》（发改办环资[2013]506 号)，北京奥宇可鑫表面工程技术有限公司等 28 家单位确定为第二批再制造试点单位。2016 年 2 月，工信部发布的《机电产品再制造试点单位名单(第二批)》（工信部节[2016]53 号)包括 76 家再制造企业和产业集聚区。图 4.5 为我国再制造试点企业区域分布图，在 153 家再制造试点企业中，有 68 家试点企业位于华东地区，占试点企业的44%；华中地区有 27 家再制造试点企业，占总数的 18%；华北、东北和华南地区分别有17 家、16 家和 11 家，西南和西北地区较少。图 4.6 为我国再制造试点企业性质分布图。由图 4.6 可知，在我国再制造试点企业中，国有企业和民营企业所占比重最大，均占试点企业的约 40%，其次为中外合资企业、外商独资企业等。从 2008 年到 2016 年，我国再制造试点企业中，民营企业数量从 2 家增加到 59 家，由占试点企业总数的约 14%增加到约 38%，增长了近 3 倍。我国再制造试点企业呈现出聚集在东部沿海发达地区、国有企业和民营企业占主导的特点。我国西部地区工矿业程机械保有量巨大，为再制造产业发展提供了良好的市场环境，应增加西部地区再制造产业试点数量。同时，要充分发挥国有再制造试点企业在体制、资金、管理等方面的带头示范作用，还要扩大再制造试点中民营企业的数量，利用其市场导向明确、机制灵活的特点，实现我国再制造产业区域的共同发展[17]。

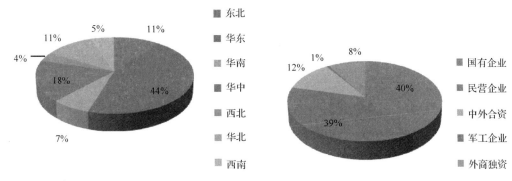

图 4.5　再制造试点企业区域分布图　　　　　　图 4.6　再制造试点企业性质分布图

同时，为平台式推进我国再制造产业的发展，按照"技术产业化、产业积聚化、积聚规模化、规模园区化"的发展模式，截止到 2016 年底，国家已批复建设湖南长沙、江苏张家港、上海临港、四川彭州、安徽合肥、安徽马鞍山等 8 个国家再制造产业示范基地(示范园)，如表 4.3 所示，探索加强产学研合作并且集社会、经济、环保效益为一体的再制造产业链群发展模式。《循环发展引领行动》(发改环资[2017]751 号)提出"推动再制造业集聚发展"，建设取得突破性进展，继续选择一批产业基础好的地区开展再制造产业示范基地建设。条件成熟时，选择部分区域探索开展技术附加值高、环境污染小、有利于技术引进的可再制造件进口业务。

表 4.3　我国再制造产业集聚区和产业示范基地

序号	名称	省份	成立时间	再制造产业定位	备注
1	湖南浏阳制造产业基地	湖南	2010.9	工程机械、汽车零部件、机电产品等	集聚区
2	重庆市九龙工业园区	重庆	2010.9	汽车零部件、机电产品、工程机械等	集聚区
3	张家港再制造产业示范基地	江苏	2013.11	汽车零部件、冶金、机床、工程机械	示范基地
4	长沙再制造产业示范基地	湖南	2013.11	工程机械、汽车零部件、医药设备等	示范基地
5	上海临港再制造产业示范基地	上海	2015.3	汽车零部件、工程机械、能源装备等	示范基地
6	彭州航空动力产业功能区	四川	2016.2	航空发动机、机电产品等	集聚区
7	马鞍山市雨山经济开发区	安徽	2016.2	冶金装备、工程机械、矿山机械等	集聚区
8	合肥再制造产业集聚区	安徽	2016.2	工程机械、冶金装备、机床等	集聚区

4)再制造产品目录持续丰富

再制造的基本特征是性能和质量达到或超过原型新品。为规范再制造产品生产、保障再制造产品质量，促进再制造产业化、规模化健康有序发展，引导再制造产品消费。2010 年，工信部印发了《再制造产品认定管理暂行办法》(工信部节[2010]303 号)和《再制造产品认定实施指南》(工信厅节[2010]192 号)，明确了一套严格的再制造产品认定制度，再制造产品认定范围包括通用机械设备、专用机械设备、办公设备、交通运输设备及其零部件等，认定包括"申报、初审与推荐、认定评价、结果发布"等四个阶段，通过认定的再制造产品应在产品明显位置或包装上使用再制造产品认定标志。2011～2015年，工信部发布了共五批《再制造产品目录》，《目录》涵盖工程机械、电动机、办公设备、石油机械、机床、矿山机械、内燃机、轨道车辆、汽车零部件等领域的 45 家企业的

10 大类 137 种产品,表 4.4 为经认定的企业数量、产品种类和型号数量(2011～2015)[18]。

表 4.4　经认定的企业数量、产品种类和型号数量(2011～2015)

序号	产品类型	企业/家	产品种类/种	产品型号/个
1	轨道车辆零部件	1	1	2
2	内燃机及其零部件	1	4	4
3	石油机械零部件	2	2	10
4	矿山机械零部件	1	5	21
5	机床产品及其零部件	4	10	100
6	冶金机械零部件	1	4	166
7	工程机械及其零部件	10	47	578
8	办公设备及其零件	6	9	746
9	电动机及其零部件	14	52	3193
10	汽车产品及其零部件	2	3	3568

5)政府着力推进再制造产品"以旧换再"工作

为支持再制造产品的推广使用,促进再制造旧件回收,扩大再制造产品市场份额,我国开展了"以旧换再"工作。"以旧换再"是指境内再制造产品购买者交回旧件并以置换价购买再制造产品的行为[19]。2013 年 7 月,国家发改委、财政部、工信部、商务部、质检总局联合发布《关于印发再制造产业"以旧换再"试点实施方案的通知》(发改环资[2013]1303 号),正式启动再制造产品"以旧换再"试点工作。《通知》要求,对符合"以旧换再"推广条件的再制造产品,中央财政按照其推广置换价格(再制造产品价格扣除旧件回收价格)的一定比例,通过试点企业对"以旧换再"再制造产品购买者给予一次性补贴,并设补贴上限。2013 年 8 月,国务院发布了《国务院关于加快发展节能环保产业的意见》(国发[2013]30 号),《意见》明确提出,开展再制造"以旧换再"工作,拉动节能环保产品消费,对交回旧件并购买"以旧换再"再制造推广试点产品的消费者,给予一定比例补贴。为实施好再制造"以旧换再"试点工作,2014 年 9 月,国家发改委等部门组织制定了《再制造产品"以旧换再"推广试点企业评审、管理、核查工作办法》和《再制造"以旧换再"产品编码规则》(发改办环资[2014]2202 号),确定了再制造"以旧换再"推广试点企业的评审、管理、检查等环节,同时确定了再制造"以旧换再"推广产品编码规则,编码由一位英文字母与 10 位阿拉伯数字构成,如图 4.7 所示。推广试点企业应该在产品外表面明显部位印刷或打刻编码,需要可识别且不可消除涂改。若产品外表面无法印刷,应当在产品外包装上印刷,编码可以同再制造产品标识或再制造"以旧换再"标识印刷在同一介质上。2015 年 1 月,国家发改委、财政部、工信部、质检总局公布了 10 家再制造产品推广试点企业名单(再制造汽车发动机、变速箱)及其再制造产品型号、推广价格等,10 家入选"以旧换再"试点的企业包括广州市花都全球自动变速箱有限公司、潍柴动力(潍坊)再制造有限公司和济南复强动力有限公司等。截至 2015 年底,我国再制造产品"以旧换再"推广产品包括 84 种型号 17063 台再制造汽车发动机和 39 种型号 39480 台再制造变速箱,并明确规定核定推广置换价格为企业的最高销售限价,企业销售不得超出这一价格。国家按照置换价格的 10%进行补贴,再制造发动机最高补贴 2000 元，再制造变速箱最高补贴 1000 元。

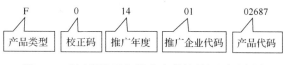

图 4.7　"以旧换再"推广产品编码规则示意图

4.2　再制造过程

4.2.1　再制造逆向物流

1. 再制造逆向物流的内涵

逆向物流也称反向物流，是指物品从供应链下游向上游的运动所引发的物流活动。逆向物流包括退货逆向物流和回收逆向物流两部分，退货逆向物流指下游顾客将不符合订单要求的产品退回给上游供应商，其流程与常规产品流正好相反。回收逆向物流指将最终顾客所持有的废旧物品回收到供应链上的各节点企业。

对于产品的再制造来说，由于它是对废旧产品进行回收并对回收的废旧产品中具有利用价值的零部件进行再制造加工处理，因此，再制造主要涉及逆向物流中的回收逆向物流。

再制造逆向物流是指以再制造生产为目的，为重新获取产品的价值，产品从其消费地至再制造加工点并重新回到销售市场的流动过程。再制造是通过必要的拆卸、检修和零部件更换等，将废旧产品(或零部件)恢复得如同新的一样的过程。先从消费者处回收废旧产品，经回收中心拆卸、检测/分类等处理后，不可再制造的零部件运往其他处理点(如再循环、废弃处置等)，剩下的可再制造零部件送往工厂进行再制造处理，在再制造的过程中还需要从供应商采购新的零部件，一起重新组装成再制造产品，最后，再制造产品通过分销中心进行销售。

再制造物流包含将废旧产品从消费地运回生产地的逆向物流以及将再制造产品从生产地运往消费地的正向物流，涉及废旧产品收集、检测/分类、再制造、再分销等环节，是一种闭环物流系统[20]，如图 4.8 所示。

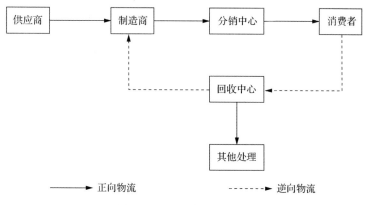

图 4.8　再制造物流示意图

再制造物流的内涵可以从目标、对象、功能要素和行为主体等方面进行描述。

(1) 从再制造物流的目标看,再制造物流是为了重新获取废旧产品的使用价值或对其进行合理处置。

(2) 从再制造物流的对象看,再制造物流是废旧产品从供应链上某一成员向同一供应链上任一上游成员或其他渠道成员的流动过程。

(3) 从再制造物流的功能要素看,再制造物流包括对废旧产品进行收集、检测/分类、再制造、再分销和其他处理等活动。

(4) 从再制造物流的行为主体看,主要包括原始设备制造商供应链和专业的第三方再制造物流渠道。

根据上述再制造物流的内涵,构建再制造物流的体系结构如图 4.9 所示。

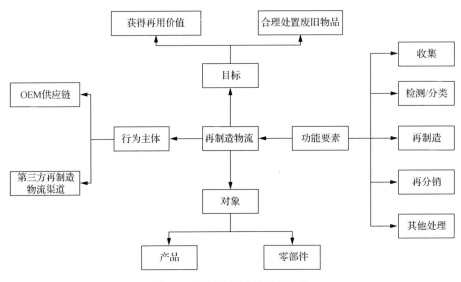

图 4.9　再制造物流的体系结构

2. 再制造逆向物流的主要环节

再制造是一个比较复杂的过程,涉及废旧产品的回收、检测、拆卸、库存、运输等环节,同时还包括对拆卸后没有利用价值的废弃零部件的处理,再制造物流包含以下几个环节。

1) 回收

将顾客手中的废旧或过时产品通过无偿或有偿的方式返回收集中心,再由收集中心送往再制造加工厂。这里的收集中心可能是供应链上的任何一个节点,如来自顾客的产品可能返回到上游的供应商、制造商,也可能是下游的配送商、零售商,还有可能是专门为再制造设立的回收点。回收通常包括收集、运输、仓储等活动。

2) 初步分类、储存

对回收产品进行测试分析,并根据产品结构特点以及产品各零部件的性能确定可行的处理方案,主要是评估回收产品的可再制造性。对回收产品的评估,大致可分为以下

3 类：产品整机可再制造、产品整机不可再制造、产品核心部件可再制造。对产品核心部件可再制造的回收产品，要先进行拆卸，取出可再制造部件，然后将可再制造的回收产品、不可再制造的回收产品和回收产品中拆卸的部件分开储存。

对回收产品的初步分类与储存，可以避免将无再制造价值的回收产品输送到再制造企业，减少不必要的运输，从而降低运输成本。

3) 包装与运输

回收的废旧产品一般都是脏的和可能是污染环境的，为了装卸、搬运的方便，并防止回收的废旧产品污染环境，要对回收产品进行必要的捆扎、打包和包装。对回收产品的运输，要根据物品的形状、单件重量、容积、危险性、变质性等选择合理的运输手段。对于原始设备制造商再制造体系，由于再制造生产的时效性不是很强，因此，可以利用新产品销售的回程车队运输回收产品，以节约运输成本。

4) 再制造加工

再制造加工包括产品级和零部件级的再制造，最终形成质量等同或高于新品的再制造产品和零部件，其过程包括修复、维修、再加工、替换、再装配等步骤。由于回收物流的到达时间、质量和数量的不确定性以及产品拆卸程度与拆卸时间的不确定性增加了再制造生产计划的难度，因此，可以借助逆向物流信息网络，提供产品特征(如产品结构、制造、市场、使用等)的数据资料，编制再制造生产的作业计划，优化再制造加工业务的流程。

5) 再制造产品的销售与服务

再制造产品的销售与服务是将再制造产品送到有此需求的用户手中，并提供相应售后服务，一般包括销售、运输、仓储等步骤。影响再制造产品销售的主要因素是顾客对再制造产品的接纳程度，因此，在销售时必须强调再制造产品的高质量，并在价格上予以优惠。

3. 再制造逆向物流的特点

再制造物流体系的主要特点在于其各项活动中包含的各种不确定性，有以下六个重要特点。

(1) 回收产品到达的时间和数量不确定。这是产品使用寿命不确定和销售随机性的一个反映，它集中体现在废旧产品的回收率上。很多因素都会影响废旧产品的回收率，比如产品处于生命周期的哪个阶段、技术更新的速度、销售状况等。

(2) 平衡回收与需求的困难性。为了得到最大化的利润，再制造必须考虑把回收产品的数量与对再制造产品的需求平衡起来。这就给库存管理带来了较大困难，需要避免两类问题：回收产品的大量库存和不能及时适应顾客的需求。

(3) 产品的可拆卸性、拆卸时间及废旧产品拆卸后零部件的可用性等方面的不确定性。回收的产品必须是可以拆解的，因为只有在拆解以后才能分类处理和存储。要把拆解和仓储、再制造和再装配高度协调起来，才能避免过高的库存和不良的客户服务。

(4) 回收产品可再制造率不确定。相同旧产品拆卸后得到的可以再制造的部件往往是不同的，部件根据其状态不同可以被用作多种途径，除了被再制造之外，还可以当作备件卖给下一级回收商或当作材料再利用等。这个不确定性给库存管理和采购带来了很多问题。

(5)再制造物流网络的复杂性。再制造物流网络是将旧产品从消费者手中回收,运送到设备加工工厂进行再制造,然后将再制造产品运送到再利用市场的系统网络。再制造物流网络既包含传统的从生产者到消费者的正向物流,又包含废旧产品从消费者到生产者的逆向物流,是一个闭环的物流体系。再制造物流网络的建立,涉及回收中心的数量和选址、产品回收的激励措施、运输方法、第三方物流的选择、再加工设备的能力和数量等众多问题。再制造物流网络要有一定的稳定性才能消除各种不确定因素的影响。

图 4.10 为复印机再制造加工物流网络。当复印机由于零部件损坏、老化、功能单一等因素被淘汰出市场,或者由于在销售中用于展示等原因不可再利用时,这些废旧复印机就被送回产品回收中心,回收中心对该废旧产品进行飞轮检测,如果是可继续使用产品,回收中心就将其直接提供给制造商和(或)分销商,制造商对这些产品进行更新后就可以再次进入分销系统,而分销商则只需对这些产品再次包装就可以直接进入分销。检测结果如果是不可继续使用产品,则对产品进行拆卸处理,易耗零部件、不可再次使用的零部件直接进入最终处理,如报废、焚烧等。可再次使用的零部件被运往供应商,由供应商对零部件进行处理后再提供给制造商进入生产、分销供应链领域。

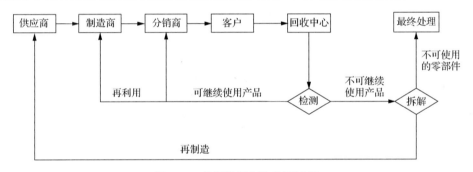

图 4.10　复印机再制造物流网络

(6)再制造加工路线和时间不确定。再制造加工路线和加工时间的不确定性,是实际生产和规划时最为关心的问题。加工路线不确定是回收产品的个体状况不确定的一种反映,高度变动的加工时间也是回收产品可利用状况的函数。资源计划、调度、车间作业管理以及物料管理等都因为这些不确定性因素而变得复杂。

再制造产品物流的六个不确定性,增加了管理的难度,因此,有必要优化控制再制造生产活动的各个环节,以降低生产成本,保证产品质量。例如,通过研究影响废旧产品回收的各种因素建立预测模型,以估计产品的回收率、回收量及回收时间;研究新的库存模型以适应再制造生产条件下库存的复杂性;研究新的拆解工具和拆解序列以提高产品的可拆解性和拆解效率;研究废旧产品的评价模型和剩余寿命评估技术,以准确评价产品的可再制造性等。

4.2.2　再制造拆解

1. 概述

拆解是指采用一定的工具和手段,解除对零部件造成约束的各种连接,将装备的零部件逐个分离的过程。与新品装配过程相比，拆解过程受到更多不确定性因素的影响，拆解复杂程度高于装配。这是因为废旧零件内部存在大量锈蚀、油污和灰尘，从而导致拆解速度降低；拆解也不单是装配的逆向过程，有些装备零件是通过胶黏、铆接、模压、焊接等方式连接，形成的连接件很难实现逆向操作；同时，拆解过程中还要对一些不能进行再制造的零件进行鉴别和剔除。如何实现产品高效率、高精度、高经济性地拆解是再制造技术研究和再制造产业发展面临的关键问题之一[21]。

再制造拆解是将废旧发动机有规律、按顺序分解成全部零(部)件的过程，同时，保证满足后续再制造工艺对零(部)件的性能要求，基本拆解流程如图 4.11 所示。拆解后的零(部)件可分为三类：一是可直接利用的(指经过清洗检测后不需要再制造加工可直接在制造装配中应用)；二是可再制造的(指通过再制造加工可以达到再制造装配质量标准)；三是直接报废的(指无法进行再制造或直接再利用，需要对材料进行再循环处理或者其他无害化处理)。图 4.12 和图 4.13 分别为拆解后的发动机主要零件和无修复价值的发动机易损件。

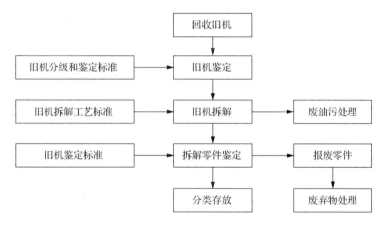

图 4.11　再制造发动机拆解流程

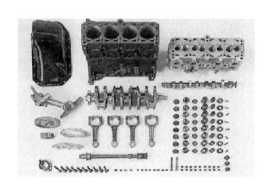

图 4.12　拆解后的发动机主要零件图

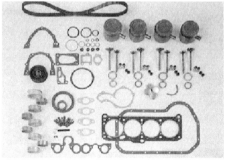

图 4.13　无修复价值的发动机易损件

2. 拆解的分类

根据不同的标准，拆解有不同的分类方法。

(1)按拆解深度可分为完全拆解、部分拆解和目标拆解。完全拆解是将一个装配体彻底拆解至每一个最小结构的单独的零件；部分拆解是指拆解一个装配体的某一部分零部件；目标零部件拆解是指在装配体中指定了某个零部件作为拆解的对象。从再制造过程中的经济、技术、环境等角度综合考虑，实际拆解过程往往选择停留在某种程度的拆解上，或只对某个特定目标零件进行拆解，因此，在产品实际再制造过程中，部分拆解和目标拆解的方式比较常见。

(2)按拆解损伤程度可分为破坏性拆解、部分破坏性拆解和无损拆解。在不产生拆解目标损伤和变形的条件下完成的拆解称为无损拆解；拆解过程中出现零部件局部损伤和变形的拆解称为部分破坏性拆解；拆解时零件全部被破坏的拆解过程称为破坏性拆解。为提高零部件的拆解回收利用率，再制造拆解应努力通过产品可拆解性设计、拆解序列规划和拆解工艺优化，同时，应用高效拆解新技术与装备，提高拆解效率，避免破坏性拆解，减少部分破坏性拆解比例，努力实现产品的无损拆解。

(3)按拆解工艺分为顺序拆解和并行拆解。顺序拆解指零件按照每次一个被逐步拆下，而并行拆解指多个零件同时被拆下。此外，根据目标零件拆解时其他零件是否需要先拆除来划分，可将拆解划分为直接拆解和间接拆解。

(4)根据在对目标零件拆解时，是否需要操作其他零件来划分，拆解可分为单纯拆解和非单纯拆解。

3. 常用的再制造拆解工艺方法

常用的再制造拆解工艺方法有击卸法、拉拔法、顶压法、温差法、破坏法、加热渗油法等。在拆解中，应根据实际情况选用相应的拆解工艺方法。表 4.5 为常用的再制造拆解工艺方法。

表 4.5 常用的再制造拆解方法

拆解方法	拆解原理	特点	适用范围
击卸法	利用敲击或撞击产生的冲击能量将零件拆解分离	使用工具简单、操作灵活方便、适用范围广	容易产生锈蚀的零件，如万向传动十字轴、转向摇臂、轴承等
拉拔法	利用通用或专用工具与零部件相互作用产生的静拉力拆卸零部件	拆解件不受冲击力、零件不易损坏	拆解精度要求较高或无法敲击的零件
顶压法	利用手压机、油压机等工具进行的一种静力拆解方法	施力均匀缓慢，力的大小和方向容易控制，不易损坏零件	拆卸形状简单的过盈配合件
温差法	利用材料热胀冷缩的性能，使配合件在温差条件下失去过盈量，实现拆解	需要专用加热或冷却设备和工具，对温度控制要求较高	尺寸较大、配合过盈量较大及精度较高的配合件，如电机轴承、液压压力机套筒等
破坏法	采用车、锯、錾、钻、割等方法对固定连接件进行物理分离	拆解方式多样，拆解效果存在不确定性	使用其他方法无法拆解的零部件，如焊接件、铆接件或互相咬死件等
加热渗油法	将油液渗入零件结合面，增加润滑，实现拆解	不易擦伤零件的配合表面	需经常拆解或有锈蚀的零部件，如齿轮联轴节、止推盘等零部件

4. 拆解的发展趋势

1) 虚拟拆解技术

虚拟拆解技术是虚拟再制造的重要内容，是实际再制造拆解过程在计算机上的本质实现，指采用计算机仿真与虚拟现实技术，实现再制造产品的虚拟拆装，为现实的再制造拆装提供可靠的拆装序列指导。需要研究建立虚拟环境及虚拟再制造拆装中人机协同求解模型，建立基于真实动感的典型再制造产品的虚拟拆装仿真。研究数学方法和物理方法相互融合的虚拟拆解技术，实现对再制造拆装中的几何参量、机械参量和物理参量的动态模拟拆装。

2) 清洁拆装技术

传统的拆装过程中，由于拆解过程的不精确，导致拆装工作效率低、能耗高、费用高、污染大。因此，需要研究选用清洁生产技术及理念，制定清洁拆装生产方案，实现清洁拆装过程中的"节能、降耗、减污、增效"的目标。清洁拆装方案的制定需要：研究拆装管理与生产过程控制，加强工艺革新和技术进步，实现最佳清洁拆装程序，提高最大化拆装水平；研究在不同再制造方式下，发动机的拆装序列、拆装模型的生产及智能控制，形成精确化拆装方案，减少拆装过程的环境污染和能源消耗；加强拆装过程中的物流循环利用和废物回收利用。

4.2.3　再制造清洗工艺与技术

1. 基本概念

清洗是借助于清洗设备，将清洗液作用于工件表面，采用机械、物理、化学或电化学方法，去除装备及其零部件表面附着的油脂、锈蚀、泥垢、水垢、积炭等污物，并使工件表面达到所要求清洁度的过程。对产品的零部件表面清洗是零件再制造过程中的重要工序，是检测零件表面尺寸精度、几何形状精度、粗糙度、表面性能、磨蚀磨损及黏着情况等的前提，是零件进行再制造的基础。零件表面清洗的质量直接影响零件表面分析、表面检测、再制造加工以及装配质量，进而影响再制造产品的质量。

再制造清洗技术可以从多种不同的角度进行分类。通常将利用机械或水力作用清除表面污垢的技术归为物理清洗技术。物理清洗还包括利用热能、电能、超声振动以及光学紫外射线等作用方式。化学清洗通常是利用化学试剂或其他溶液去除表面污垢，化学药品作用强烈、反应迅速，通常配成水溶液形式使用，由于液体有流动性好、渗透力强的特点，容易均匀分布到所有的清洗表面，适合清洗形状复杂的零件。在工业上，化学清洗大型设备时可采用封闭循环流动管道形式，避免了将设备解体，且通过对流体成分的检测可了解和控制清洗状况。化学清洗的缺点是如果清洗液选择不当会对清洗对象基体造成腐蚀损伤，同时造成环境污染和人员伤害。常见的化学清洗如利用各种无机或有机酸去除金属表面的锈垢、水垢，用漂白剂去除物体表面色斑。

物理清洗在许多情况下采用的是干式清洗，大多不存在废水处理的问题，或排放液体中不存在有害试剂。相比之下，物理清洗对清洗对象基体、环境和人员的负面影响小。

但物理清洗的缺点是在精洗结构复杂的零件内部时，其作用力有时不能均匀达到所有部位面而出现"死角"，有时需要把设备解体进行清洗。

由于物理清洗与化学清洗有很好的互补性，在生产和生活实践中往往是把两者结合起来以获得更好的清洗效果。应该指出的是，近年来随着超声波、等离子体、紫外线等高技术的发展，物理清洗在精密工业清洗中已发挥出越来越大的作用，在清洗领域的地位也变得更加重要。各种清洗方法也都向着绿色、环保、污染小的方向发展。

2. 再制造清洗的基本要素

待清洗的废旧零部件都存在于特定的介质环境中，一个清洗体系包括 4 个要素，即清洗对象、零件污垢、清洗介质及清洗力。

1) 清洗对象

清洗对象指待清洗的物体，如组成机器及各种设备的零件、电子元件等，而制造这些零件和电子元件等的材料主要有金属材料、陶瓷(含硅化合物)、塑料等。针对不同清洗对象，需要采取不同的清洗方法。图 4.14 为汽车退役零件的主要污垢及清理后的表面状态。

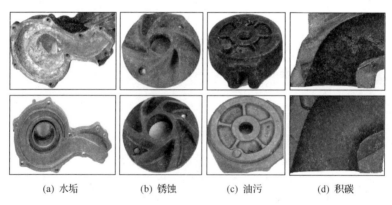

(a) 水垢　　　　(b) 锈蚀　　　　(c) 油污　　　　(d) 积碳

图 4.14　汽车退役零件的主要污垢及清理后表面状态

2) 清洗介质

清洗过程中，提供清洗环境的物质称为清洗介质，又称为清洗媒体。清洗介质在清洗过程中起着重要的作用，一是对清洗力起传输作用，二是防止解离下来的污垢再吸附[22]。

3) 清洗力

清洗对象、污垢及清洗介质三者间必须存在一种作用力，才能使得污垢从清洗对象的表面清除，并将它们稳定地分散在清洗介质中，从而完成清洗过程，这个作用力即是清洗力。在不同的清洗过程中，起作用的清洗力亦有所不同，大致可分为以下 6 种力：溶解力和分散力；表面活性力；化学反应力；吸附力；物理力；酶力。图 4.15 为高温分解清洗系统实物图和结构图。

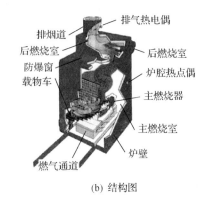

(a) 实物图　　　　　　　　　　　(b) 结构图

图 4.15　高温分解清洗系统

3. 再制造清洗关键技术

1) 溶液清洗技术

溶液清洗是目前工业和再制造领域应用最为广泛的清洗方式，几乎涵盖了化学清洗的全部内容，其基本原理是以水或溶剂为清洗介质，利用水、溶剂、表面活性剂以及酸、碱等化学清洗剂的去污作用，借助工具或设备实现零件表面油污、颗粒等污染物的有效清洗。清洗手段包括：溶剂清洗、酸洗和碱洗等。水是大多数无机酸、碱、盐的良好的、成本低廉的、应用极广的溶剂和清洗介质。但单纯以水为溶剂的某些清洗液是难以渗透到被清洗的整个表面，因此，必须借助溶剂、酸、碱以及助剂对复杂污染物进行清洗与去除。在清洗过程中，利用表面活性剂的水溶液，从固体表面清除能溶于水的、不溶于水、固体的和液体的污垢的基本步骤，都是先对被清洗固体表面进行润湿，从基底上去除污垢，再利用清洗剂的分散作用，使污垢稳定地分散于溶液中。这两步的效果，均取决于被清洗材料和污垢间界面的性质。

从环境、经济和效率的角度分析，溶液清洗面临的主要挑战包括三方面：一是降低溶液清洗中有毒、有害化学试剂的使用量，提高化学清洗过程中废液的环保处理效果，降低清洗过程对环境的污染；二是开发新的化学合成技术，制备低成本的环境友好型化学试剂，获得可大规模应用的新型无毒、无害、低成本化学清洗材料；三是通过新型清洗材料的合成，获得具有超强清洗力的高效清洗材料，提高特殊领域再制造毛坯表面的清洗效率和清洗效果。目前，国外已经开展了新型化学清洗材料研究的相关工作，例如，将室温条件下保持离子状态的熔融盐，即离子液体(ionic liquids)作为清洗介质用于航空装备、生物医学、半导体等领域零件的清洗，取得了良好的清洗效果。图 4.16 所示为不同阳离子构成的离子液体外观照片，将离子液体应用于毛刷清洗(brush cleaning)过程，可以显著提高表面污染物颗粒的清除效率。不锈钢、钛合金、铝合金、镍钴合金等多数金属及其合金都可以使用离子液进行电化学抛光清洗。

图 4.16 不同阳离子构成的金属基离子液体宏观照片
(由左至右分别为铜基、钴基、镁基、铁基、镍基以及钒基离子液体)

2)物理清洗技术

利用热、力、声、电、光、磁等原理的表面去污方法，都可以称之为物理清洗。同化学清洗技术相比，物理清洗技术对环境的污染以及对工人的健康损害都较小，而且物理清洗对清洗物基体没有腐蚀破坏作用。目前常用的物理清洗技术主要包括喷射清洗、摩擦与研磨清洗、超声波清洗、光清洗、振动研磨清洗、高温(蒸汽)清洗等。

(1)喷射清洗。

喷射清洗技术属于典型的物理清洗技术，包括高压水射流清洗、干式/湿式喷砂清洗、干冰清洗、抛丸/喷丸清洗等，其基本原理是利用压缩空气、高压水或机械力，使水、砂粒、丸粒或干冰等以较高的速度冲击清洗表面，通过机械作用将表面污染物去除。

喷砂清洗通常可分为干式和湿式两种，干式喷射的磨料主要有不同粒径尺度的钢丸、玻璃丸、陶瓷颗粒、细砂等，湿式喷射的洗液包括常温的水、热水、酸、碱等溶液，还可以通过沙粒与溶剂复合形成浆料喷射，以获得更好的清洗效果。

高压水射流清洗技术利用高压水的冲刷、楔劈、剪切、磨削等复合破碎作用，将结垢物打碎脱落，同传统的化学方法、喷砂抛丸方法、简单机械及手工方法相比，具有速度快、成本低、清洗率高、不损坏被清洗物、应用范围广、不污染环境等诸多优点。在再制造领域，高压水射流技术可以实现对水垢、发动机积碳、零件表面漆膜、油污等多种污染物的快速有效清洗。目前，在船舶、电站锅炉、换热器、轧钢带除磷、城市地下排水管道等清洗上都得到了广泛应用。图 4.17 为高压水射流清洗系统。

抛(喷)丸清理依靠电机驱动抛丸器的叶轮旋转，在气体或离心力作用下把丸料(钢丸或砂粒)以极高的速度和一定的抛射角度抛打到工件上，让丸料冲击工件表面，对工件进行除锈、除砂、表面强化等，以达到清理、强化、光饰的目的。抛丸技术主要用于铸件除砂、金属表面除锈、表面强化、改善表面质量等。用抛丸方法对材料表面进行清理，可以使材料表面产生冷硬层、表面残余压应力，从而提高材料的承载能力，延长其使用寿命。

喷射清洗技术具有环境污染低、清洗效果好的优点，但在实际应用中应当注意以下问题：一是清洗过程中控制压力和时间，减少对清洗表面的机械损伤；二是清洗后零件表面露出新鲜基体，活性高，需要采取必要的防护措施，防止表面锈蚀，通常采用快速烘干或在高压水中添加缓蚀剂的方法；三是要注意清洗后废液、废料的回收和环保处理。

(a) 实物图　　　　　　　　　　　　　(b) 高压水射流清洗机

图 4.17　高压水射流清洗系统

(2) 摩擦与研磨清洗。

在工业清洗领域中，一些用其他作用力不易去除的污垢，使用摩擦力这种简单实用的方法往往能取得较好的效果。例如，在汽车自动清洗装置中，向汽车喷射清洗液的同时，可以使用合成纤维材料做成的旋转刷子帮助擦拭汽车的表面；用喷射清洗液清洗工厂的大型设备或机器的表面时，配合用刷子擦洗往往能取得更好的清洗效果。

但使用摩擦力去污也有一些问题需要引起注意：使用的刷子要经常保持清洁，防止刷子对清洗对象的再污染；当清洗对象是不良导体时，使用摩擦力有时会产生静电而使清洗对象表面容易吸附污垢；在使用易燃的有机溶剂时，要注意防止由于产生静电而引起的火灾。

(3) 超声波清洗。

超声波清洗是清除物体表面异物和污垢最有效的方法，其清洗效率高、效果好，具有许多其他清洗方法所不具备的优点，而且能够高效率地清洗物体的外表面和内表面。超声波清洗不仅清洗的污物种类广泛（包括尘埃、油污等普通污染物和研磨膏类带放射性的特种污染物），而且清洗速度快，清洗后污垢的残留物比其他清洗方法少很多。超声清洗还可以清洗复杂零件以及深孔、盲孔、狭缝中的污物，并且对物体表面没有伤害或只引起轻微损伤，对环境的污染小，成本相对来说不高，而且对操作人员没有损害。在实际应用中，超声波清洗常配合溶液清洗一同使用，需要采取适当措施对废液进行环保处理，同时，要减少有害化学试剂的使用。

(4) 光清洗。

光是一种电磁波，具有各自的波长和相应的能量。它应用于物体的清洗是近年来发展起来的，但应用面仍比较窄，设备成本较高。目前，应用于清洗的光有激光清洗和紫外线清洗两种。激光具有单色性、方向性、相干性好等特点。激光清洗的原理正是基于激光束的高能量密度、高方向性并能瞬间转化为热能的特性，将工件表面的污垢熔化或汽化后去除，同时，可在不熔化金属的前提下把金属表面的氧化物锈垢除去。与传统清洗工艺相比，激光清洗技术具有以下特点：①是一种"干式"清洗，不需要清洁液或其他化学溶液；②清除污染物的种类和适用范围较广泛，目前，主要应用于微电子行业中光刻胶等绝缘材料的去除和光学基片表面外来颗粒的清洗；③通过调控激光工艺参数，可以在不损伤基材表面的基础上有效去除污染物；④可以方便实现自动化操作。目前，国外有研究将激光清洗应用于铝合金等金属材料表面焊接前清洗。图4.18和图4.19分别为激光清洗过程示意图和机械产品再制造国家工程研究中心研制的大功率激光清洗机。

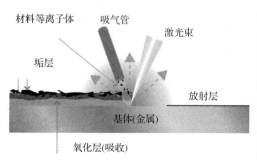

图 4.18　激光清洗过程示意图　　　　图 4.19　再制造国家工程研究中心研制的
　　　　　　　　　　　　　　　　　　　　　　　　　激光清洗机

4.2.4　再制造损伤评价与寿命评估技术

1. 概念内涵

再制造损伤评价与寿命评估技术是指通过定量评估再制造毛坯、涂覆层及界面的具有宏观尺度的缺陷或以应力集中为表征的隐性损伤程度，进而评价再制造毛坯的剩余寿命与再制造涂覆层的服役寿命，并据此判断毛坯件能否再制造和再制造涂覆层能否承担下一轮服役周期的评价技术[23]。

与制造相比，再制造生产具有很大的不确定性，这主要是由于再制造对象的服役工况、损伤程度及失效模式均具有随机性和个体差异性。因此，为保证再制造产品质量，再制造生产前需采用损伤评价技术检测和评价再制造产品的宏观缺陷或隐性损伤，评价损伤程度，给出寿命预测结果，并据此建立特定再制造产品的质量评价准则。

外国的再制造模式与中国不同，其采用换件法和尺寸修理法，通过直接更换新件或者将减小配合面的尺寸配以非标准的对磨件来实现再制造，因此，再制造生产直接采用新品的检测评价标准，无需对再制造毛坯进行损伤评价和寿命评估。中国特色的再制造模式采用尺寸恢复、性能提升法，通过表面工程技术修复零件缺损部位的尺寸，并提升其性能。再制造过程通常会引入不同于基体的涂覆层材料和结合界面，为保证再制造产品质量和服役安全，需对再制造毛坯进行损伤评价，对再制造产品进行寿命评估[24]。

2. 主要内容

再制造损伤评价与寿命评估技术包括针对再制造毛坯开展的表面及内部损伤评价及剩余寿命预测技术；针对再制造涂覆层开展的涂层缺陷、残余应力、结合强度等损伤评价及服役寿命评估技术；针对再制造毛坯与涂覆层界面开展的界面脱黏、界面裂纹等损伤评价技术；针对逆向增材再制造获得的再制造产品重新服役过程中的实时健康监测技术。

1）再制造毛坯检测方法

（1）感官检测法。

感官检测法是指不借助量具和仪器，只凭检测人员的经验和感觉来鉴别毛坯技术状况的方法。这类方法精度不高，只适于分辨缺陷明显（如断裂等）或精度要求低的毛坯，并要求检测人员具有丰富的实践检测经验和技术。

（2）测量工具检测法。

测量工具检测法是指借助测量工具和仪器，较为精确地对零件的表面尺寸精度和性能等技术状况进行检测的方法。这种方法相对简单，操作方便，费用较低，一般均可达到检测精度要求，所以在再制造毛坯检测中应用广泛。其主要检测内容有：用各种测量工具（如卡钳、钢直尺、游标卡尺、千分尺或百分表、千分表、塞规、量块、齿轮规等）和仪器，检验毛坯的几何尺寸、形状、相互位置精度等；用专用仪器、设备对毛坯的应力、强度、硬度、冲击韧度等力学性能进行检测；用平衡试验机对高速运转的零件作静、动平衡检测；用弹簧检测仪检测弹簧弹力和刚度；对承受内部介质压力并须防泄漏的零部件，需在专用设备上进行密封性能检测。必要时，还可以借助金相显微镜来检测毛坯的金属组织、晶粒形状及尺寸、显微缺陷、化学成分等。

（3）无损检测法。

无损检测法是指利用电、磁、光、声、热等物理量，通过再制造毛坯所引起的变化来测定毛坯的内部缺陷等技术状况。目前，已被广泛使用的这类方法有超声检测技术、射线检测技术、磁记忆效应检测技术、涡流检测技术等。此法可用来检查再制造毛坯是否存在裂纹、孔隙、强应力集中点等影响再制造后零件使用性能的内部缺陷。这类方法不会对毛坯本体造成破坏、分离和损伤，是先进高效的再制造检测方法，也是提高再制造毛坯质量检测精度和科学性的前沿手段。表 4.6 为常用无损检测方法的特点，图 4.20 为采用超声检测曲轴 R 角处内部缺陷。

表 4.6　常用无损检测方法的特点

缺陷位置	检测方法	检测方法的主要特点
表面缺陷	目视法	检查表面存在的宏观缺陷，方法简单
	涡流法	检测导电材料表层缺陷；设备便携、操作方便，可现场检测
	渗透法	检测表面开口裂纹
	磁粉法	检测铁磁性材料表面和次表面裂纹
内部缺陷	超声法	可以检测零件内部缺陷，适用的材料体系广泛；设备便携，可现场检测
	射线法	检测零件内部缺陷；需做好射线防护

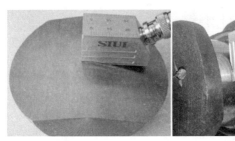

(a) 探头校准   (b) 检测曲轴

图 4.20   曲轴超声检测探头校准及检测方式

2) 再制造毛坯剩余寿命评估

再制造生产的对象是达到一定服役年限的废旧产品。再制造前，必须评估废旧零件的损伤程度，预测其剩余寿命，以便筛选出值得再制造的废旧零件。只有具有足够剩余寿命的废旧零件，才能通过再制造加工进行性能升级，挖掘利用废旧零件蕴含的附加值。因此，剩余寿命预测是废旧零件再制造的前提，是再制造工程的基础研究内容。

(1) 力学方法。

该方法基于损伤力学及断裂力学的相关知识，借助理论计算或疲劳试验手段，建立疲劳宏观力学反应量之间关系的理论模型来预测寿命。这类方法目前常通过各种疲劳试验形式(如弯曲、滚动、扭转、振动、拉压等)模拟实际工况环境进行试验，利用数学和力学理论分析来建立寿命预测模型。其试验过程复杂，费用昂贵，而预测的寿命结果和工况环境下的实际寿命常常有较大差距(5~10 倍)。

(2) 有限元仿真模拟计算方法。

该方法是随着有限元技术的迅速发展而出现的数值模拟法，通过建立零部件有限元模型，利用多体动力学理论建立虚拟样机，利用软件模拟出零部件在实际工况下的运动及应力应变响应，再根据有限元计算结果，结合应力、应变寿命曲线和适当的损伤累积法则，进行构件的疲劳寿命预测，并以可视化方式显示零部件的疲劳寿命分布及疲劳的薄弱部位。这类方法虽然可以在一定程度上解决实际测试材料的疲劳特性、工作载荷谱等试验周期过长、耗费巨大的问题，但是有限元模拟结果往往和实际寿命相差甚远。

(3) 无损检测方法。

无损检测方法用以检测构件中缺陷的发生、发展情况，进行质量评价及寿命预测。相比较于上述两种方法，无损检测方法可以针对工程真实构件实施，操作简便，结果准确。但采用这类方法的难点在于必须选择适合于被测构件的无损检测方法，要求该方法能够捕获被测构件服役过程中由于损伤而导致的局部或整体的某些参量的变化，利用这些参量的变化来表征构件不同的损伤程度进而预测剩余寿命。将无损检测与寿命评估相结合，特别是探索无损检测新技术在寿命评估领域应用的途径，寻求建立更加准确、便捷的寿命预测新方法，是再制造剩余寿命预测领域的重要发展方向。

3) 再制造涂敷层的质量控制

对再制造加工成形后的产品进行无损检测，主要是检查经再制造关键技术加工成形的涂覆层的质量以及涂覆层与废旧件基体的结合质量。通过无损检测对再制造产品的质量进行监控，将获得的质量信息反馈到再制造设计与再制造生产部门，可为改进再制造工艺提供指导，从而提高再制造产品的质量及生产效率。

再制造后形成的涂覆层厚度较薄、组织复杂且不均匀，材料体系与废旧件的块体材料不同，存在异质结合界面，微观缺陷可能存在于涂层内部，也可能存在于界面处。对电弧喷涂涂层和等离子喷涂涂层，存在明显的层状结构，有较大的孔隙率和微裂纹。涂覆层自身具有的特点给准确评估涂层质量带来较大困难。

目前，根据再制造零部件的种类和采用的再制造技术手段的不同，针对涂覆层的检测目标要求，选用合适的无损检测方法。测量涂覆层厚度时，可以根据基体材料和涂层材料体系性质，相应选用涡流测厚和超声测厚法；涂覆层硬度检测可以采用超声波法和纳米压痕法；采用声发射方法动态监测涂层微裂纹的生成及扩展状态；采用电测法检验涂层与基体的结合强度；采用 X 射线衍射和中子射线衍射可以较准确地测量热喷涂涂层及等离子喷涂涂层表面及内部的残余应力等。

4.2.5　再制造成形加工技术

1. 概念内涵

再制造成形加工技术是在再制造毛坯损伤部位沉积成形特定材料，以恢复其尺寸、提升其性能的材料成形加工技术[1]。再制造成形加工技术与传统制造技术具有本质区别，传统制造技术的对象是原始资源，而再制造成形加工技术的对象是经过服役的损伤零部件。由于再制造零部件通常具有较长的服役时间，因此，再制造成形加工技术大多晚于零部件的材料制备技术出现，但却优于后者，这也是利用再制造成形加工技术能在恢复损伤零部件尺寸的同时提升其性能的重要原因。再制造成形加工技术是再制造技术体系的关键组成部分，是实现老旧零部件再制造、保证再制造产品质量、推动再制造生产活动的基础，在再制造产业中发挥着重要作用，已成为再制造领域研究和应用的重点。

根据零部件损伤失效形式的不同，再制造成形加工技术可分为表面损伤再制造成形加工技术和体积损伤再制造成形加工技术两大类[25]。

近年来，再制造成形加工技术大量吸收了新材料、信息技术、微纳技术、先进制造等领域的最新技术成果，在再制造成形集约化材料、增材再制造成形加工技术、自动化及智能化再制造成形加工技术以及现场快速再制造成形加工技术等方面取得了突破性进展。

2. 主要内容

1) 纳米复合再制造成形技术

纳米复合再制造成形技术是将纳米材料、纳米制造等技术与传统表面工程技术交叉、融合形成的先进的再制造成形技术。主要包括纳米电刷镀技术、热喷涂纳米涂层技术、纳米表面损伤自修复技术等。纳米复合再制造技术是再制造工程的关键技术之一，由于其制备的纳米复合层具有优异的力学性能，已经在重载车辆侧减速器主/被动轴和大制动鼓密封盖、发动机连杆、凸轮轴和曲轴等零部件的再制造中获得了成功应用。电刷镀技术具有设备轻便、工艺灵活、镀覆速度快、镀层种类多等优点，被广泛应用于机械零件表面修复与强化，尤其适用于现场及野外抢修。纳米颗粒复合电刷镀是通过在镀液中添加特种纳米颗粒，使刷镀层性能显著提升的新型电刷镀技术，图4.21为汽车发动机连杆自动化纳米电刷镀再制造生产专机。热喷涂技术在军事装备、交通运输、航空、机械等领域已获得了广泛的应用，而热喷涂纳米涂层在耐磨损与耐腐蚀性方面比传统热喷涂涂层更具优势，图4.22为电弧喷涂电厂燃煤锅炉管道。纳米表面损伤自修复技术是利用先进的纳米技术，通过在润滑油中加入纳米减摩与自修复添加剂，一方面，可达到降低设备运动部件的摩擦磨损、实现零部件表面微损伤(如发动机、齿轮、轴承等磨损表面的微损伤)的原位动态自修复目的，另一方面，可在紧急情况下，使车辆通过使用纳米固体润滑剂，在无油下运行一定时间，对紧急情况下的机械零部件起到重要的保护作用。

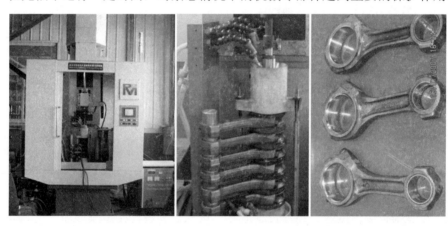

图4.21 汽车发动机连杆自动化纳米电刷镀再制造生产专机

(a) 喷涂过程照片　　　　(b) 管道喷涂前　　　　(c) 管道喷涂后

图4.22 电弧喷涂电厂燃煤锅炉管道

2) 能束能场再制造成形技术

能束能场再制造成形技术是利用激光、电子、离子(等离子)以及电弧等能量束和电场、磁场、超声波、火焰、电化学能等能量实现机械零部件再制造的技术。典型技术包括激光再制造技术、堆焊再制造技术、等离子/电弧/火焰喷涂再制造技术、物理/化学气相沉积再制造技术等。以激光再制造技术和电弧喷涂再制造技术为例：作为一种修复技术，激光再制造技术自诞生以来，已得到了许多重要应用，如英国劳斯莱斯(Rolls-Royce PLC)航空发动机公司将它用于涡轮发动机叶片的修复，美国海军试验室将它用于修复舰船螺旋桨叶。近年来，国内在该技术的应用方面取得了重要进展。西北工业大学、华中科技大学、沈阳大陆激光技术公司、山东建能大族激光再制造技术公司等已将此技术用于冶金轧辊，拉丝辊的修复，石油行业的采油泵体、主轴的修复，铁路、石化行业大型柴油机曲轴的修复，均达到了良好的效果。高速电弧喷涂技术是一种优质、高效、低成本的再制造工程技术，在汽车发动机再制造、装备钢结构件防腐、火电厂锅炉管道受热面防护等领域发挥了重要的作用。图 4.23 为激光熔覆再制造成形技术。

(a) 激光熔覆设备

(b) 平面熔覆

(c) 轴向溶覆

(d) 立体熔覆

图 4.23　激光熔覆再制造成形技术

3) 智能化再制造成形技术

　　智能化再制造成形技术是指综合利用监测反馈技术、自动化控制技术、数字化互联技术、高精度成形平台等进行自动感知、自控制、自学习和自动优化的再制造成形技术，它包括智能再制造系统和智能再制造技术。智能再制造系统不仅能够在实践中不断充实知识库，具有自学习功能，而且具有搜集再制造实施环境信息和自身的信息并进行分析判断和规划自身行为的能力。发展智能化再制造成形技术，实现再制造生产的智能化和自动化，将大大节约人力成本，提高生产效率。近年来，智能化再制造成形技术在缺损零件的反求建模、三维体积损伤机械零件再制造的自动化与智能化等方面取得了重要进步。大连海事大学、华中科技大学等单位针对再制造成形过程中零件缺损部位的反求建模，在理论和技术研究方面获得了突破性进展。近些年，针对自动化再制造成形过程，再制造路径生成理论和方法、自动化再制造成形系统研制等，均取得重要的研究成果。

4) 再制造加工技术

　　再制造加工技术是指对再制造毛坯件进行装配使用前，进行高精度尺寸恢复的一系列先进加工技术的总称。由于再制造的"过强修复"原则，再制造成形层机械性能均达到或优于失效零部件基体性能水平，导致机械加工的实施难度高于传统加工技术，这要求再制造加工方式具有择优选择性，在保证再制造成形层质量性能不降低的前提下，实现损伤失效部位的高精度加工成形。目前，再制造技术在汽车零部件、矿用设备、石化装备、工程机械等领域应用广泛，而此类装备的再制造成形层的几何形状通常较为规则，大多采用车削方式进行加工。随着再制造技术在航空航天、海洋装备等领域的广泛应用，蕴含高附加值的零部件将成为研究热点，同时，也对再制造加工提出了新的挑战，例如，整体叶盘、叶片等零部件再制造加工时面临着复杂轮廓、表面完整性和纹理、型面精度及刚性较弱等问题；回收火箭再制造时可能面临高效再制造加工问题；钻井平台等海洋装备面临着强腐蚀性、复杂载荷等恶劣服役环境给再制造加工带来的技术挑战等。发展切削-滚压复合加工、增减材一体化加工、低应力电解加工及砂带磨削等技术研究是解决此类问题的有效途径。图 4.24 为装备发动机凸轮轴再制造过程。

(a) 再制造过程中　　　　(b) 再制造后　　　　(c) 再制造加工后

图 4.24　再制造装备发动机凸轮轴

4.2.6　再制造装配技术

再制造装配就是按再制造产品规定的技术要求和精度，将再制造加工后性能合格的零件、可直接利用的零件以及其他报废后更换的新零件安装成组件、部件或再制造产品，并达到再制造产品所规定的精度和使用性能的整个工艺过程。再制造装配是产品再制造的重要环节，其工作的好坏对再制造产品的性能、再制造工期和再制造成本等起着重要作用。

再制造装配中，把三类零件(再制造零件、直接利用的零件、新零件)装配成组件，或把零件和组件装配成部件，以及把零件、组件和部件装配成最终产品的过程，分别称为组装、部装和总装。而再制造装配的顺序一般是：①组件和部件的装配；②产品的总装配。做好充分而周密的准备工作以及正确选择与遵守装配工艺规程是再制造装配的两个基本要求。

再制造企业的生产纲领决定了再制造生产的类型，并对应不同的再制造装配组织形式、装配方法和工艺产品等。参照制造企业的各种生产类型的装配工作特点，再制造生产类型的装配类型和特点如表 4.7 所示。

表 4.7　再制造生产类型的装配类型和特点

再制造特点	再制造生产类型		
	大批量生产	成批生产	单件小批生产
组织形式	多采用流水线装配	批量小时采用固定流水装配，批量较大时采用流水装配	多采用固定装配或固定式流水装配进行总装
装配方法	多互换法装配，允许少量调整	主要采用互换法，部分采用调整法、修配法装配	以修配法及调整法为主
工艺过程	装配工艺过程划分很细	划分依批量大小而定	一般不制定详细工艺文件，工序可适当调整
工艺产品	专业化程度高，采用专用产品，易实现自动化	通用设备较多，也有部分用设备	一般为通用设备及工夹量具
手工操作要求	手工操作少，熟练程度提高	手工操作较多，技术要求较高	手工操作多，要求工人技术熟练

　　再制造装配的准备工作包括零部件清洗、尺寸和重量分选、平衡等，再制造装配过程中的零件装入、连接、部装、总装以及检验、调整等都是再制造装配工作的内容。再制造装配不但是决定再制造产品质量的重要环节，而且可以发现废旧零部件修复加工等再制造过程中存在的问题，为改进和提高再制造产品质量提供依据。

　　装配工作量在产品再制造过程中占很大的比例，对于因无法大量获得废旧毛坯而采用小批量再制造产品的生产中，再制造装配工时往往占再制造工时的一半左右，在大批量生产中，再制造装配工时也占有较大的比例。因再制造企业尚属我国新兴发展的企业，所以相对制造企业来讲，再制造企业生产规模普遍较小，再制造装配工作大部分靠手工完成。所以，不断提高装配效率尤为重要。选择合适的装配方法、制定合理的装配工艺规程，不仅是保证产品质量的重要手段，也是提高劳动生产率、降低制造成本的重要措施。

4.2.7　绿色制造与再制造

　　当今我国经济社会高速发展带来的资源、环境和气候变化问题十分突出，工业化、城镇化进程一方面推动了经济高速发展和社会进步，另一方面也加剧了资源环境约束等问题。保护地球环境、构建循环经济、保持社会经济可持续发展已成为世界各国共同关注的话题。绿色制造和循环经济是人类社会可持续发展的基础，是制造业未来的发展方向。《中国制造2025》提出，全面推行绿色制造，实施绿色制造工程，并将之列入九大战略任务、五个重大工程之中。要以制造业绿色改造升级为重点，实施生产过程清洁化、能源利用低碳化、水资源利用高效化和基础制造工艺生态化，推广循环生产方式，培育增材制造产业，强化工业资源综合利用和产业绿色协同发展。要大力推动绿色制造关键技术的研发和产业化，重点突破节能关键技术装备，推进合同能源管理和环保服务，发展壮大节能环保产业。要全面推进绿色制造体系建设，以企业为主体，加快建立健全绿色标准，开发绿色产品，创建绿色工厂，建设绿色园区，强化绿色监管和示范引导，推动全面实现制造业高效清洁低碳循环和可持续发展，促进工业文明与生态文明和谐共生。

GB/T 28612—2012《机械产品绿色制造术语》将绿色制造定义为：现代制造业的可持续发展模式，其目标是使得产品在其整个生命周期中，资源消耗极少、生态环境负面影响极小、人体健康与安全危害极小，并最终实现企业经济效益和社会效益的持续协调优化[26]。

绿色制造内涵的广义性表现在：

(1)绿色制造中的"制造"涉及产品整个生命周期，因而是一个"大制造"的概念，同计算机集成制造、敏捷制造等概念中的"制造"一样。绿色制造体现了现代制造科学的"大制造、大过程、学科交叉"的特点。

(2)绿色制造涉及的范围非常广泛，包括机械、电子、食品、化工、军工等，几乎覆盖整个工业领域。

(3)绿色制造涉及的问题领域包括产品全生命周期过程的环境保护、资源优化利用和人体健康与安全三类[27]。

当前，人类社会正在实施全球化的可持续发展战略，绿色制造实质上是人类社会可持续发展战略在现代制造业中的体现。

《中国制造2025》明确提出，全面推行绿色制造，实施绿色制造工程，并将之并入九大战略任务、五大重大工程之中。要以制造业绿色改造升级为重点，实施生产过程清洁化、能源利用低碳化、水资源利用高效化和基础制造工艺生态化，推广循环生产方式，培育增材制造产业，强化工业资源综合利用和产业绿色协同发展。要大力推动绿色制造关键技术的研发和产业化，重点突破节能关键技术装备，推进合同能源管理和环保服务，发展壮大节能环保产业。要全面推进绿色制造体系建设，以企业为主体，加快建立健全绿色标准，开发绿色产品，创建绿色工厂，建设绿色园区，强化绿色监管和示范引导，推动全面实现制造业高效、清洁、低碳、循环和可持续发展，促进工业文明与生态文明和谐共生。

绿色发展是国际大趋势。资源与环境问题是人类面临的共同挑战，可持续发展日益成为全球共识。特别是在应对国际金融危机和气候变化的背景下，推动绿色增长、实施绿色新政是全球主要经济体的共同选择，发展绿色经济、抢占未来全球竞争的制高点已成为国家重要战略。发达国家纷纷实施"再工业化"战略，重塑制造业竞争新优势，清洁、高效、低碳、循环等绿色理念、政策和法规的影响力不断提升，资源能源利用效率成为衡量国家制造业竞争力的重要因素，绿色贸易壁垒也成为一些国家谋求竞争优势的重要手段。

绿色制造是生态文明建设的重要内容。工业化为社会创造了巨大财富，提高了人民的物质生活水平，同时也消耗了大量资源，给生态环境带来了巨大压力，影响了人民生活质量的进一步提高。推进生态文明建设，要求构建科技含量高、资源消耗低、环境污染少的绿色制造体系，加快推动生产方式绿色化，积极培育节能环保等战略性新兴产业，大幅增加绿色产品供给，倡导绿色消费，有效降低发展的资源环境代价。

绿色制造是工业转型升级的必由之路。我国作为制造大国，尚未摆脱高投入、高消耗、高排放的发展模式，资源能源消耗和污染排放与发达国家仍存在较大差距，工业排放的二氧化硫、氮氧化物和粉尘分别占排放总量的 90%、70% 和 85%，资源环境承载能力已接近极限，加快推进制造业绿色发展刻不容缓。以实施绿色制造工程为牵引，全面推行绿色制造，不仅对缓解当前资源环境瓶颈约束、加快培育新的经济增长点具有重要现实作用，而且对加快转变经济发展方式、推动工业转型升级、提升制造业国际竞争力具有深远历史意义。

绿色、智能是制造业转型的主要方向，坚持绿色发展，推行绿色制造是关键举措。再制造作为绿色制造的典型形式，是实现工业循环式发展的必然选择。再制造作为国家战略性新兴产业，是资源再生的高级形式，是制造业转型升级的重要方向，也是发展循环经济、建设资源节约型、环境友好型社会的重要举措，更是推进绿色发展、循环发展、低碳发展，促进生态文明建设的重要载体，高度契合了国家发展循环经济的战略。

2016 年 12 月，国务院发布了《"十三五"国家战略性新兴产业发展规划》，规划指出发展再制造产业，加强机械产品再制造无损检测、绿色高效清洗、自动化表面与体积修复等技术攻关和装备研发，加快产业化应用。组织实施再制造技术工艺应用示范，推进再制造纳米电刷镀技术装备、电弧喷涂等成熟表面工程装备示范应用。开展发动机、盾构机等高值零部件再制造。建立再制造旧件溯源及产品追踪信息系统，促进再制造产业规范发展。《中国制造 2025》提出"大力发展再制造产业，实施高端再制造、智能再制造、在役再制造，推进产品认定，促进再制造产业持续健康发展"。再制造是推进绿色发展和低碳发展理念、促进生态文明建设的重要载体，是制造业转型升级的重要方向，高度契合了国家发展循环经济的战略。

4.2.8　再制造标准体系

1. 我国再制造标准化

标准是国家实施技术和产业政策的重要手段，能够体现国家的技术基础和产业基础。标准化是抢占产业竞争制高点的重要手段，是创新的驱动力。系统、完善的再制造标准体系是再制造产业得以良性发展的重要保障。目前，全国绿色制造技术标准化技术委员会再制造分技术委员会(SAC/TC337/SC1)、全国产品回收利用基础与管理标准化技术委员会(SAC/TC415)研究制定了《再生利用品和再制造品通用要求及标识》和《再制造产品评价技术导则》等再制造国家标准。此外，全国汽车标准化技术委员会(SAC/TC114)、全国土方机械标准化技术委员会(SAC/TC334)、机器轴与附件标准化技术委员会(SAC/TC109)及其他标准委员会已发布和正在研制与其行业相关的再制造产品系列标准，图 4.25 为我国再制造产品标识。2015 年以来，国家标准化管理委员会连续发布了

10 余项再制造国家标准，包括《再制造机械产品拆解技术规范》《再制造机械产品清洗技术规范》《再制造企业技术规范》和《机械产品再制造性评价技术规范》4 项基础通用再制造国家标准，《再制造基于谱分析轴系零部件检测评定规范》《再制造内燃机通用技术条件》《土方机械零部件再制造通用技术规范》等 8 项再制造产品标准。截至 2017 年 3 月，我国已发布再制造国家标准近 30 项、行业标准 20 余项、地方标准 10 余项，正在研制的再制造国家标准 10 余项，再制造系列标准的制定和实施对规范再制造企业生产、保证再制造产品质量、推动我国再制造产业发展起到了积极的作用。我国已发布实施的再制造国家标准如表 4.8 所示。

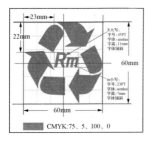  

(a) 再制造产品标志样式　　　(b) 汽车零部件再制造产品标志　　　(c) 再制造柴油机铭牌

图 4.25　我国再制造产品标识

表 4.8　我国已发布实施的再制造国家标准(部分)

序号	标准号	中文标准名称	类别
1	GB/T 28618—2012	机械产品再制造通用技术要求	基础
2	GB/T 28619—2012	再制造术语	基础
3	GB/T 28620—2012	再制造率的计算方法	基础
4	GB/T 31208—2014	再制造毛坯质量检验方法	方法
5	GB/T 31207—2014	机械产品再制造质量管理要求	管理
6	GB/T 32811—2016	机械产品再制造性评价技术规范	方法
7	GB/T 32810—2016	再制造机械产品拆解技术规范	基础
8	GB/T 32809—2016	再制造机械产品清洗技术规范	基础
9	GB/T 33221—2016	再制造企业技术规范	管理
10	GB/T 33947—2017	再制造机械加工技术规范	基础

2. 国外再制造标准化

美国、欧洲、日本等国家和地区的大学、科研机构及行业协会开展了一系列再制造技术标准与管理研究工作，对再制造产品种类、再制造质量控制、再制造产品销售市场与市场规模及再制造入市门槛等进行系统研究。目前，国外开展再制造标准研究的机构有美国再制造工业协会(Remanufacturing Industries Council, RIC)、美国机动车工程师协会(Society of Automotive Engineers，SAE)、欧洲标准化委员会(Comité Européen de Normalisation，CEN)、英国标准协会(British Standards Institution，BSI)、德国标准化协会(Deutsches Institutfür Normung，DIN)、加拿大通用标准局(Canadian General Standards Board，CGSB)等。2009 年，BSI 发布了《生产、装配、拆解、报废处理设计规范-第 2 部分：术语和定义》(BS 887-2:2009)英国国家标准，首次对再制造进行了定义，再制造产品的性能应等同于或高于原型新品，随后，BSI 又发布了《生产、装配、拆解、报废处理设计规范-第 220 部分：再制造过程技术规范》(BS 887-220:2010)、《计算硬件的返工和再销售技术规范》(BS 887-211：2012)等再制造相关标准，对再制造相关术语和定义、废旧产品技术资料收集、毛坯回收、初始检测、拆解、零部件修复、再装配、测试等再制造过程做了规范和要求。2017 年 2 月，RIC 发布了美国国家标准《再制造过程技术规范》(RIC001.1-2016)，对再制造相关概念、定义进行了更新和划分，规定了再制造产品质量不低于新品，该标准明确规定了再制造产品的认定监督和责任溯源，规定再制造产品标签应包括该标准的序列号以及一条或更多信息：再制造产品认定信息；"由×××公司再制造"；"由×××(原始设备制造商名称)委托再制造"；"由×××(原始设备制造商名称)授权×××公司再制造"。此外，CEN、DIN、CGSB 以及南非标准局(South African Bureau of Standards, SABS)都发布了相关的再制造标准，涵盖的产品包括石油和天然气工业钻井和生产设备、货物运输罐、碳粉盒、汽油发动机等，可为我国再制造标准化工作提供借鉴。图 4.26 为卡特彼勒生产的再制造发动机，图 4.27 为小松(常州)机械更新制造有限公司生产的日本小松认证指定循环工程机械。

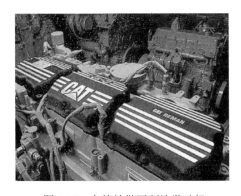
　　图 4.26　卡特彼勒再制造发动机

　　图 4.27　日本小松认证指定循环机

4.3　可再制造性分析

4.3.1　可再制造性概念及影响因素

　　可再制造性是指针对环境、技术、经济等因素综合分析后，废旧工程机械产品所具有的通过维修、改进或者改造的方式，能到达到或者超过原产品性能和质量的能力。可再制造性的分析决定了产品是否能被再制造，是再制造理论研究中的首要问题。

国外和国内已经开展了对产品可再制造性评估的研究，经过总结，可再制造性主要取决于六个方面，即环境可行性、技术可行性、经济可行性、能源可行性、资源可行性和社会可行性，这六者相互关联且相互影响。图 4.28 为影响可再制造性的一些因素。

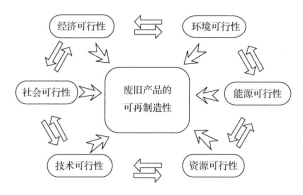

图 4.28　废旧产品的可再制造性

技术可行性——指废旧产品在再制造的工艺技术上可行，通过原产品的维修和改造升级能够达到或者超过原形新产品性能的目的。

经济可行性——指再制造过程中所投入的费用应该小于其带来的综合效益(包括社会效益、生态环境效益、经济效益等)。这是推动废旧产品再制造的主要动力。

环境可行性——指再制造的加工过程中及产品在社会上流通后对生态环境产生的影响应小于原产品生产及使用对环境所造成的影响。现阶段，我国政策规定所有的项目环境评估具有"一票否决权"，因此，环境的可行性是再制造的决定因素。

资源可行性——指再制造产品的生产原料来源于废旧产品，能够为社会节约资源，重复利用资源，减少资源的浪费，实现社会的可持续发展。

能源可行性——指再制造产品生产过程中会消耗各种能源，怎么样实现电能、水能及天然气等能源的节约使用，减少能源的浪费，为企业降低生产成本。

社会可行性——指再制造产品具有使用价值，且具有高性能和低价格的特点，育足市场需要，且能够为社会提供工作岗位，解决失业问题，具有显著的社会效益，能够促进社会的和谐发展。

4.3.2　可再制造性定性评估

外国学者罗伯特·兰德 1984 年曾在《Technology Review》杂志中发表学术文章。文章中提到他曾对 75 种不同类型的再制造产品进行了分析研究，总结出了以下 7 条标准来判断产品是否具有可再制造性。

(1)产品因技术、经济、环境等因素导致功能丧失。

(2)产品属于标准化生产，零部件的互换性较好。

(3)现阶段针对该产品具有成熟的再制造技术。

(4)产品仍有比较高的附加值。

(5)旧件回收的成本较低。

(6)产品的技术相对稳定。

(7)客户了解并能够认可再制造产品。

这 7 条判断标准提出的时间较早，且该判断标准只能通过评估者的经验以定性的方式来进行评估，无法通过定量的标准来描述，因此具有一定的局限性。但现阶段我们仍然利用它来评估生产规模大并且产品在设计阶段未考虑再制造性的废旧产品。

参 考 文 献

[1] 徐滨士. 装备再制造工程[M]. 北京: 国防工业出版社, 2013.

[2] 徐滨士. 再制造技术与应用[M]. 北京: 国防工业出版社, 2015.

[3] 徐滨士, 董世运, 史佩京. 中国特色的再制造零件质量保证技术体系现状及展望[J]. 机械工程学报, 2013, 49(20): 84-90.

[4] Xu B S. The remanufacturing engineering and automatic surface engineering technology[J]. Key Engineering Materials, 2008, 373-374(1): 1-10.

[5] United States International Trade Commission. Remanufactured goods: An overview of the USA and global industries, markets, and trade[S]. Washington: USITC Publication, 2012.

[6] 罗尔夫·施泰因希尔佩. 再制造-再循环的最佳形式[M]. 朱胜, 桃巨坤, 邓流溪译. 北京: 国防工业出版社, 2006.

[7] 人民出版社. 中国制造 2025[M]. 北京: 人民出版社, 2015.

[8] 徐滨士. 徐滨士文集[M]. 北京: 冶金工业出版社, 2014.

[9] 李恩重, 史佩京, 徐滨士, 等. 我国再制造政策法规分析与思考[J]. 机械工程学报, 2015, 51(19): 117-123.

[10] Wei S, Cheng D, Sundin E, et al. Motives and barriers of the remanufacturing industry in China[J]. Journal of Cleaner Production, 2015, (107): 1-12.

[11] 李恩重, 史佩京, 徐滨士, 等. 我国汽车零部件再制造产业现状及发展对策研究[J]. 现代制造工程, 2016, (3): 151-156.

[12] Zhang J H, Chen M. Assessing the impact of China's vehicle emission standards on diesel engine remanufacturing[J]. Journal of Cleaner Production, 2015, (107): 177-184.

[13] 中国机械工程学会. 再制造技术路线图[M]. 北京: 中国科学技术出版社, 2016.

[14] European Remanufacturing Network. Remanufacturing market study [R]. London，2015.

[15] Zhang T Z, Chu J W, Wang X P, et al. Development pattern and enhancing system of automotive components remanufacturing industry in China[J]. Resources, Conservation and Recycling, 2011, 55(6): 613-622.

[16] 张伟, 吉小超, 徐滨士. 国内外再制造技术体系及竞争力分析[J]. 中国表面工程, 2015, (3): 1-9.

[17] 李恩重, 张伟, 史佩京, 等. 基于上海自贸区的我再制造产业发展模式研究[J]. 检验检疫学刊, 2017, 27(1): 32-36.

[18] 梁秀兵, 刘渤海, 史佩京, 等. 智能再制造工程体系[J]. 科技导报, 2017, 34(24): 74-79.

[19] 徐滨士, 李恩重, 史佩京, 等. 我国再制造产业及其发展战略[J]. 中国工程科学, 2017, 19(3): 1-5.

[20] Xu B S, Shi P J, Zheng H D, et al. Engineering management problems of remanufacturing industry[J]. Frontiers of Engineering Management, 2015, 2(1): 13-18.

[21] GB/T32810—2016. 再制造机械产品拆解技术规范[S]. 北京: 中国标准出版社, 2016.

[22] GB/T32809—2016. 再制造机械产品清洗技术规范[S]. 北京: 中国标准出版社, 2016.

[23] 么新. 经济新常态背景下的我国再制造产业发展[J]. 科学管理研究, 2017, 2(35): 50-53.

[24] 梁秀兵, 陈永雄, 史佩京, 等. 汽车零部件再制造设计与工程[M]. 北京: 自然科学出版社, 2016.

[25] GB/T 33947—2017. 再制造机械加工技术规范[S]. 北京: 中国标准出版社, 2017.

[26] 全国绿色制造技术标准化技术委员会. 中国装备绿色制造标准化探索与实践[M]. 北京: 中国质检出版社, 2016.

[27] 国家制造强国建设战略咨询委员会, 中国工程院战略咨询中心. 中国制造 2025 系列丛书-绿色制造[M]. 北京: 电子工业出版社, 2016.

第5章 再制造表面镀层技术

金属表面镀层是在金属材料表面涂镀一层介质，得到一层耐蚀性、耐磨性和特殊性能的涂层。在再制造工程应用领域，电刷镀和化学镀是表面镀层的重要技术。本章主要介绍电刷镀和化学镀的基本原理、工艺方法、技术特点、镀层性能、分类和应用。

5.1 电刷镀技术

5.1.1 概述

电刷镀(brushing electroplating，BE)是依靠一个与阳极接触的垫或刷提供电镀需要的电解液，电镀时，垫或刷在被镀的阴极上移动的一种镀覆方法。电刷镀又称刷镀，起源于1899年法国人采用的棉团电镀法，作为专门技术大约成型于20世纪40年代的欧洲，我国最早的工业应用出现于50年代，当时称之为涂镀，大规模的推广和应用则始于80年代。其目的在于强化、提高工件表面性能，取得工件的装饰性外观、耐腐蚀、抗磨损和特殊光、电、磁、热性能；在再制造领域也可以增加工件局部尺寸，改善机械配合，修复因超差或磨损而报废的工件等[1]。

1. 电刷镀的原理

电刷镀技术应用的是电化学原理，采用专用的直流电源设备，刷镀时被棉花和涤棉套包裹的阳极(镀笔)与阴极(工件)表面接触并作相对运动，镀液中的金属离子在电场力的作用下定向迁移到工件表面，获得电子并被还原成原子，在工件表面沉积结晶形成镀层[1]。

电刷镀的工作原理如图5.1所示，电刷镀时，工件接电源的负极，镀笔接电源的正极，靠包裹着的浸满镀液的阳极在工件表面擦拭，镀液中的金属离子在工件表面与阳极相接触的各点上发生放电结晶，随时间增长，镀层逐渐加厚。由于工件与镀笔有一定的相对运动速度，因而对镀层上的各点来说，是一个断续结晶过程。

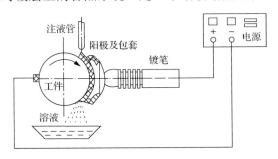

图 5.1 电刷镀工作原理图

2. 电刷镀的特点

电刷镀技术在再制造技术和表面工程技术方面有着广泛的应用,具有设备、工艺简单,镀层种类多、沉积快、性能优良等特点,广泛应用于复杂精密机械零件的表面修复和功能性表面强化。

电刷镀技术的主要特点如下。

(1)设备简单,不需要镀槽,便于携带,适用于野外及现场修复。尤其对于大型、精密设备的现场不解体修复更具有实用价值。

(2)工艺简单,操作灵活,不需要镀覆的部位无需很多的材料来保护。

(3)操作过程中,阴极与阳极之间有相对的运动,故允许使用较高的电流密度,一般为 $30\sim400A/dm^2$。最大可达 $500\sim600A/dm^2$。它比槽镀使用的电流密度大几倍到几十倍。

(4)镀液中金属离子含量高,所以沉积速度快(比槽镀快 $5\sim50$ 倍)。

(5)镀液种类多,应用范围广,目前已有一百多种不同用途的镀液,适用于各个行业。

(6)镀液性能稳定,使用时不需要化验和调整,无毒,对环境污染小;不燃、不爆、易贮存、运输方便。

(7)配有专用除油和除锈的电解溶液,所以表面预处理效果好,结合强度高,镀层质量好。

(8)有不同型号的镀笔,并配有形状不同、大小不一的不溶性阳极,对各种不同几何形状以及结构复杂的零部件都可修复。某些场合也可使用可溶性阳极。

(9)修复周期短、费用低、经济效益大。

(10)镀后一般不需要机械加工。

(11)一套设备可在多种材料上电刷镀,可以镀几十种镀层。

(12)获得复合镀层非常方便,并可用叠层结构得到大厚度镀层。

(13)镀层厚度的均匀性可以控制,既可均匀镀,也可以不均匀镀。

5.1.2 电刷镀技术工艺

1. 电刷镀工艺流程

表 5.1 为电刷镀的工艺流程。

表 5.1 电刷镀工艺过程

工序	工序名称	工序内容、目的	备注
1	表面准备	去除油污,修磨表面,保护非镀表面	—
2	电净	电化学去油	极性一般正接
3	强活化	电解刻蚀表面,除锈,除疲劳层	极性反接
4	弱活化	电解刻蚀表面,去除碳钢表面炭黑	极性反接

工序	工序名称	工序内容、目的	备注
5	镀底层	镀好底层，提高界面结合强度	极性正接
6	镀尺寸层	快速恢复工件尺寸	极性正接
7	镀工作层	达到尺寸精度，满足表面性能要求	极性正接
8	镀后处理	吹干，烘干，涂油，低温回火，打磨，抛光等	根据需要选择

注：以上工艺过程，每道工序间都需用清水冲洗干净上道工序的残留镀液。

2. 电刷镀主要工艺参数

影响镀层质量的工艺参数较多，这里仅对电压、相对运动速度和温度的选择原则作一简单介绍。

1) 刷镀电压

刷镀电压的高低，直接影响金属沉积速度和镀层质量。当电压偏高时，刷镀电流相应提高，使镀层沉积速度加快，易造成组织疏松、粗糙。当电压偏低时，不仅沉积速度太慢，而且同样会使镀层质量下降。所以，为了保证得到高质量的镀层和提高生产效率，应按每种溶液确定的电压范围灵活使用。例如：用特殊镍打底层，开始用 18V 的较高电压短时间刷镀，以提高电流密度，促使多生核，细化镀层晶粒，5～10s 后，降到 12V 的正常工作电压。又如，用快速镍镀较大面积的工作层时，开始选用 14V 的工件电压，随着工件与镀液温度上升和镀层接近最终尺寸，应把电压降到 12V，以获得晶粒细密、表面光亮的镀层。

2) 镀笔与工件的相对运动速度

刷镀时，镀笔与工件之间必须做相对运动，这是刷镀技术的一大特点。相对运动速度太慢时，镀笔与工件接触部位发热量大，镀层易发黑，局部还原时间长，镀层生长太快，组织易粗糙。若镀液供送不充分，还会造成局部离子贫乏，组织疏松。相对运动速度太快时，会降低电流效率和沉积速度，形成的镀层虽然致密，但应力太大易脱落。相对运动速度通常选用 8～12m/min。

3) 电刷镀的温度

在刷镀操作的整个过程中，工件的理想温度是 15～35℃，最低不能低于 10℃，最高不宜超过 50℃。镀液的使用温度应保持在 25～50℃范围内。为了防止镀笔过热，在刷镀层较厚时，应同时准备多支镀笔，轮换使用。

5.1.3　电刷镀层的性能

1. 电刷镀层的硬度

1) 镀层在室温下的硬度

电刷镀层一般都比较薄，通常情况下小于 0.3mm。因此，刷镀层的硬度最好用显微硬度来测定。部分电刷镀层的硬度见表 5.2。

2) 工艺参数对镀层硬度的影响

在镀液成分一定的情况下，镀液温度、刷镀电压和镀笔与零件的相对运动速度等工艺参数对镀层的硬度均有影响。

电流密度增高，阴极提供的电子增多，镀层生核多，晶粒细化，镀层致密，内应力增加，使硬度有所提高。但当电流密度增大到一定程度后，硬度反而降低，降低的原因是电流密度过高使晶粒生长过快，形成粗大晶粒。同时，内应力过高并沿镀层中的裂缝释放导致镀层结构松弛。

相对运动速度过快，镀层单位面积上的沉积速度会降低，导致镀层晶粒细化，应力增大，易造成镀层剥落。而相对运动速度过慢，散热不利，造成镀层局部变黑，电流密度作用时间过长，使镀层组织粗大，降低镀层表面硬度。

镀液温度对镀层硬度的影响，主要反映在镀层晶粒的粗细上。一般来说，镀液温度过高或过低，镀层晶粒易于长大。

表 5.2 常用电刷镀层的室温下硬度

镀层名称	硬度/HV	镀层名称	硬度/HV
快速镍	527	镍-钨合金	800
特殊镍	545	碱性铜	255
低应力镍	357	酸性铜	210
半光亮镍	650	低应力镉	45
镍-钨(D)	850		

注：测试设备为 MT-3 型显微硬度计，载荷 50g；硬度为 5 个测试值的算术平均值。

3) 加热温度对镀层的影响

表 5.3 列出了几种常用镀层在不同温度加热后的硬度值。可见，常温下较硬的镀层加热至 100～200℃时有一定的二次强化效果。继续加热，除镍-磷非晶态镀层以外都产生软化，只是软化速度不同。在 600℃左右时，这些镀层硬度都比常温硬度至少下降 40%左右。但是镍-磷镀层与众不同，在 400℃时，它的硬度达到峰值，600℃时仍能保持常温时的硬度。由此可见，非晶态组织的镀层具有比其他镀层都好的耐高温性能。

表 5.3 不同温度加热后几种镀层的硬度 （单位：HV）

镀层	室温	100℃	200℃	300℃	400℃	500℃	600℃
致密快镍	448	451	481	541	423	202	—
快速镍	508	472	480	527	376	189	—
镍-钨 50	376	509	449	364	386	438	—
镍-钨"D"	558	565	512	502	415	367	357
镍-磷(非晶态)	460	455	548	578	750	640	460
特殊镍	386	551	512	501	446	371	242
铁合金 1	662	715	778	693	740	563	303

2. 电刷镀层的耐磨性

1) 工艺参数的影响

当工作电压较高时，电流密度上升，增加了电场的不均匀性，也增加了电化学极化作用；而相对运动速度加快，则使浓差极化增加，阴极周围金属离子严重缺乏，造成镀层组织粗糙疏松、硬度下降和耐磨性降低。当工件电压较低、相对运动速度较慢时，镀层的相对耐磨性也不高。当工作电压较高时，宜用略低的相对运动速度；在适中的工作电压范围内时，则可随电压升高加快相对运动速度，反之亦然。

镀液与基体温度过高，会造成镀层组织的晶粒粗大、结构松弛等问题，可以从改善散热条件着手控制这种影响。一般来讲，在35℃左右时较易获得相对耐磨性好的镀层。

2) 加热温度的影响

表 5.4 是对几种镀层在不同热处理温度下加热、保温、冷却后再进行相对耐磨性试验的结果。从表中可见，室温下致密快速镍镀层的相对耐磨性最高，而随着温度升高，快速镍镀层的相对耐磨性有所增加，致密快镍的相对耐磨性却减小，唯有镍-钨 50 镀层的相对耐磨性没有明显的变化，说明这种镀层在温度变化情况下仍能保持其耐磨性能。另外，镍-磷非晶态镀层在温度变化条件下耐磨性能也不会降低。

表 5.4 不同温度加热后镀层的相对耐磨性

镀层	室温	100℃	200℃	300℃	400℃	500℃
致密快镍	0.87	0.9	1.21	1.05	1.08	—
快速镍	1.64	0.92	0.92	0.86	1.07	1.06
镍-钨 50	1.2	1.2	1.17	1.00	1.13	1.20

5.1.4 纳米复合电刷镀技术

随着现代工业的发展，对机械产品零件表面的性能要求越来越高，为了满足和适应高速、高温、高压、重载、腐蚀以及某些特定工况下使用的零部件的修复、保护、表面强化、改性等需求，传统的电刷镀技术已显得力不从心。

通过在电刷镀溶液中加入纳米颗粒以进一步提高涂层效果的电刷镀技术称为纳米复合电刷镀技术，该技术分为手工电刷镀技术和自动化电刷镀技术。徐滨士等众多专家采用纳米材料与传统电刷镀技术相融合的方法，获得了性能更优良的纳米复合镀层。

纳米复合电刷镀技术(nano-composite electro-brush plating，NEP)是在电刷镀液中加入一种或几种不溶性的纳米颗粒，利用电刷镀原理，使纳米粒子与基质金属离子发生共沉积的一种表面工程技术。单一金属镀覆技术由于其本身的局限性，已不能完全满足产品制造所需的高性能、多功能的要求，而两种或多种金属或非金属的复合镀技术近年来取得了较大的发展，复合镀技术尤其是纳米复合镀技术已经成为当今现代表面镀覆技术研究的一个热点和焦点。

技术特点：

(1)纳米复合电刷镀镀液中含有大量的纳米尺度的特定粒子，而特定粒子的存在并不显著影响镀液的性质(酸碱性、导电性、耗电性等)和刷镀性能(镀层沉积速度、镀覆面积等)。

(2)纳米复合电刷镀技术获得的复合镀层组织更致密、晶粒更细小,复合镀层显微组织特点为纳米粒子弥散分布在金属基相中,基相组织主要由微晶构成,并且含有大量纳米晶和非晶组织。

(3)纳米复合刷镀层的耐磨性能、高温性能等综合性能远远优于同种金属镀层。

(4)根据加入的纳米粒子材料体系的不同,可以采用普通镀液体系获得具有耐蚀、润滑减摩、耐磨等多种性能的复合涂层;通过加入具有吸波(电磁波和红外波)、杀菌特殊功能的纳米粒子材料,可以获得功能涂层。

(5)纳米复合电刷镀技术比普通电刷镀技术的应用范围更加宽广[2]。

1. 电刷镀液

1)基质合金的选择

Ni 是工业生产和人们生活中应用最为广泛的金属之一。它具有银白色光泽,比重为 $8.9g/cm^3$,原子量为 58.69,熔点为 1457℃,电化当量为 $1.095g/(A \cdot h)$,标准电极电位为 −0.25V。它具有比较好的电化学行为,比较容易从水溶液中电沉积出来,其单盐就可容易沉积出比较好的金属镀层。Co 的标准电势为 −0.277V,与 Ni 的标准电势 −0.25V 很接近,又同属铁族元素,加上它们的交换电流都很小,能在单盐溶液中获得细致均匀的镀层,因此,在单盐溶液中实现 Ni-Co 合金的共沉积是比较容易的。当镀层中 Co 元素含量在 40%以下时,Ni-Co 合金镀层具有良好的耐蚀性和耐磨性及较高的硬度。所以,电镀 Ni-Co 合金镀层可作为装饰性镀层和耐磨镀层,用于化工、医药、机械、冶金等众多行业中。表 5.5 列出了 Ni-Co 镀液的主要成分和含量,该镀液呈墨绿色,可闻到乙酸味道。

表 5.5　Ni-Co 镀液的主要成分和含量　　　　　　　　　　(单位:g/L)

硫酸镍	硫酸钴	氯化镍	甲酸	乙酸	盐酸	添加剂
100~125	0~50	40~60	18	48	150	适量

2)纳米颗粒的选择

纳米复合电刷镀层作为一种金属基复合材料,其增强相的选择既应遵循复合材料增强相选择原则,同时也应满足电刷镀技术的工艺特点。由于纳米 Al_2O_3 颗粒结构稳定、成本低,结合 Ni-Co 合金电刷镀液的特点,试验选定纳米 Al_2O_3 颗粒作为增强相。纳米 Al_2O_3 颗粒的主要规格与参数如表 5.6 所示。

表 5.6　纳米 Al_2O_3 颗粒指标

纳米颗粒	粒径/nm	比表面积/(m²/g)	纯度/%	表观密度/(g/cm³)
Al_2O_3	50	≤10	≥99	1.6

纳米 Al_2O_3 颗粒的透射电子显微镜(transmission electron microscope, TEM)照片和电

子衍射图如图 5.2 所示，纳米 Al_2O_3 颗粒是近球形形状，但由于单个的纳米颗粒具有高的表面活性，因而已呈现明显的团聚趋势，形成二次结构。这种聚集结构可能存在硬团聚和软团聚，团聚颗粒尺寸超过了纳米数量级。因此，使用之前必须对纳米颗粒进行分散处理，使纳米颗粒在金属基镀液中得到良好的分散。

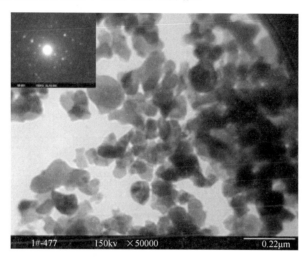

图 5.2　纳米颗粒的 TEM 图

3）电刷镀液制备

纳米颗粒的分散就是将纳米颗粒的团聚体分离成单个纳米颗粒或者是为数不多的纳米颗粒小团聚体。纳米颗粒在电镀液中的分散可分为纳米颗粒的解团聚和纳米颗粒在溶液中的稳定两个步骤：①通过机械作用或超声波作用将团聚在一起的纳米颗粒解聚；②镀液中离子和官能团吸附在新鲜的纳米颗粒上，利用位阻效应和静电稳定效应，阻止纳米颗粒相互接近，避免直接碰撞，从而降低了团聚趋势，保持了纳米颗粒的分散性与稳定性。这两个步骤是相互交错、密不可分的[3]。

采用高能机械法制备 n-Al_2O_3/Ni-Co 复合电刷镀液的过程为：首先，配制 Ni-Co 合金镀液。然后，配制纳米颗粒复合电刷镀液料浆，将 100～200g 纳米 Al_2O_3 颗粒缓缓加入到配制好的镀液中，简单的用玻璃棒搅拌润湿后，再进行充分的球磨分散（24h）即得到n- Al_2O_3/Ni-Co 复合电刷镀液料浆。最后，将分散好的复合镀液料浆装桶密封保存。使用时只需将料浆稀释至所需浓度即可得到需要的纳米颗粒复合电刷镀液。

该方法制得的纳米颗粒复合电刷镀液料浆分散均匀，悬浮稳定性良好，能够长时间存储，且方法工艺简单，效果明显，经济效益显著。

2. 电刷镀层制备工艺

新开发的电刷镀工艺过程与传统的电刷镀基本相同，但工艺参数要根据基体材料、镀层性能要求、镀液种类等条件进行适当的调整。

电刷镀工艺流程为：镀前表面准备—电净—去离子水冲洗—活化液活化—去离子水

冲洗—活化液活化—去离子水冲洗—无电擦拭—镀打底层—去离子水冲洗—无电擦拭—刷镀工作镀层—镀后处理[4]。

　　为了提高基体与镀层的结合强度,防止有腐蚀作用的镀液对基体金属的腐蚀,在刷镀工作镀层以前要预镀底层。根据试验要求和试样材料,选用特殊镍打底层。刷镀底层时,要先在不通电的情况下用镀笔蘸着镀液将已活化好的金属表面迅速擦拭一遍,目的是在被镀表面预先布置金属离子,使被镀表面的 pH 趋于一致,增加润湿性,同时隔离空气,防止新鲜表面再被氧化,打底层的厚度一般为 2μm 即可,具体的工艺参数见表 5.7。

表 5.7　电刷镀技术工艺参数

工序	镀液	电源极性	操作时间/s	工作电压/V	镀笔运动速度/(m/min)
电净	电净液	正接	30	10	4～8
活化	2#活化液	反接	60	10	6～10
	3#活化液	反接	60	20	6～8
打底	特殊镍	正接	10	18	6～8
			120	12	6～10

　　电沉积过程中,由于基体表面有微凸以及沉积过程中的电流密度不均匀分布会造成沉积镀层的微观突起,产生"尖端效应",该处的电流密度增大,沉积速度加快,使镀层表面变的不平整,而纳米颗粒被包裹着沉积到镀层中,最易在镀层的微凹部位沉积到镀层中,从而使镀层表面变的平整。从图 5.3(a)～(e)可以看出,镀液中纳米颗粒的含量从 0g/L 增加到 20g/L 时,镀层表面变得更为细腻和平整,但镀液中纳米颗粒的含量为 25g/L,表面光洁度变得略差。这是由于随着镀液中纳米颗粒的增多,沉积过程中纳米颗粒重新团聚的可能性增大,使沉积过程变得均一平稳的作用减弱,同时镀层沉积速度变慢,使基体对镀层表面的影响变强,因此,在镀液中纳米颗粒浓度加大的时候,镀层表面均一性减弱。

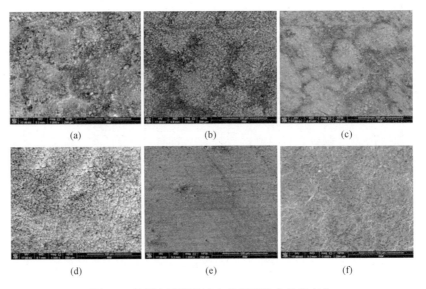

(a)　　　　　　　　(b)　　　　　　　　(c)

(d)　　　　　　　　(e)　　　　　　　　(f)

图 5.3　镀层表面随镀液中纳米颗粒含量的变化

　　表面形貌的意义不仅仅体现在最终使用过程中加工量少，节约成本，表面形貌更是进行电沉积的阴极表面，直接影响到电沉积的过程，因此，直接影响到镀层最终的性能，平整的表面在继续电沉积的过程会更加均匀，镀层的组织均一性会提高，镀层的性能也会提高。

　　图 5.4 是镀液中纳米颗粒含量对镀层中纳米颗粒含量的影响曲线。由图可知，随着镀液中颗粒含量的增加，镀层中纳米颗粒含量随之增加，当镀液中纳米颗粒含量为 20g/L 时，镀层中纳米颗粒含量为 1.9wt%，当镀液中纳米颗粒含量为 25g/L 时，镀层中纳米颗粒含量增大到 2.1wt%。镀层中纳米颗粒含量和镀液中纳米颗粒含量的增加的并不是绝对的线性关系，随着镀液中纳米颗粒含量的增加，镀层中纳米颗粒的增加趋势略有变缓。这是由于纳米 Al_2O_3 颗粒是绝缘的纳米颗粒，颗粒是通过 Ni-Co 合金沉积的包裹实现共沉积的。因此，当镀液中纳米颗粒浓度较低时，纳米颗粒与 Ni-Co 合金共沉积时被包裹的几率就增大较快，但当镀液中纳米颗粒浓度较高时，Ni-Co 合金的沉积速率下降，纳米颗粒被包裹的几率达到极限。同时，镀液中纳米颗粒浓度过高，在镀笔和基体的摩擦过程中，由于其较高的表面活性能易产生团聚，团聚的纳米颗粒由于体积较大，被包裹的可能性并不会随着镀液中纳米颗粒的浓度增加而线性增加，因此，镀层中纳米颗粒含量增加的速度会低于镀液中纳米颗粒含量增加的速度。

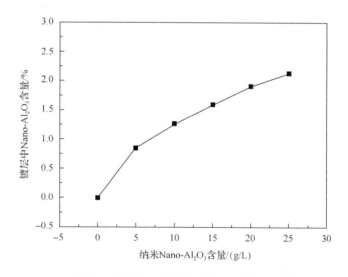

图 5.4　镀层中纳米颗粒含量随镀液中纳米颗粒含量的变化

　　图 5.5 为镀层的显微硬度随着镀液中纳米颗粒含量的变化趋势，由图可知，随着镀液中纳米 Al_2O_3 颗粒含量的增加，镀层的硬度会有所增加，当镀液中纳米颗粒含量增加到 20g/L 时，n-Al_2O_3/Ni-Co 纳米复合镀层的硬度为最大，达到 960HV，相对于 Ni-Co 合金镀层的硬度 740HV 提高了约 29.8%。当镀液中纳米颗粒的含量增大到 25 g/L 时，镀层的硬度为 886HV，相对于 20g/L 时，硬度有所降低。

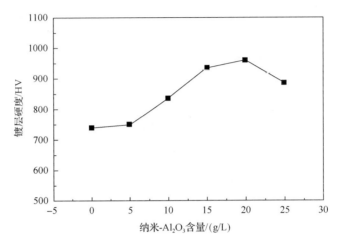

图 5.5　镀层硬度随着镀液中纳米颗粒含量的变化

　　纳米颗粒被包裹着沉积到 Ni-Co 合金基质金属中,在沉积过程中,纳米颗粒为不导电颗粒,镀层在纳米颗粒位置继续生长就要重新形核。因此,纳米颗粒的共沉积可以增大成核率,纳米颗粒如果沉积到镀层晶粒的交界处,晶粒就不能继续长大。所以,纳米颗粒的共沉积使镀层晶粒细小,晶界面积增大,变形困难,镀层的硬度升高。当镀液中纳米颗粒的含量为 20g/L 以下时,这种强化效应随着镀层中纳米颗粒含量增加,镀层的硬度会升高。当镀液中纳米颗粒的含量超过这个值时,纳米颗粒团聚,镀层组织会变的疏松,镀层性能会有所下降,因此,硬度会略有降低。

　　结合纳米颗粒对镀层沉积速度、表面形貌、镀层中纳米颗粒含量和镀层硬度的影响,镀液中加入纳米颗粒的量并不是越多越好。加入量过多,镀层中纳米颗粒的含量虽然略有增加,但镀层的沉积速度、表面形貌和镀层的硬度都有所降低,因此,纳米颗粒的加入量要适度,n-Al$_2$O$_3$/Ni-Co 合金纳米复合电刷镀液体系,纳米颗粒的加入量以 15～20g/L 为最佳。

3. 合金纳米复合电刷镀层性能

　　合金纳米复合电刷镀技术是面向镀硬铬损伤件的再制造而开发的,结合镀硬铬件的使用条件设计 n-Al$_2$O$_3$/Ni-Co 纳米复合镀层的研究方案。纳米复合镀层的镀液中,纳米颗粒的浓度选择 20g/L,刷镀电压选择 12V,刷镀时间一般为 30min,当测试要求镀层较厚时,刷镀时间适当延长。

　　电刷镀层的结合强度检测目前大多数是定性的,参照铁道部标准 TB1756-86,进行检测硬铬镀层和 n-Al$_2$O$_3$/Ni-Co 刷镀层的结合强度,结果如表 5.8 所示。从表中可以看出,硬铬镀层和纳米复合合金刷镀层通过上述四种方法测试,都没有出现明显的起泡、碎裂及剥落等现象,表明纳米复合合金刷镀层和硬铬都具有良好的结合强度。

表 5.8　镀层的结合力测试结果

试验方法	硬铬	n-Al$_2$O$_3$/Ni-Co
锉刀试验	无剥离	无剥离
弯曲试验	无剥离、无裂纹	无剥离、无裂纹
偏车试验	无削落、无起皮	无削落、无起皮
热震试验	无起皮、无气泡	无起皮、无气泡

图 5.6 是硬度值在镀层不同位置的变化趋势，由图可知，靠近基体部分的镀层硬度最大，为 1180HV。随着镀层的增厚，镀层硬度有所下降，分析认为，刚开始生产时，镀层温度较低，镀层沉积速度慢，镀层的组织比较致密，所以此时沉积的镀层的硬度较高，随着刷镀的进行，镀液的温度升高，电流密度增大，镀层沉积速度增大，组织变得较为粗大，硬度值有所下降。

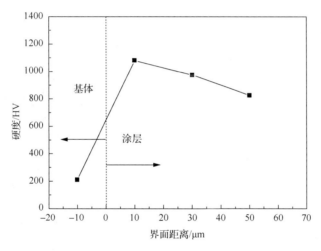

图 5.6　镀层硬度在截面方向上的变化

图 5.7 为 Ni-Co 合金电刷镀层及 n-Al$_2$O$_3$/Ni-Co 纳米复合镀层与硬 Cr 镀层的硬度对比，由图可知，Ni-Co 镀层的硬度为 740HV，接近硬铬镀层的 825HV，仅比硬铬镀层硬度值低 10.3%，而 Ni-Co 合金镀层中共沉积纳米 Al$_2$O$_3$ 颗粒后，镀层的显微硬度有很大的提高，达到 960HV，超过硬铬镀层 16.4%。分析可知，加入的纳米颗粒一方面可阻碍镀层晶粒的长大，起到细晶强化的作用，另一方面，在晶粒内部可阻碍晶粒内位错的滑移来强化镀层，起到硬质相弥散强化的作用。

纳米复合电刷镀层的耐磨性能是影响复合镀层实用性的重要因素。复合电刷镀层的耐磨性除与电刷镀工艺参数(电压、电流、温度、相对运动速度等)和基质镀液种类有关外，还与所加入的纳米颗粒的种类及其含量等因素有关。

采用 CETR-UTM 型球盘式磨损试验机，在相同试验条件下进行室温干摩擦磨损试验，通过测定磨损体积损失，评价各种镀层的耐磨性能。镀层试样的对磨球为直径 4mm 的 GCrl5 钢球，硬度为 63HRC，试验载荷为 15N。

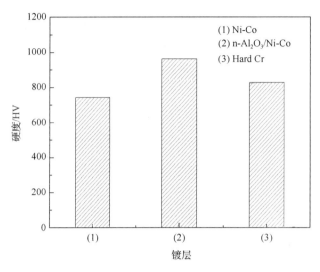

图 5.7　三种镀层的硬度值对比

以硬铬的相对耐磨性为 1.00，见表 5.9。结果表明，Ni-Co 合金电刷镀层和 n-Al₂O₃/Ni-Co 纳米复合电刷镀层的相对耐磨性分别是硬铬镀层的 0.90 和 1.08 倍。可见，单纯的 Ni-Co 合金刷镀层的耐磨性低于硬铬镀层，而加入纳米颗粒后的纳米复合合金基电刷镀层 n-Al₂O₃/Ni-Co 的耐磨性略优于硬铬镀层。分析认为，纳米复合镀层性能的提高是由于 n-Al₂O₃ 颗粒的细晶强化及弥散强化作用。

表 5.9　几种镀层的相对耐磨性

镀层	Ni	Ni-Co	n-Al₂O₃/Ni-Co	Cr
相对耐磨性	0.71	0.90	1.08	1.00

5.1.5　电刷镀技术的主要应用

1. 恢复磨损零件的尺寸精度与几何精度

在工业领域中，因机械设备零部件磨损造成的经济损失是十分巨大的，用电刷镀恢复磨损零件的尺寸精度和几何精度是行之有效的方法。

2. 填补零件表面的划伤沟槽、压坑

零件表面的划伤沟槽、压坑是运行的机械设备经常出现的损坏现象。尤其在机床导轨，压缩机的缸体、活塞，液压设备的油缸、柱塞等零件上最为多见。用刷镀或刷镀加其他工艺修补沟槽、压坑是一种既快又好的方法。

3. 补救加工超差产品

生产中加工超差的产品，一般说来超差尺寸都很小，非常适合用电刷镀修复，使工厂成品率大大提高。

4. 强化零件表面

用电刷镀技术不但可以修复磨损零件的尺寸,而且可以起到强化零件表面的作用。例如,在模具型腔表面刷镀 0.01～0.02mm 的非晶态镀层,可以使模具寿命延长 20%～100%。

1)提高零件表面导电性

在电解槽汇流铜排接头部位镀银,可减小电阻,降低温升。使用效果良好。

为了提高大型计算机的工作可靠性,在电路接点处电刷镀金处理,既能保证接点处接触电阻很小,又能防止接点处金属氧化造成断路。

2)提高零件的耐高温性能

如钴-镍-磷-铌非晶态镀层的晶化温度可达 320℃,在 400～500℃的高温下,镀层由非晶态向晶态转变后,同时析出第二相组织,这些第二相组织是弥散分布在镀层中的硬质点,可以有效提高镀层耐高温磨损的性能。

3)改善零件表面的钎焊性

在难钎焊的材料表面上刷镀某些镀层后,钎焊将变得非常容易,而且有较高的结合强度。

4)减小零件表面的摩擦系数

当需要零件表面具有良好的减摩性时,可选用铟、锡、铟锡合金、巴氏合金等镀层。试验证明,在滑动摩擦表面或齿轮啮合表面上刷镀 0.6～0.8μm 的铟镀层时,不仅可以降低摩擦副的摩擦系数,而且可以有效地防止高负荷时产生的黏着磨损,具有良好的减摩性能。

利用复合刷镀方法,在镍镀液中加入二硫化钼、石墨等微粉,也可减小镀层的摩擦系数,并起到自润滑作用。

5)提高零件表面的防腐性

当要求零件具有良好的防腐性时,可根据防腐要求和零件工作条件选择镀层。所谓阴极性镀层有金、银、镍、铬等;所谓阳极性镀层有锌、镉等。

6)装饰零件表面

电刷镀层也可以作为装饰性镀层来提高零件表面的光亮度或工艺性,如在金属制品、首饰上镀金、镀银层会使这些制品更为珍贵。在一些金属、非金属制品上还可以进行仿古刷镀,如在秦兵马俑上刷镀仿青铜色。

5.1.6　电刷镀技术展望

1. 纳米复合电刷镀

随着纳米技术的发展,电刷镀技术和纳米技术的融合也显现了强大的生命力。纳米复合电刷镀技术是根据材料的电结晶理论和复合材料的弥散强化理论,在电刷镀液中加入一种或几种纳米颗粒,在刷镀的沉积过程中与金属发生共沉积,从而获得具有优异性能复合镀层的技术。

纳米复合电刷镀技术保留了电刷镀技术设备方便、工艺简单、操作方便等特点，可实现对零部件的高性能表面修复、强化或功能化。该镀层具有优异的性能，例如，硬度更大、耐磨性更好、涂层结合强度更高、耐高温等。

根据电刷镀设备的研究和应用发展基础，设计如图 5.8 所示的行星减速器行星架电刷镀专用再制造装备，通过进一步工艺试验实现了行星减速器行星架自动化电刷镀过程，设备包括电刷镀镀液供给分配装置、专用镀笔和电刷镀装置支架。待镀工件安装在工件定位销处，根据工件的形状和尺寸设计镀槽，镀笔插入镀槽中，镀笔的刷板紧贴工件作摩擦运动，在刷镀过程中(图 5.9)，工件为阴极、镀笔为阳极，采用专用设备可以制备出组织致密、表面平整光亮的电刷镀镀层。该装置通过更换镀笔和工件，可以实现行星减速器行星架的电刷镀。电机、电源、供液泵等可以通过数控设备控制，易于实现自动化操作。

图 5.8　行星减速器行星架电刷镀专用装置

图 5.9　行星减速器行星架电刷镀修复过程

2. 自动化电刷镀

电刷镀的一般工艺过程为：①电净(电源正接；清水冲洗)；②强活化(负接；清水冲

洗）；③弱活化（负接；清水冲洗）；④镀打底层（正接；清水冲洗）；⑤镀纳米复合层（正接；清水冲洗）。要实现电刷镀工艺过程的自动化，其关键在于解决如下四个方面的问题：①多种溶液的切换和循环供应；②刷镀运动的自动化；③多步工序的自动切换；④工艺参数和镀层质量的综合监控。针对以上问题，研究人员设计研发了自动化纳米电刷镀机（图 5.10），实现了自动化纳米电刷镀工艺过程。通过自动化纳米电刷镀技术工艺优化，所制备的自动化纳米电刷镀层比手工纳米电刷镀层组织更致密、微区性能更均匀。自动化纳米电刷镀技术可以显著降低操作人员的劳动强度，避免手工纳米电刷镀过程中人为因素的影响，大幅度提高纳米电刷镀的生产效率，提高了工艺稳定性和纳米电刷镀再制造产品质量稳定性。

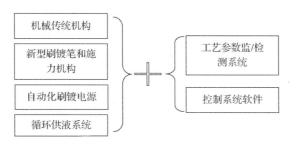

图 5.10 自动化纳米电刷镀机组成原理图

在实现自动化纳米电刷镀工艺过程的基础上，针对重载汽车发动机再制造生产需求，研发出了连杆自动化纳米电刷镀再制造专机（图 5.11（a））和发动机缸体自动化纳米电刷镀再制造专机（图 5.11（b）），并已经在国家循环经济示范试点企业——济南复强动力有限公司的发动机再制造生产中成功应用。应用实践表明，自动化纳米电刷镀再制造生产工艺稳定，再制造零件的镀层质量稳定，大大降低了工人劳动强度，生产效率显著提高。连杆自动化纳米电刷镀再制造专机可以实现一次同时刷镀 6 件连杆，生产效率由手工刷镀时的 1 件/h 提高到 12 件/min。发动机缸体自动化纳米电刷镀再制造专机的应用解决了原来缸体无法原尺寸再制造的难题，创造了显著的经济效益和社会效益。

(a) 连杆专机   (b) 发动机缸体专机

图 5.11 自动化纳米电刷镀再制造专机

5.2　化学镀技术

5.2.1　概述

化学镀(electroless plating，EP)是指在没有外电流通过的情况下，利用化学方法使溶液中的还原剂被氧化而释放自由电子，把金属离子还原为金属原子并沉积在基体表面而形成镀层的一种表面加工方法[3]。化学镀 Ni-P 技术是制备金属基功能性镀层的一种表面改性方法。自从 Brenner 及 Riddel 于 20 世纪中期发现这种方法以来，化学镀 Ni-P 镀层因具有良好的硬度以及耐磨、耐蚀性能，已经被广泛地应用在化工、航空、车辆以及纺织工业中。

化学镀 Ni-P 镀层在很多工业环境中具有良好的耐蚀性。与电镀相比，化学镀 Ni-P 镀层具有更优的耐蚀性能。一般认为，高磷含量的镀层比低磷含量的镀层更耐腐蚀，但是，这一规律并不是在所有工况下都成立。然而，作为一个经验法则，高磷含量的镀层具有非晶态结构，而非晶态结构由于不存在晶界而使得耐蚀性增强。另外，除了磷含量，还有其他几个影响耐蚀性的因素，例如，镀层厚度、多孔性、热处理类型等。化学镀 Ni-P 合金的耐蚀性及其耐蚀机理的研究是近年来研究比较活跃的内容。大多数研究认为，化学镀 Ni-P 合金在溶液中具有优异耐蚀性是由于其表面形成了钝化膜。但是，由于化学镀 Ni-P 合金的多样性，难以用一种理论解释其钝化行为。研究化学镀 Ni-P 合金的腐蚀机理，对于改善化学镀 Ni-P 合金镀层的耐蚀性能以及将其应用于工业生产中具有更大的现实意义[4]。

目前，化学镀 Ni-P 镀层的主要应用在于使材料表层形成一层含有硬度高、耐磨性能优异、自润滑性能好的镀层。与电镀相比，化学镀 Ni-P 技术避免了边角效应，可以得到均匀镀层。在汽车、轻纺、饮食等行业，化学镀 Ni-P 技术用于改善机械设备零部件的表面状态，以提高其表面硬度与耐磨耐蚀性能，取得了较好的应用效果[5]。

20 世纪 80 年代后期至 90 年代，化学镀 Ni-P 技术被引入化工行业，用于管壳式碳钢热交换器特别是高温热交换器的防腐蚀。这种技术的优势在于，在基材表面能够形成一定厚度且均匀连续的单相非晶态 Ni-P 镀层，这就对基材表面处理质量、化学镀的环境条件和工艺控制水平提出了较高的要求，例如，一旦镀层存在缺陷，如过薄或过厚，机械杂质或机械损伤导致镀层破坏，则难以修复，投用后如果在坏点形成强化性点蚀，则导致热交换器列管穿孔失效。另外，换热表面的润湿性对抗垢性能具有重要的影响。无论是从理论还是从应用的角度而言，在特定工艺下研究 Ni-P 镀层的微观结构对表面润湿性能的影响都尤为重要[6, 7]。

5.2.2　镀层基本工艺

化学镀一般是指在无外加电源的情况下，利用镀液中的还原剂使金属离子在基体表面的自催化作用下还原进行的金属沉积过程，也常常被称作自催化镀。由于镀层的质量主要取决于镀液成分和化学镀工艺条件，化学镀液溶液成分和工艺参数对化学镀工艺的稳定性以及镀层的质量显得尤为重要，如果溶液的配方或者配比不合适，将会对溶液的功效造成严重的影响，致使很难获得理想的预期镀层。

化学镀工艺参数的影响主要包括对温度和 pH 的影响。镀液成分的影响主要包括对主盐和还原剂的影响、稳定剂和络合剂的影响等。在前期的研究中，中国矿业大学节能与再制造研究所使用以次磷酸盐作还原剂的碱性高温化学镀，获得了较为稳定的 Ni-P、Ni-Cu-P、Ni-W-P、Ni-Cu-P-PTFE 镀层，本书以 Ni-Cu-P-PTFE 为例介绍镀层的制备及相关性能[8, 9]。

1. 实验方法及设备

采用恒温水浴法加热，在常用的低碳钢 Q235 表面制备 Ni-Cu-P-PTFE 镀层。其中，基体材料低碳钢 Q235 的基本尺寸为 15mm×10mm×4mm。化学镀液中镍的来源为硫酸镍，磷的来源为次亚磷酸钠，铜的来源为硫酸铜。PTFE 粒子的来源为 PTFE 乳液，络合剂采用复合络合剂，表面活性剂为 FC-4。为了确保镀层制备的准确性及可重复操作性，采用的化学试剂等级均为分析纯。镀层制备过程中所用到的主要仪器设备如表 5.10 所示。

表 5.10　实验仪器及功用

功用	仪器与设备
施镀	烧杯、量筒、胶头滴管等
加热	DK-S26 型数显恒温水浴槽：温度波动±0.5℃
搅拌	524 型恒温磁力搅拌器
清洗	KQ3200BE 型超声波清洗器
称重	AUY220 型电子分析天平：精度为 0.1 mg
pH 测定	手持式 pH 测量计

2. 化学镀工艺流程

本研究制备 Ni-Cu-P-PTFE 复合镀层所采用的工艺流程可以分为四部分，即基体试样的镀前处理、镀液的配置、化学镀和镀后处理。

1) 镀前处理

基体试样的前处理主要是为了获得适合于化学镀的洁净的催化过渡表面，其重要性不亚于化学镀本身。本研究制备 Ni-Cu-P-PTFE 复合镀层采用的前处理工艺主要包括基材打磨—水洗—碱性除油—水洗—酸洗除锈—水洗—表面活化—水洗等环节。

(1) 基材打磨。

基体材料的表面光洁度不仅影响到镀层的平整度和致密度，还直接关系到基体与镀层的结合强度。对基材进行打磨是获得平整致密、结合强度优良的镀层的必要步骤，同时，还可以清除基体材料表面的部分油污。依次使用 400#、800#、1000#、1200#水砂纸对基材的六个表面进行打磨，打磨时沿着同一方向来回进行，直到新的划痕全部覆盖旧的划痕为止，以保证基材各个表面具有相同的光洁度。

（2）碱性除油。

碱洗除油法是利用碱溶液对皂化性油脂的皂化作用去除基体表面的油脂、污垢等，以减少对整个施镀过程的影响。本研究采用碱洗除油法，其除油液配方如表 5.11 所示（表中试剂等级均为分析纯）。除油前，先将除油液加热至 85℃，再将基材浸入除油液，15min 后将基材从除油液中取出，采用去离子水冲洗干净。

表 5.11　碱洗除油液配方

试剂	NaOH	Na_2CO_3	Na_3PO_4	OP-10
浓度/(g/L)	20～30	20～25	35～40	4～6

（3）酸洗除锈。

酸洗除锈的目的是去除基材表面的氧化膜和锈蚀，以提高基体与镀层的结合强度。采用酸洗除锈法，在室温下，基体在体积分数为 10%的 H_2SO_4 溶液中浸泡 10s。

（4）表面活化。

基体表面在空气中易生成一层氧化膜、钝化膜及残留的吸附物质，表面活化的目的是去除这一层膜，使基材表面受到轻微刻蚀而露出比较新鲜的结晶组织，从而可以保证得到与基体结合优良的镀层。采用酸洗活化基体，在室温下，基体在体积分数为 20%的 H_2SO_4 溶液中浸泡 20s。

2）镀液配制及施镀

表 5.12 给出了化学镀 Ni-Cu-P-PTFE 镀液的主要组成（所用试剂均为分析纯）及对应浓度。

表 5.12　化学镀 Ni-Cu-P-PTFE 镀液的主要组成

项目	试样 1	试样 2	试样 3	试样 4
$NiSO_4 \cdot 6H_2O$ (g/L)	26	26	26	26
$CuSO_4 \cdot 5H_2O$ (g/L)	0.8	0.8	0.8	0.8
$NaH_2PO_2 \cdot H_2O$ (g/L)	30	30	30	30
$C_6H_5Na_3O_7 \cdot 2H_2O$ (g/L)	45	45	45	45
PTFE (ml/L)	4	8	12	16
FC-4 (g/L)	微量	微量	微量	微量

根据表 5.12 配制 4 份镀液，按照配制镀液的体积分别称取各试剂，用适量的去离子水将各试剂溶解，并严格按照一定的顺序混合，在混合溶液时要不停的充分搅拌，以避免出现肉眼看不到的镍的化合物。用 NaOH 溶液将镀液 pH 调节在 8.8～9.2 范围内，用去离子水稀释已配制好的镀液至计算的体积，置入恒温加热槽中加热至 85±2℃，将经过前处理的基体分别悬挂在上述各镀液中，施镀时间为 2h。

5.2.3　镀层表面形貌

利用改变化学镀的镀液中 PTFE 乳液的浓度制备出了 4 种 Ni-Cu-P-PTFE 镀层, 宏观上直接观察 4 种 Ni-Cu-P-PTFE 镀层外观, 可以发现其表面均呈半亮色, 光泽度较好, 4 种镀层的表面均没有明显的针孔、起皮及未镀覆等瑕疵。

1. 镀层微观表面形貌测试方法

采用美国 FEI 公司生产的 QuantaTM 250 环境扫描电子显微镜(scanning electron microscope, SEM)研究镀层的微观形貌。在观察测试前, 为了消除镀层附着物的影响, 将制备的 4 种 Ni-Cu-P-PTFE 镀层放在盛有丙酮的烧杯中进行 3min 的超声波清洗。

2. 镀层表面微观形貌分析

图 5.12 给出了 4 种 Ni-Cu-P-PTFE 镀层的微观表面形貌, 图中编号(a)、(b)、(c)、(d)对应的镀液中 PTFE 乳液浓度分别为 4ml/L、8ml/L、12ml/L、16ml/L。可以看出, 4 种 Ni-Cu-P-PTFE 镀层表面均呈深灰色。与 Ni-Cu-P 三元镀层表面形貌不同, Ni-Cu-P-PTFE

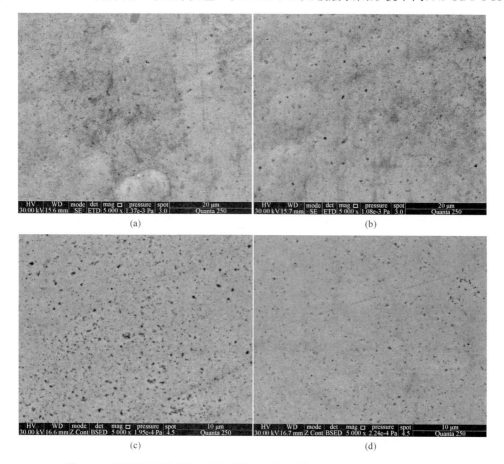

图 5.12　镀层的表面形貌: (a)试样 1; (b)试样 2; (c)试样 3; (d)试样 4

镀层的表面相对光滑平整，看不清明显的胞状物凸起。同时看到，PTFE 粒子(黑色部分)在 4 种 Ni-Cu-P-PTFE 镀层中都呈均匀分布状态，颗粒大小约为 0.1～0.6μm，无明显的团聚现象，这表明 PTFE 粒子在表面活性剂的作用下，分散状况良好。从图 5.13 中还可以观察到，试样 3(即 PTFE 乳液浓度为 12ml/L)中的 PTFE 粒子数量明显多于其他的试样，而试样 1 中的 PTFE 粒子最少。

　　PTFE 粒子要实现与镍基的共沉积，首先需吸附在待镀表面。在表面活性剂的作用下，PTFE 粒子在镀液中形成均匀的悬浮分散系，并带正电荷。在化学镀中，基体表面由于有电子交换，电极带负电荷。PTFE 粒子在静电力和机械碰撞作用的牵引下被待镀表面俘获，沉积的 Ni-Cu-P 合金及时的将 PTFE 颗粒包裹，形成 Ni-Cu-P-PTFE 镀层。由 Ni-Cu-P-PTFE 镀层的微观表面形貌可以知道，通过调整化学镀的工艺参数，在化学镀 Ni-Cu-P 镀液中，添加不同浓度的 PTFE 乳液和表面活性剂，可以实现 PTFE 粒子在镀层中的共沉积。下面将采用能谱仪(energy dispersive spectrometer, EDS)进一步分析 PTFE 粒子的共沉积对镀层中其他元素成分的影响。

5.2.4　镀层成分

　　镀层中各元素成分的含量对镀层的结构形态、机械性能、热稳定性及抗垢性能等起着决定性的作用，因此，在对 Ni-Cu-P-PTFE 镀层的机械性能、结构形态、热稳定性及抗垢性能研究之前，需要探明镀液中 PTFE 乳液的浓度对 Ni-Cu-P-PTFE 镀层成分的影响。同时，也可以验证上一小节关于 Ni-Cu-P-PTFE 镀层中 PTFE 粒子含量的观察结果。

　　1. 镀层成分测试方法

　　镀层成分的分析是用德国 Bruker 公司生产的 QUANTAX400-10 型电制冷能谱仪来完成的，其主要技术参数为：探测芯片有效探测面积为 10mm²；元素探测范围为 Be(4)-Am(95)；像素分辨率为 4096×3072。

　　2. 镀层成分分析

　　图 5.13 给出了经过 EDS 实时谱图采集得到的 Ni-Cu-P-PTFE 镀层的元素含量分布情况。由 Ni-Cu-P-PTFE 镀层表面能谱图可知，Ni-Cu-P-PTFE 镀层中镍元素含量在(71.41～76.6)wt% 范围内，铜元素含量在 (8.06～10.09)wt% 范围内，磷元素含量在(7.72～9.17)wt% 范围内，氟元素含量在(0.84～6.94)wt% 范围内。氟元素的存在表明镀层中含有 PTFE 粒子，即 Ni-Cu-P-PTFE 镀层成功制备。并且随着镀液中 PTFE 乳液浓度的逐渐升高，所得到的 Ni-Cu-P-PTFE 镀层中的 PTFE 粒子含量也逐渐升高。当镀液中的 PTFE 乳液浓度增加到 12ml/L 时，所得到的 Ni-Cu-P-PTFE 镀层中的 PTFE 粒子含量达到最大值；继续加大镀液中的 PTFE 乳液的浓度，所得到的 Ni-Cu-P-PTFE 镀层中的 PTFE 粒子含量却出现下降的趋势。这也与前一节镀层微观表面形貌观察的 PTFE 粒子含量的结果是一致的。

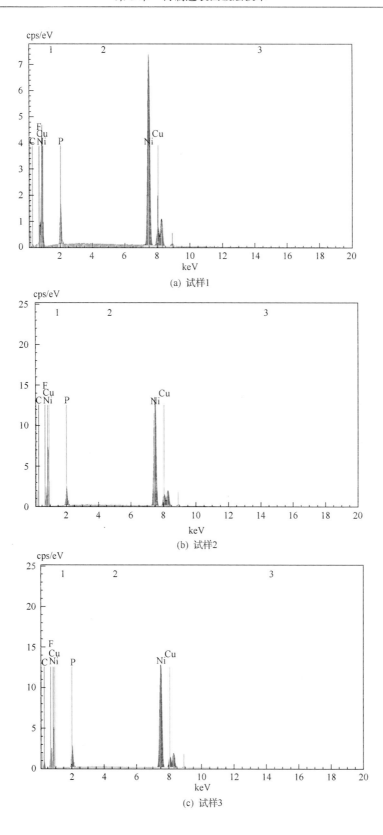

(a) 试样1

(b) 试样2

(c) 试样3

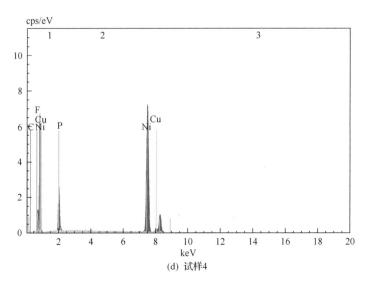

(d) 试样4

图 5.13　镀层表面能谱图

由于在较低浓度的 PTFE 乳液添加量范围内，随着 PTFE 粒子浓度的增加，粒子和待镀表面发生碰撞的几率加大，更多的粒子被镶嵌在 Ni-Cu-P 镀层中；而继续加大 PTFE 浓度，一些富余的 PTFE 粒子会到达待镀表面，阻碍 Ni^{2+} 和 HPO_2^- 粒子的扩散，从而抑制了镍与磷的沉积，进而不能够镶嵌更多的 PTFE 粒子，使得镀层中 F 含量降低。此外，表面活性剂的浓度也会随着 PTFE 乳液加入量的增加而增加，而过多游离的表面活性剂在静电力的作用下会吸附在待镀表面上，从而也抑制了 PTFE 粒子在待镀表面的吸附，影响了镀层中 PTFE 粒子含量的增加。由此可见，镀层中 PTFE 粒子的含量与镀液中 PTFE 乳液的浓度呈非线性关系。

5.2.5　镀层沉积速度

镀层的沉积速度影响镀层的厚度和均匀性，进而影响到镀件的耐磨性、耐蚀性、导电性和孔隙率等性能，因而在很大程度上影响镀层的可靠性和使用性能。同时，镀层的厚度主要取决于沉积速度、沉积时间和镀液的老化程度。由此可见，在镀液寿命足够、施镀时间确定的情况下，了解镀层沉积速度是十分必要的。

1. 镀层沉积速度测量方法

关于镀层沉积速度的测量，一般常用的方法有增重法和增厚法，为了进行后续的性能研究，本文将分别采用这两种方法进行测量。

1) 增重法

增重法的原理是计算单位时间内单位面积上的增重量，以此来衡量化学镀的沉积速度。测量时，所选用的设备为电子分析天平，型号为 AUY220，测量精度为 0.1mg。计算公式如式(5-1)：

$$v_1 = \frac{(m_a - m_b)}{A \times t} \tag{5-1}$$

式中，v_1 表示沉积速度，单位为 $g \cdot m^{-2} \cdot min^{-1}$；$m_a$ 表示镀前质量，单位为 g；m_b 表示镀后质量，单位为 g；A 表示试样表面积，单位为 m^2；t 为施镀时间，单位为 min。

2) 增厚法

增厚法的原理是计算基体表面单位时间的增厚量，以此来衡量化学镀的沉积速度。增厚法的实质是测量镀层的厚度。本文采用 MFT-4000 多功能表面性能测试仪的台阶仪试验模块测量镀层的厚度，其主要技术参数为：实验载荷为 5~10g；精度为 0.5N；试样移动速度为 1mm/s；测量范围为 2~200μm；分辨率为 ±0.02μm；压头尖端半径为 0.1mm。其基本测量原理是将微小载荷施加至金刚石压头上，使得金刚石压头刚刚接触到镀层试样表面，试样以 1mm/s 的速度以匀速直线运动从已镀覆试样表面通过未镀覆试样表面，通过位移传感器获得压头的微小波动，传入计算机，并经 A/D 处理得到镀层和基体的落差曲线，即可得到镀层厚度 Δh，镀层的沉积速度就可以用公式(5-2)来计算。

$$v_2 = \frac{\Delta h}{t} \tag{5-2}$$

式中，v_2 表示沉积速度，单位为 μm/h；t 为施镀时间，单位为 h。

2. 镀层沉积速度测量结果分析

1) 增重法测量结果分析

图 5.14 是利用增重法测量的 Ni-Cu-P-PTFE 镀层沉积速度与镀液中 PTFE 乳液浓度的关系。从图 5.14 可以看出，当镀液中的 PTFE 乳液添加量由 4ml/L 增加到 12ml/L 时，Ni-Cu-P-PTFE 镀层的沉积速度显著增加；继续增加 PTFE 乳液的浓度，Ni-Cu-P-PTFE 镀层的沉积速度则增加缓慢并趋于稳定。这是由于在镀液中 PTFE 为低浓度范围内，增加

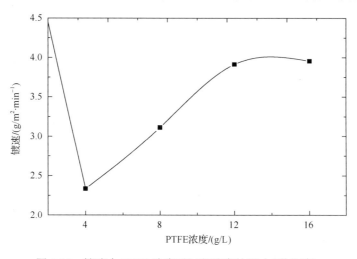

图 5.14　镀液中 PTFE 浓度对沉积速度的影响(增重法)

PTFE 乳液的浓度，镀液中的 PTFE 粒子数量也会随之增加，适量的 PTFE 粒子会在表面活性剂的作用下与待镀表面发生机械碰撞，增加沉积待镀表面的成核几率，促进共沉积的进行；而继续增大 PTFE 的浓度，一方面，富余的 PTFE 粒子被分散到镀液中，会减缓 Ni^{2+} 和 HPO_2^- 的扩散速度，进而影响沉积速度，另一方面，随着 PTFE 乳液浓度的增加，镀液中表面活性剂的含量也会相应增加，过多的表面活性剂会优先占据待镀表面的活性中心点，从而影响 Ni 和 P 元素的共沉积，镀速也就变的缓慢，趋于平稳。

2) 增厚法测量结果分析

图 5.15 是采用 MFT-4000 多功能表面性能测试仪，在台阶试验模块下获得的试样 3 的 Ni-Cu-P-PTFE 镀层沉积厚度落差曲线。图中，凹陷处是因为部分试样表面被遮盖而未能发生镀层沉积而形成的，因此，它与两边的落差即是镀层的厚度。由图 5.15 可知，试样 3 的 Ni-Cu-P-PTFE 镀层的沉积厚度约为 29.3μm。图 5.16 是利用增厚法测量的 Ni-Cu-P-PTFE 镀层沉积速度与镀液中 PTFE 乳液浓度的关系。可以看出，无论是增重法还是增厚法，镀层沉积速度与镀液中 PTFE 乳液浓度的关系大致相近，没有明显不同。

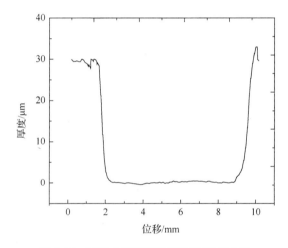

图 5.15　试样 3 镀层沉积厚度的落差曲线

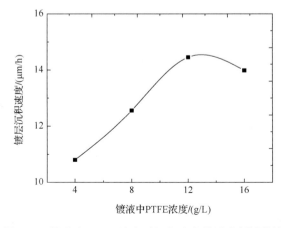

图 5.16　镀液中 PTFE 浓度对沉积速度的影响(增厚法)

5.2.6　结构形态分析

Ni-Cu-P-PTFE 镀层结构形态尤其重要，X 射线衍射（X-ray diffraction, XRD）是常用的表征镀层组织结构及其转变的一种测试手段，其基本原理是利用 X 射线在晶体中产生的衍射现象和布拉格方程来测定镀层结构形态。X 射线衍射可以对样品进行物相定性和部分样品定量分析，可以精确测定晶格常数（晶面间距）、晶粒直径及晶轴方向等。利用相应附件可以对晶格应变、晶体缺陷、纳米粒度及斑点等小区域样品进行分析，以及进行加热状态下的样品结构分析。

1. 结构形态测试方法

本研究采用德国布吕克公司生产的 D8 Advance 型 X-射线衍射仪测试 PTFE 粒子含量不同的 Ni-Cu-P-PTFE 镀层结构形态。所用仪器的主要技术参数为：阳极靶材料为 Cu；$K\alpha$（$\lambda=1.54$Å）辐射；管电压为 40kV；电流为 30 mA；扫描速度为 4°/min；扫描范围为 20°～80°；采样间隔为 0.02°；检测器是林克斯阵列探测器。为了消除 Ni-Cu-P-PTFE 镀层表面油污杂质等的影响，Ni-Cu-P-PTFE 镀层结构形态测试前，要先将 4 种 PTFE 粒子含量不同的 Ni-Cu-P-PTFE 镀层放入盛有丙酮或酒精的烧杯中进行超声波清洗 2min，自然晾干后，平稳的放入仪器中进行测试。记录实验过程中衍射强度随衍射角度 2θ 的变化趋势，输入计算机，经 A/D 处理后，绘制出 Ni-Cu-P-PTFE 镀层的 XRD 衍射曲线，根据 Ni-Cu-P-PTFE 镀层的 XRD 衍射曲线分析镀层的结构形态。

2. 结构形态测试结果分析

图 5.17 为 4 种 Ni-Cu-P-PTFE 镀层的 XRD 衍射图谱，由下至上依次为试样 1 至试样 4 的 XRD 衍射曲线。可以看出，Ni-Cu-P-PTFE 镀层的 XRD 衍射曲线均仅在 $2\theta=45$°附近出现一个 Ni 的面所对应的衍射峰而没有出现元素 P 和 Cu 的衍射峰，这说明元素 Cu 和 P 均固溶在面心立方结构的镍晶格中；同时，4 种 PTFE 粒子含量不同的 Ni-Cu-P-PTFE

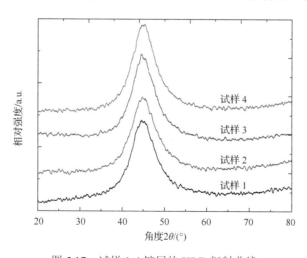

图 5.17　试样 1-4 镀层的 XRD 衍射曲线

镀层均在衍射角 2θ 为 40°～50°附近呈现出一个宽化的"馒头"状弱衍射峰,这表明镀态 Ni-Cu-P-PTFE 镀层以典型的非晶态结构为主。由于镍的晶体结构为面心立方体(fcc),每个镍原子与 12 个镍原子相邻,晶格常数为 3.520A。而化学镀镍的晶粒尺寸很小,如果不能维持完整的面心立方体结构则得到非晶态镀层。一般认为,镀镍镀层的结构取决于镀层中磷的含量,磷含量小于 8%的镀层为微晶,而磷含量高于 12%时则完全为非晶态。由第二章镀层的成分测试结果表明,4 种 PTFE 粒子含量不同的 Ni-Cu-P-PTFE 镀层的磷含量在 7.72～9.17wt%范围内,属于非晶态为主的混晶结构。

此外,由图 5.17 还可以看出,4 种 PTFE 粒子含量不同的 Ni-Cu-P-PTFE 镀层的 XRD 衍射曲线基本一致。晶粒的尺寸由谢乐公式(式(5-3))计算得到。

$$d = \frac{0.89 \cdot \lambda}{\beta \cdot \cos\theta} \tag{5-3}$$

式中,d 为晶粒的尺寸,单位为 nm;λ 为 X 射线波长,取 0.154056nm;β 为实测样品衍射峰半高宽度,单位为 rad;θ 为衍射角,单位为 rad。

计算结果如表 5.13 所示。可以看出,晶粒大小随着镀层中 PTFE 粒子含量的增加有变小的趋势,但是 4 种 PTFE 粒子含量不同的 Ni-Cu-P-PTFE 镀层的半高宽以及晶粒大小整体变化不大,这表明,PTFE 粒子的共沉积并不会显著改变镀层原有的组织结构。

表 5.13　4 种镀层的峰位、半高宽和晶粒尺寸

试样号	峰位/(°)	半高宽/nm	晶粒尺寸/nm
1	44.969	2.788	3.1
2	44.804	3.732	2.3
3	44.657	4.602	1.9
4	44.773	3.957	2.1

根据以上 Ni-Cu-P-PTFE 镀层的结构形态分析结果可知,4 种 PTFE 粒子含量不同的 Ni-Cu-P-PTFE 镀层是以非晶态为主的混晶结构。同时,PTFE 粒子的共沉积具有一定的细化晶粒的作用,但是并不能显著改变 Ni-Cu-P-PTFE 镀层原有的组织结构。

5.2.7　热稳定性分析

上述研究结果表明,4 种 PTFE 粒子含量不同的 Ni-Cu-P-PTFE 镀层是以非晶态为主的混晶结构,而非晶态合金热力学是一种亚稳态的结构,原子排列杂乱且自由能高,在一定的外界条件下有从亚稳态向稳态转化的趋势,容易发生结构弛豫、晶化等现象。对于非晶态状态下使用的镀层来说,结构、性能的稳定性是一个很突出的稳态,因此,研究非晶态镀层的热稳定性及其影响因素具有重要意义。本节将对 Ni-Cu-P-PTFE 镀层的热稳定性进行研究,明确镀层中 PTFE 粒子含量对 Ni-Cu-P-PTFE 镀层热稳定性的影响作用规律。

1. 热稳定性测试方法

采用 CRY-2P 型高温差热分析仪，试验方法为：采集 10～20mg 的 Ni-Cu-P-PTFE 镀层粉末，放入铂坩锅内，以 Al_2O_3 作为参比物，并在氮气的保护下进行高温差热分析，测试时采用不同的升温速率将镀层粉末加热至 700℃，加热时间为 1h。记录加热过程中热流率随温度变化的趋势，并输入计算机，经过 A/D 转换绘制出 Ni-Cu-P-PTFE 镀层的 DSC 变化曲线。根据 Ni-Cu-P-PTFE 镀层的 DSC 变化曲线，确定 Ni-Cu-P-PTFE 镀层的晶化起始温度 T_x、玻璃态转变温度 T_g 以及峰值温度 T_p，分析 Ni-Cu-P-PTFE 镀层的热稳定性。

2. 热稳定性测试结果分析

图 5.18 所示为在升温速率分别为 10℃/min 和 20℃/min 的实验条件下，四种 PTFE 粒子含量不同的 Ni-Cu-P-PTFE 镀层的 DSC 曲线。比较同一试样不同升温速率的 DSC 曲线可以看出，相对于升温速率为 10℃/min，升温速率为 20℃/min 时镀层的晶格转变峰值温度 T_p 有明显的向右移动的趋势，并且 DSC 曲线的峰面积增大，峰的形状也更尖锐。这是由于在升温速率为 20℃/min 时，镀层非晶态相向晶态相转变需要的时间变短，结晶过程进行的较快而释放出大量的热量造成的。

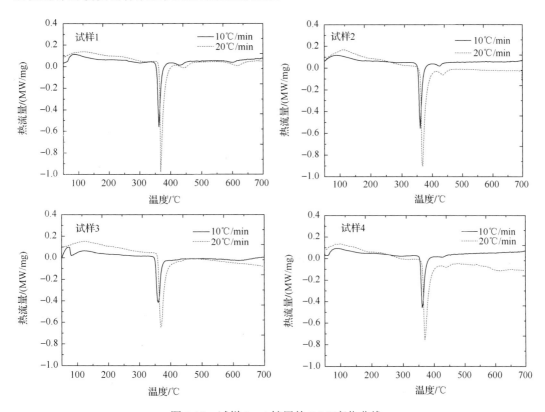

图 5.18　试样 1～4 镀层的 DSC 变化曲线

进一步分析 4 种由 PTFE 粒子含量不同的 Ni-Cu-P-PTFE 镀层的 DSC 曲线, 还可以发现, Ni-Cu-P-PTFE 镀层在热扫描过程中均出现了两个放热峰, 这表明发生了两次晶化现象。这可能是由于 Ni-Cu-P-PTFE 镀层在加热时, 处于非晶态的 Ni-Cu-P 合金在晶化过程中发生了 Cu 的偏析, 高 Cu 含量的部分转变成为镍磷固溶体相, 而低磷含量的部分由于磷含量的相对量的增加, 可能会先转变为势垒较低的 Ni_5P_2 亚稳定中间相, 再由 Ni_5P_2 亚稳定中间相向更为稳定的 Ni_3P 相转变。因此, Ni-Cu-P-PTFE 镀层的 DSC 曲线上的第一个放热峰可以认为是 Ni_5P_2 亚稳定中间相和镍铜固溶体相形成的, 第二个放热峰则认为是由 Ni_5P_2 亚稳定中间相向更为稳定的 Ni_3P 相转变引起的。

此外, 由图 5.18 还可以看出, 4 种 PTFE 粒子含量不同的 Ni-Cu-P-PTFE 镀层的放热峰值温度 T_p 均在 360~375℃ 范围内。根据 Shih-Kang Tien 等研究结果, 二元 Ni-P 镀层的放热峰值温度在 280~350℃ 范围内, 而中国矿业大学节能与再制造研究所制备的三元 Ni-Cu-P 镀层的放热峰值温度在 350~360℃ 范围内。可见, 一种或多种元素或粒子加入到二元 Ni-P 镀层中, 会影响其相变行为。本研究中, 通过 PTFE 粒子的加入可以发现, 随着镀层中 PTFE 粒子含量的增加, 镀层的峰值温度 T_p 位置有依次向右轻微移动的趋势, 说明发生晶化转变的温度值依次增大。结合 4 种由 PTFE 粒子含量不同的 Ni-Cu-P-PTFE 镀层的物相和成分分析可以看出, 这可能是由于 PTFE 粒子的共沉积在一定程度上影响了混晶态 Ni-Cu-P-PTFE 镀层中纳米晶相与非晶相的比例而造成的。

3. 晶化激活能的计算

从结晶动力学角度讲, 非晶态镀层的晶化激活能是合金晶化过程的表观激活能, 它是反映晶化动力学过程的统计平均值。而实际上, 非晶态镀层在一定外界条件下从亚稳态向稳态转变的过程包括由不同相的形核和长大两个部分: 在一定温度下, 非晶结构形成过程中最后形成的少量原子团附件优先扩散成核, 但是晶核的数量有限; 随着时间的推移和温度的上升, 早先形成的大量小原子团界处开始扩散成核, 而优先形成的晶核就开始逐步吞噬与之相邻的小原子团而不断成长; 当时间进一步延长和温度进一步提升时, 大量晶核都相继吞噬周围与之相邻的小原子团而长大, 直到最后形成新的晶粒, 完成整个晶化过程。由于非晶态的镀层结构处于一种亚稳定状态, 其结构向稳定状态转变的过程中通常需要克服一定的临界能量, 即镀层晶体化过程中所需要的激活能。因此, 镀层中晶粒长大所需要的激活能值是反映材料热稳定性的一个重要参数指标。

在镀层热稳定性分析过程中, 计算镀层晶化的激活能值是定量分析镀层热稳定性的最直接方法。以 DSC 曲线上的放热峰位 T_p 对加热速率 B 的依赖关系来确定晶化的激活能 E_Q。基于 Kissinger 方程式, 以 $\ln(B/T_p^2)$ 对 $1/T_p$ 作图, 从直线的斜率可以得到晶化激活能。

图 5.19 为 PTFE 粒子含量不同的 Ni-Cu-P-PTFE 镀层的晶化激活能 E_Q 与镀液中 PTFE 乳液浓度的关系。可以看出, 激活能 E_Q 与镀液中 PTFE 乳液浓度呈非线性线关系, 结合 Ni-Cu-P-PTFE 镀层成分分析结果可知, 激活能 E_Q 随着 Ni-Cu-P-PTFE 镀层中 PTFE 粒子的含量增加而呈增大趋势, 这是由于 PTFE 粒子的共沉积在一定程度上影响了 Ni-Cu-P-PTFE 镀层中纳米晶相与非晶相的比例而造成的。

此外，由图 5.19 还可以看出，尽管 PTFE 粒子的共沉积可以提高 Ni-Cu-P-PTFE 镀层的激活能 E_Q，但是激活能 E_Q 的增幅只有 50kJ/mol 左右，这主要是由于两方面原因造成的：一方面，PTFE 粒子的共沉积并没有显著改变 Ni-Cu-P-PTFE 镀层的微观结构；另一方面，在 Ni-Cu-P-PTFE 镀层合金晶化过程中，低表面能的 PTFE 粒子很难提供高能界面来促进由亚稳态的非晶态向稳定态的晶体转变，因此，激活能变化并不明显。

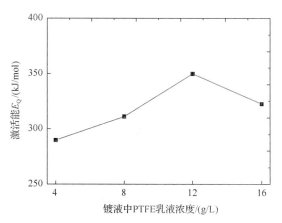

图 5.19　镀液中 PTFE 浓度对激活能的影响

5.2.8　显微硬度

镀层的硬度一般是指镀层材料对外力引起表面局部变形的抵抗强度。由于硬度与镀层其他力学性能之间存在着一定的经验关系，因此，它是衡量镀层力学性能的一项重要指标，同时也是影响镀层耐磨性的关键因素之一。硬度的测量方法有很多，通常在表面改性技术中，测定镀层的硬度大多采用压入法测定材料的硬度，分为洛氏硬度、布氏硬度和维氏硬度 3 种方法。由于 4 种 PTFE 粒子含量不同，Ni-Cu-P-PTFE 镀层厚度均在 20～40μm 之间，因此，为了消除基体对 Ni-Cu-P-PTFE 镀层硬度的影响及 Ni-Cu-P-PTFE 镀层厚度对压痕尺寸的限制，本节将采用维氏硬度测试方法对镀层硬度进行测定。

1. 显微硬度测试方法

本研究使用 MH-6 型数显维氏硬度计来对 Ni-Cu-P-PTFE 镀层的硬度进行测定。其测试方法为：将带有相对面夹角为 136° 的金刚石菱形棱锥体压头压入 Ni-Cu-P-PTFE 镀层表面，通过光学显微镜放大 400 倍后，对压痕进行观察测量，再根据测得的压痕对角线长度，带入维氏硬度计算公式(式(5-4))计算出 Ni-Cu-P-PTFE 镀层的硬度值。

$$HV = 2P\sin(\alpha / 2) / d^2 \tag{5-4}$$

式中，HV 为维氏硬度值，单位为 kg/mm²；P 为载荷，单位为 g；α 取值 136°；d 为压痕的对角线长度，单位为 μm。

试验时，加载载荷为 50g，即 490.3mN，保持时间为 5s，加载速度为 50 mm/min，加载方式为自动加载及卸载。每个 Ni-Cu-P-PTFE 镀层表面随机取 5 个不同位置处进行压痕，从系统中记下每次的硬度值，取 5 次硬度值的算术平均值作为 Ni-Cu-P-PTFE 镀层的硬度值。

2. 显微硬度测试结果分析

图 5.20 为不同 PTFE 粒子含量的 Ni-Cu-P-PTFE 镀层显微硬度测定结果。由图 5.20 可以看出，随着镀液中 PTFE 乳液浓度的增加，镀层的显微硬度值呈先减小后增加的趋势，并且 4 种 PTFE 粒子含量不同的 Ni-Cu-P-PTFE 镀层的平均显微硬度值均在 450～550HV 范围内，这要比中国矿业大学节能与再制造研究所前期研究的三元 Ni-Cu-P 镀层的显微硬度低。结合 Ni-Cu-P-PTFE 镀层成分含量分析结果可知，镀层的显微硬度与 PTFE 粒子含量成反比，即随着镀层中 PTFE 粒子含量的增加，镀层的显微硬度值依次减小。当镀层中 PTFE 粒子的含量为 19.3vol.%时，Ni-Cu-P-PTFE 镀层的显微硬度值降到最低值 451.2HV。

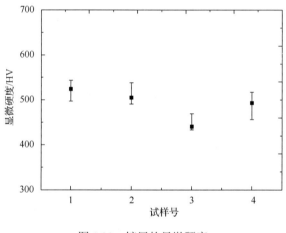

图 5.20　镀层的显微硬度

PTFE 粒子的共沉积造成 Ni-Cu-P-PTFE 镀层显微硬度的降低，主要归因于 PTFE 粒子自身的性质。首先，PTFE 粒子本身具有疏松结构和软质特性，当镀层受到外加载荷时很容易发生塑性变形。尽管 PTFE 粒子共沉积到 Ni-Cu-P-PTFE 镀层中具有一定的颗粒弥散强化作用，但强化效果还不足以平衡 PTFE 软化效果，因此，镀层硬度降低；此外，PTFE 粒子与镀层的弹性模量不同，PTFE 粒子的存在不可避免的要降低 Ni-Cu-P-PTFE 镀层的有效承载面积，进而也会导致镀层的显微硬度下降。

5.2.9　耐腐蚀性

腐蚀是材料失效的三大主要形式之一，按照材料与接触介质作用机理的不同，腐蚀可分为化学腐蚀和电化学腐蚀两大类。这两类腐蚀现象往往会造成重大经济损失、人员伤亡和环境污染等严重后果。众所周知，换热设备换热面上污垢的黏附不仅会降低换热面上的传热系数，还会引起换热面局部缺氧，形成氧的浓差电池，从而引起所谓的"垢下腐蚀"，甚至是"穿孔"，造成安全隐患，可见，加强换热面防腐意义重大。在材料表面沉积 Ni-Cu-P 非晶态镀层已经被证明是一种十分有效的防腐手段，然而，对于 Ni-Cu-P-PTFE 镀层的耐腐蚀性能的研究报道却不多见。由于非晶态镀层的耐蚀性主要取决于镀层的微观结构、孔隙率和介质环境等因素，而 PTFE 粒子的共沉积会对 Ni-Cu-P-PTFE 镀层的结构带来一定的变化，这些改变也势必会对镀层的耐腐蚀性带来影响，本节将采用测量失重腐蚀速度的方法研究 Ni-Cu-P-PTFE 镀层的耐腐蚀性能。

1. 耐腐蚀性测试方法

耐腐蚀性测试采用浸泡失重法，将镀覆有 4 种不同 PTFE 粒子含量的 Ni-Cu-P-PTFE 镀层分别浸泡在相同的 3.5% 的氯化钠溶液和 10% 的盐酸溶液中。每隔 1 天同时取出试样，烘干后称量失重，测量后再同时放入，测试时间为 1 周。其中，称量使用 AUY220 电子分析天平，灵敏度为 0.1mg。作为对照，还将尺寸大小相同的低碳钢试样同时放入腐蚀溶液中进行测试。

2. 耐腐蚀性试验结果分析

图 5.21 是 4 种 Ni-Cu-P-PTFE 镀层和低碳钢在质量分数为 10% 盐酸溶液中的腐蚀失重曲线图。由图可以看出，在相同的条件下，随着时间的增加，所有试样的失重量均增加，并且镀覆有 Ni-Cu-P-PTFE 镀层的试样明显比未镀覆有 Ni-Cu-P-PTFE 镀层的试样的失重量要小，这表明，Ni-Cu-P-PTFE 镀层具有一定的耐盐酸溶液腐蚀性能。对于镀覆有 Ni-Cu-P-PTFE 镀层的 4 个试样，失重试验前 2 天各镀层的腐蚀较为平稳，失重量基本相似，这是由于 Ni-Cu-P-PTFE 镀层阻隔了基体与腐蚀溶液直接接触，腐蚀较为缓慢。从第 3 天开始，各镀层试样的腐蚀速度开始加快，失重量也相应增加。通过观察可以发现，部分镀层表面已经出现裂纹和孔隙，盐酸溶液在裂纹边缘处和孔隙间可与基体直接接触并发生反应，释放出氢气。

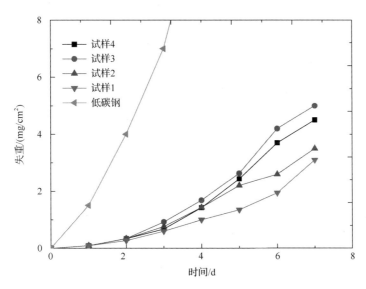

图 5.21 Ni-Cu-P-PTFE 镀层和低碳钢在 10%HCl 中的腐蚀速度

　　另外,从图 5.21 中还可以发现,试样 1 和试样 2 对盐酸溶液的耐腐蚀性要显著优于试样 3 和试样 4,并且试样 1 的耐腐蚀性最好,试样 3 的耐腐蚀性最差。因此,Ni-Cu-P-PTFE 镀层对盐酸溶液的耐腐蚀性与镀层中 PTFE 粒子的含量成反比。

　　图 5.22 是 4 种 Ni-Cu-P-PTFE 镀层和低碳钢在质量分数为 3.5%氯化钠溶液中的腐蚀失重曲线图。从图中可以看出,对于未经表面镀覆 Ni-Cu-P-PTFE 镀层处理的低碳钢试样,其在氯化钠溶液中的腐蚀速度明显高于带 Ni-Cu-P-PTFE 镀层的低碳钢试样。对于 Ni-Cu-P-PTFE 镀层而言,PTFE 粒子含量相对较高的试样 3 和试样 4 在氯化钠溶液中的腐蚀失重大于 PTFE 粒子含量较低的试样 1 和试样 2。与在盐酸溶液中的耐腐蚀性相同,随着镀层中 PTFE 粒子含量的增加,Ni-Cu-P-PTFE 镀层的耐蚀性降低。

　　综合上述分析可知,Ni-Cu-P-PTFE 镀层在 3.5%的氯化钠溶液和 10%的盐酸溶液中的耐蚀性与镀层中 PTFE 粒子的含量相关,即镀层中 PTFE 粒子含量越高,其耐蚀性就越差。这可能是因为 PTFE 粒子在被包裹于镀层的过程中会增加界面和孔隙,腐蚀溶液可经由这些界面和孔隙直接与基体材料进行接触,造成局部的腐蚀原电池数量增多,因而降低了镀层的耐腐蚀性。

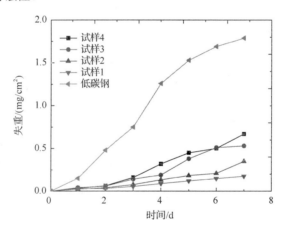

图 5.22　Ni-Cu-P-PTFE 镀层和低碳钢在 3.5%NaCl 中的腐蚀速度

5.2.10　表面自由能

　　自由能是指在一定的温度与压力下生成新的单位固体面积所引起的体系吉布斯自由能的增加量。作为固体材料表面的一个重要特征,表面自由能是材料表面结构性质以及材料表面固液界面分子间相互作用等微观特征的宏观表现,一般认为它对材料表面污垢的沉积速度有着重要影响。当固体表面浸入液体溶液中时,固体表面中的原子或分子将会与溶液中的原子或分子产生相互作用,而固液间的化学性质决定其作用力类型。传统的研究认为,固体的表面自由能值越小,其表面上沉积物表现出的作用力就越小。本节将对 4 种 PTFE 粒子含量不同的 Ni-Cu-P-PTFE 镀层的表面自由能进行研究。

1. 表面自由能计算理论

表面自由能的大小不能直接测量，而需通过测量固体表面的接触角，借助相应关系方程简化后求解固体表面自由能的值。如图 5.23 所示，接触角 θ 是指滴在固体表面的液滴在达到平衡状态时，在固、液、气三相交汇点处所作的液滴切线与固-液界面间的夹角。接触角一般服从 Young 方程，如式(5-5)所示。

$$\gamma_{\mathrm{S}} - \gamma_{\mathrm{SL}} - \pi^0 = \gamma_{\mathrm{L}} \cos\theta \tag{5-5}$$

式中，γ_{S} 表示固体的表面自由能，单位为 $\mathrm{MJ/m^2}$；γ_{SL} 表示固-液界面相互作用自由能，单位为 $\mathrm{MJ/m^2}$；π^0 表示固体表面膜压能，单位为 $\mathrm{MJ/m^2}$；γ_{L} 为实验所采用的探测液体表面张力，单位为 $\mathrm{mN/m}$。

对于低能表面，镀层表面膜压能 π^0 可以忽略，Young 方程就可以简化为式(5-6)。

$$\gamma_{\mathrm{S}} - \gamma_{\mathrm{SL}} = \gamma_{\mathrm{L}} \cos\theta \tag{5-6}$$

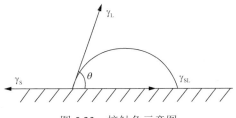

图 5.23　接触角示意图

按照酸碱作用角度考虑,固体和液体表面能还包括 Lifshitz-van der Waal 分量和 Lewis 酸碱分量。Lewis 酸碱分量又可进一步分为酸分量和碱分量。因此，固体和液体的表面能可以用式(5-7)来表示。

$$\gamma_i = \gamma_i^{\mathrm{LW}} + \gamma_i^{\mathrm{AB}} = \gamma_i^{\mathrm{LW}} + 2\sqrt{\gamma_i^+ \gamma_i^-} \tag{5-7}$$

式中，γ_i^{LW} 表示固体和液体表面能的 Lifshitz-vander Waal 分量，单位为 $\mathrm{MJ/m^2}$；γ_i^{AB} 表示固体和液体表面能的 Lewis 酸碱分量，单位为 $\mathrm{MJ/m^2}$；γ_i^+ 和 γ_i^- 分别代表固体和液体表面能的 Lewis 酸碱分量，单位为 $\mathrm{MJ/m^2}$。

固-液界面相互作用自由能和固体与液体的表面自由能关系可表示为式(5-8)。

$$\gamma_{\mathrm{SL}} = (\sqrt{\gamma_{\mathrm{S}}^{\mathrm{LW}}} - \sqrt{\gamma_{\mathrm{L}}^{\mathrm{LW}}})^2 + 2(\sqrt{\gamma_{\mathrm{S}}^+ \gamma_{\mathrm{S}}^-} + \sqrt{\gamma_{\mathrm{L}}^+ \gamma_{\mathrm{L}}^-} - \sqrt{\gamma_{\mathrm{S}}^- \gamma_{\mathrm{L}}^+} - \sqrt{\gamma_{\mathrm{S}}^+ \gamma_{\mathrm{L}}^-}) \tag{5-8}$$

将式(5-7)和式(5-8)代入式(5-6)，得到固体和液体表面能与二者之间接触角的关系式为式(5-9)。

$$(1-\cos\theta)(\gamma_L^{LW}+2\sqrt{\gamma_L^+\gamma_L^-})=2(\sqrt{\gamma_S^{LW}\gamma_L^{LW}}+\sqrt{\gamma_S^-\gamma_L^+}) \qquad (5\text{-}9)$$

式(5-8)中有 γ_S^{LW}、γ_S^+、γ_S^- 三个未知量,因此,通过测量固体表面与已知 γ_L^{LW}、γ_L^+ 和 γ_L^- 的 3 种液体间的接触角就可以得到固体表面能值。

2. 表面自由能测试方法

本研究首先采用 DSA100 光学接触角测量仪测量出 4 种 PTFE 粒子含量不同的 Ni-Cu-P-PTFE 镀层的接触角。在接触角测试试验前,要将 Ni-Cu-P-PTFE 镀层放入盛有酒精或丙酮的烧杯中进行 2min 的超声波清洗并吹干,以保证镀层表面的清洁度。同时,为保证试验测量的准确性,在测试过程中手指不得接触 Ni-Cu-P-PTFE 镀层待测表面。测量时,Ni-Cu-P-PTFE 镀层要求平稳的放在样品台上,选择合适的针头将液体在距离镀层表面 3～5mm 处垂直滴到镀层表面形成座滴。待液滴稳定后,再选取基线进行接触角的测量,每次测量时间不得超过 1min。4 种 Ni-Cu-P-PTFE 镀层表面均随机取 5 处不同区域进行接触角测量,并取 5 次接触角的平均值作为液体在该镀层表面的接触角。获得各镀层的接触角 θ 后,按照公式(5-8)就可以计算得到各镀层的表面自由能。其中,试验使用的检测液体为蒸馏水、乙二醇和二碘甲烷,其表面参数见表 5.14。

表 5.14　检测液体的表面参数

检测液体	γ_L	γ_L^{LW}	γ_L^+	γ_L^-
蒸馏水	72.8	21.8	25.5	25.5
乙二醇	48.0	29.0	1.92	47.0
二碘甲烷	50.8	50.8	0	0

3. 表面自由能测试结果

图 5.24 为测定 Ni-Cu-P-PTFE 镀层接触角所对应的液滴形状。由图可以清晰的看出 4 种 Ni-Cu-P-PTFE 镀层的液滴形态均呈半球状,显示出一定的疏水性,并且试样 3 和试样 4 的接触角 θ 与试样 1 和试样 2 比相对较大。图 5.25 是测量并计算得到的各个试样镀层的接触角和表面自由能值。可以看出,4 种 Ni-Cu-P-PTFE 镀层的接触角大小分别为:92.3°、98.7°、107.4°、102.6°,显然,4 种试样镀层的接触角均大于 90°,为明显的非浸润镀层。从图中还可以发现,4 种试样的表面自由能均小于 25.18MJ/m²,为低表面自由能表面。因此,Ni-Cu-P-PTFE 镀层成分的分析结果可知,Ni-Cu-P-PTFE 镀层中 PTFE 粒子含量越高,其表面自由能就越低,憎水性就越强。这表明 PTFE 粒子共沉积到 Ni-Cu-P-PTFE 镀层中可以有效降低镀层的表面自由能。

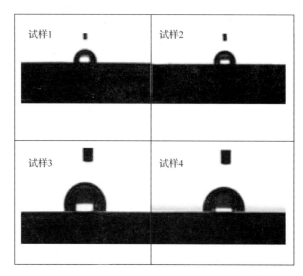

图 5.24 Ni-Cu-P-PTFE 镀层接触角所对应的液滴形状

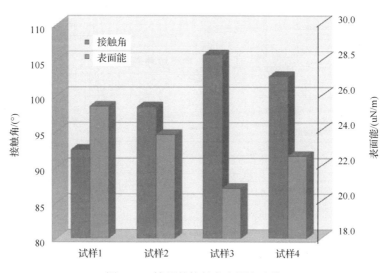

图 5.25 镀层的接触角表面自由能

5.2.11 抗垢性能

析晶污垢是换热器表面中常见的污垢类型。由于冷却水中存在着多种无机盐,其中的一些负溶解性盐(如 $CaCO_3$)的溶解度会随着温度的升高而下降。因此,在换热设备换热表面,当温度高于这些负溶解性盐的溶解度时,这些微溶盐易于达到饱和状态而从水中析出晶体并沉积在换热表面。一般情况下,析晶污垢的形成需要一定的时间,要研究镀层的抗垢性能需要长时间的检测,所以,为加速污垢的形成以对镀层表面进行抗垢性能的评价,本研究搭建了快速生垢试验装置,在试验台的基础上研究 Ni-Cu-P-PTFE 镀层的抗垢性能。

1. 污垢沉积试验方法

图 5.26 为污垢沉积试验的试验装置示意图。污垢沉积试验使用普通的自来水作为介质，试验过程中采用电热丝将循环水加热至沸腾状态，将制备好的尺寸为 15mm×10mm×4mm 的 4 种镀层试样和低碳钢试样称重后悬挂在测试水槽内生垢，并保证各试样表面不与水槽壁接触。每隔 2h 将试样取出烘干，用精度为 0.1mg 的 AuY220 型电子分析天平称量并记录试样质量。试验总时间为 20h。自来水中的负溶解性盐在试验的过程中会析出并黏附在各试样表面，通过对比各试样表面单位面积上的污垢沉积量来研究 Ni-Cu-P-PTFE 镀层的抗垢性能。

此外，为了从微观的角度观察污垢的生成情况，并进一步的阐明镀层的抗垢性能，快速污垢沉积试验后，还将采用基恩士 VHX-500FE 型数码显微镜观察 Ni-Cu-P-PTFE 镀层及低碳钢生垢后的平面表面形貌及 3D 表面形貌。

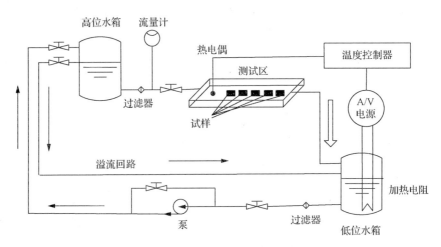

图 5.26　污垢沉积试验装置图

2. 污垢沉积试验结果分析

图 5.27 所示为在常压下沸水中，PTTFE 粒子含量不同的 Ni-Cu-P-PTFE 镀层以及未镀覆镀层的低碳钢单位面积的污垢增重量随时间的变化规律。其中，横坐标为污垢沉积时间，纵坐标为单位面积的污垢增重量。由图 5.27 可以看出，在相同水质成分的条件下，随着污垢沉积时间的增加，4 种 Ni-Cu-P-PTFE 镀层以及未镀覆镀层的低碳钢表面的污垢沉积量均呈增加的趋势。而对于未经表面镀覆 Ni-Cu-P-PTFE 镀层处理的低碳钢表面，其污垢沉积速度明显高于带镀层的换热表面污垢的沉积速度。对于带有 Ni-Cu-P-PTFE 镀层的试样表面，其污垢附着沉积速度呈现的规律为单位面积污垢的增加量随镀层中 PTFE 粒子含量的增加而减小。

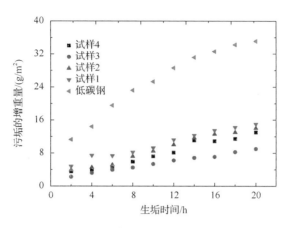

图 5.27　镀层及低碳钢的污垢沉积量

污垢黏附的诱导期是结垢的起始阶段,虽然在诱导期内污垢的黏附量很小甚至可以忽略不计,但是在经历了诱导期后,污垢的沉积速率就会迅速提升。因此,研究各镀层表面污垢在起始阶段的黏附情况对于认识各镀层表面整个生垢过程显得非常重要。然而,至今尚无法对诱导期进行定量的理论研究,但知道它和材料表面相关特性有很大的关联。在诱导期内,很难在镀层表面检测到任何变化,而且一旦诱导期完成,之后污垢的继续沉积会在诱导期污垢沉积的基础上进行,而且不再与材料表面接触,因此,材料表面特性也将不会对以后的污垢黏附造成影响。为了进一步分析污垢在各个镀层试样表面以及低碳钢表面在初始阶段的生长速率,对图 5.27 中的数据点进行了多项式拟合,其结果如表 5.15 所示。公式中,b 代表 $t=0$ 时的曲线斜率,即污垢在各个试样表面初始阶段的生长速率。

表 5.15　增重数据拟合表

试样号	$Y=aX^2+bX+c$			回归误差
	a	b	c	
低碳钢	−0.04263	2.93839	1.33571	0.98399
试样 1	−0.02422	1.21080	0.36071	0.98718
试样 2	−0.01596	1.04848	−0.26070	0.99082
试样 3	−0.00915	0.76446	−0.43570	0.97166
试样 4	−0.01027	0.90679	−0.52857	0.98862

从回归公式中可以看出,在污垢形成的初始阶段,低碳钢试样表面污垢的沉积速率是 Ni-Cu-P-PTFE 镀层试样表面沉积速率的 2~4 倍。对于 4 种 Ni-Cu-P-PTFE 镀层来讲,试样 3 镀层表面污垢的沉积速率最低,而试样 1 镀层表面污垢的沉积速率最高。结合镀层的表面粗糙度分析可知,具有表面光洁度最好的试样 1 镀层表面并没有表现出优异的抗垢性能;相反,表面粗糙度最大的试样 3 镀层表面却表现出较好的抗垢性能。因此,从回归趋势上看,表面粗糙度对 Ni-Cu-P-PTFE 镀层抗垢性能的影响并不明确,传统观点所认为的通过提高材料表面光洁度来降低污垢黏附的做法值得商榷。通过降低镀层表面的自由能值可以减小污垢的黏附。

5.2.12　化学镀应用

由于化学镀的特性，使它在工业中获得了广泛的应用，特别是电子工业的迅速发展，为化学镀开拓了广阔的市场。

1. 化学镀镍的工业应用

由于化学镀镍层具有优秀的均匀性、硬度、耐磨性和耐蚀性等综合物理化学性能，该项技术已经得到广泛应用，目前，几乎难以找到一个行业不采用化学镀镍技术。世界工业化国家化学镀镍的应用经历了 20 世纪 80 年代空前的发展，平均年净增速率高达 10%～15%；预计化学镀镍的应用将会持续发展，平均年净增速率将降低至 6%左右，继而进入发展成熟期。在经济蓬勃发展的东亚和东南地区，包括中国在内，化学镀的应用正处在上升阶段，预期仍将保持空前的高速发展。

2. 工程应用探索

对于二元 Ni-P 镀层在工业上防垢方面的应用，中国矿业大学节能与再制造研究所也进行了初步的探索。图 5.28 为二元 Ni-P 镀层管作为吹灰器在山西某煤矿热电厂进行腐蚀污垢现场试验的效果图。为方便进行比较，图 5.28(a)、(b) 左边第一根管均为没有镀层的吹灰器。可以看出，无镀层的吹灰器由于污垢的黏附而导致吹灰器表面温度过高，在使用 3 个月后，已经过早的出现了破坏。而其余三根带有镀层的吹灰器则均显示了良好的抗腐蚀污垢的性能。

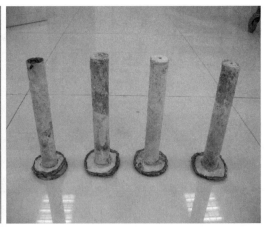

(a) 使用前的加热套管　　　　　　　　　　　　(b) 使用3个月后的加热套管

图 5.28　腐蚀污垢对加热套管的影响

参 考 文 献

[1] 徐滨士. 再制造与循环经济[M]. 北京: 科学出版社, 2007.

[2] 马世宁. 纳米电刷镀修复技术[J]. 中国修船, 2003, 4: 41-44.

[3] 姜晓霞, 沈伟. 化学镀理论及实践[M]. 北京: 国防工业出版社, 2006.

[4] 胡文彬, 刘磊, 仵亚婷. 难镀基材的化学镀镍技术[M]. 北京: 化学工业出版社, 2003.

[5] 李宁, 袁国伟, 黎德育. 化学镀镍合金理论与技术[M]. 哈尔滨: 哈尔滨工业大学出版社, 2000.

[6] 胡信国. 化学镀镍的发展前景[J]. 电镀与精饰, 1995, 17(3): 3.

[7] 陈加福. 化学镀技术 1000 问[M]. 北京: 机械工业出版社, 2015.

[8] 程延海. 热交换器防垢理论与方法[M]. 北京: 科学出版社, 2013.

[9] 陈衡阳. Ni-Cu-P-PTFE 防垢镀层制备及性能研究[D]. 徐州: 中国矿业大学, 2014.

第6章 再制造表面覆层技术

金属表面覆层技术是指采用大功率密度的能量束对金属表面进行表面处理，在材料的表面形成一定厚度的处理层，从而改变材料表面的结构，获得理想的性能。本章主要介绍喷涂、堆焊和激光熔覆技术的基本原理、工艺流程和特点、覆层材料、加工设备及技术应用。表面覆层技术可以显著提高材料的硬度、强度、耐磨性、耐蚀性等一系列性能，从而大大地延长产品的使用寿命并降低成本。金属表面覆层技术在再制造工程应用中显示出独特的优越性，在工业生产上得到了广泛的应用。

6.1 喷涂技术

6.1.1 概述

喷涂(spraying)技术是通过喷枪或碟式雾化器，借助于压力或离心力，分散成均匀而微细的雾滴，施涂于被涂物表面的涂装方法。喷涂技术可分为空气喷涂、无空气喷涂、静电喷涂以及上述基本喷涂形式的各种派生的方式，如大流量低压力雾化喷涂、热喷涂、自动喷涂、多组喷涂等。

1. 喷涂技术的发展

喷涂技术最早出现在 20 世纪早期的瑞士，主要以热喷涂技术为主，随后在前苏联、德国、日本、美国等国得到了不断的发展。各种热喷涂设备的研制、新的热喷涂材料的开发及新技术的应用，使喷涂涂层质量不断得到提高并开拓了新的应用领域。在传统的热喷涂过程中，喷涂材料受不同形式的热源加热后形成熔融或半熔融状态，以一定的速度撞击基体后，在基体表面沉积并形成涂层[1]。由于在这一过程中，喷涂材料始终暴露于高温条件下，因此，不可避免的会发生氧化、相变、元素损失等现象，这将严重影响涂层的性能及致密度，使得对某些特殊材料的涂层制备无法通过热喷涂来实现[2]。

国内的热喷涂技术发展始于 20 世纪 40 年代左右，首次实际应用是上海瑞法喷涂机器厂应用电弧线材喷涂修复坦克内燃机的曲轴。70 年代，我国热喷涂技术步入迅速发展期，相继研制了一系列先进的热喷涂设备。目前，国内热喷涂产业已经有了较完整的技术体系，建立了全国性的热喷涂标准化技术委员会和行业协会。热喷涂技术作为表面工程的重要组成部分，被列入中国"十一五"计划和 2020 年远景规划中要大力发展的先进制造技术。由于热喷涂技术可以喷涂金属及合金、陶瓷、塑料及非金属等大多数固态工程材料，所以能制成具备各种性能的功能涂层，并且施工灵活，适应性强，应用面广，经济效益突出，尤其在提高产品质量、延长产品寿命、改进产品结构、节约能源、节约贵重金属材料、提高工效、降低成本等方面都有着重要作用。随着工业和科技的发展，人们对热喷涂技术提出了越来越高的要求，已有的热喷涂工艺不断得到改进，一些新的工艺也应运而生。

据不完全统计，2007 年，我国热喷涂市场规模约 45 亿元，2008 年达近 60 亿。从图 6.1、图 6.2 可以看到[3]，虽然中国热喷涂产业近年来发展势头良好，但其总体市场规模及其所占国家 GDP 的比重与美、日、德等热喷涂产业较发达的国家相比尚有不小差距。喷涂产业发达的国家的经验显示，热喷涂作为高技术产业和多学科交叉的、边缘的技术，对制造业的发展状态和产品结构极其敏感，有很强的依附性；热喷涂产值占国家 GDP 的比重较低，一方面反映了喷涂产品结构亟待调整，另一方面，说明产业总体规模有待扩大。

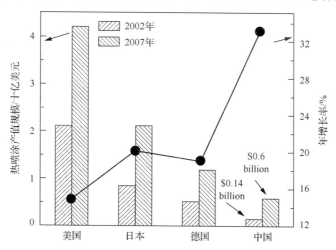

图 6.1　2002 年、2007 年美、日、德、中四国热喷涂产值规模及各国五年内热喷涂产值年增长率对比

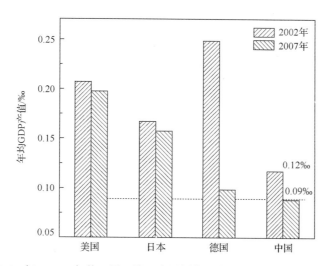

图 6.2　2002 年、2007 年美、日、德、中四国热喷涂产值占国家 GDP 的比例对比

2. 喷涂技术的原理

热喷涂技术(thermal spraying，TS)是利用热源将喷涂材料加热熔融或软化，依靠热源自身或外加的压缩气流，将熔滴雾化或推动熔滴形成喷射的粒束，以一定的速度喷射

到经过预热处理的工件表面,从而形成有一定特殊性能的牢固涂层的加工方法[4,5]。热喷涂时,首先喷涂材料被加热熔化形成熔滴,接着对熔滴进行雾化,然后是熔融或软化的颗粒向前喷射的飞行阶段,在飞行过程中,颗粒先被加速,而后随着飞行距离的增加而减速,最后,颗粒凝固沉积,快速冷却[6]。这些基本过程,根据热喷涂工艺和设备的不同而有差别。影响涂层的组织、性能和缺陷等的因素有很多,主要包括在这些过程中粒子的温度、飞行速度和材料种类、凝固程度以及热源种类、喷枪结构和送粉方式等。影响较大的参数是加热温度、飞行速度、凝固程度以及喷涂保护气体。当这些具有一定温度和速度的粒束接触基材表面时,以一定的动能冲击基材表面,不断地产生强烈的碰撞。在产生碰撞的瞬间,粒束的动能转化成热能传给基材,并沿凹凸不平的表面产生变形,变形的颗粒迅速冷凝并发生收缩,呈扁平状黏在基材表面。喷涂的粒子束接连不断地冲击基材表面,重复"碰撞—变形—冷凝收缩"的过程,变形颗粒与基材表面之间以及颗粒与颗粒之间互相交错地黏结在一起,从而形成涂层,其基本过程如图 6.3 所示。

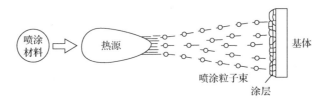

图 6.3　热喷涂层形成过程示意图

火焰喷涂的原理如图 6.4 所示。火焰喷涂时,常用的火焰工作气体是氧和乙炔的混合气体,通过二者不同比例的组合,火焰温度可以达到 3000～3500K,焰流速度在 80～100m/s 范围内。工作气体的流量和压力跟喷枪的类型有关[1]。

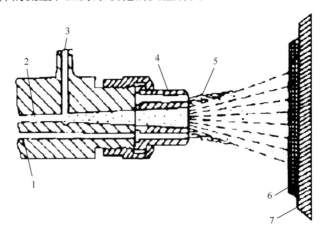

图 6.4　火焰喷涂的原理

1.氧-乙炔混合气;2.送粉气;3.喷涂粉末;4.喷嘴;5.燃烧火焰;6.涂层;7.基体

由图 6.4 可知,火焰喷涂轴向喷出包括 3 个部分:氧-乙炔混合气、送粉气和喷涂粉末。氧-乙炔混合气在喷嘴口处燃烧,喷涂粉末在此高温熔化,最后随着送粉气喷涂到基材表面,形成喷涂层[7]。

电弧喷涂的基本原理如图 6.5 所示。整个过程包括起弧、熔化、雾化、加速、喷射、沉积等阶段。喷涂材料是两根金属丝,由送丝装置通过送丝轮连续均匀地分别送进喷枪中的两个导电嘴内的。另外,两金属丝的端部会形成一定的角度,导电嘴分别接电源的正、负极,并保证在两丝未接触前有可靠地绝缘。在喷涂过程中,两金属丝在送进端部接触的瞬间发生短路并且产生电弧,之后,控制送丝机构的速度,电弧便会稳定的运行[4]。

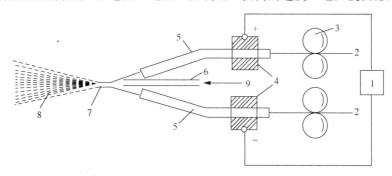

图 6.5　电弧喷涂原理图

1.直流电源;2.金属丝;3.送丝滚轮;4.导电块;5.导电嘴;6.空气喷嘴;7.电弧;8.喷涂射流;9.压缩空气

等离子弧热喷焊技术(plasma arc thermal spraying,PATS)是 20 世纪 60 年代出现的一种进行表面防护与强化的热喷焊技术,是属于表面强化领域的技术。它是以等离子弧为热源,以一定成分的合金粉末作为填充金属的特种粉末喷焊工艺,具有施工效率高、喷焊材料范围广、成本低等优点,因此,近年来其技术和生产应用发展很快,现已广泛应用于航空、石化、机械等领域[8]。

等离子喷涂工艺原理示意图如图 6.6 所示。等离子喷涂技术是采用由直流电驱动的等离子电弧作为热源,将陶瓷、合金、金属等材料加热到熔融或半熔融状态,并以高速喷向经过预处理的工件表面而形成附着牢固表面层的方法[9]。

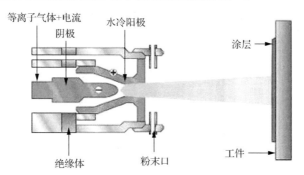

图 6.6　等离子喷涂工艺原理示意图

等离子喷焊原理示意图如图 6.7 所示。等离子喷焊技术的工作原理为:首先,使用高频电压引燃非转移型等离子弧,再通过非转移弧引燃转移型等离子弧,转移型等离子弧作为主要能源,作用在基体材料的表面,并会在基体材料的表面形成熔池,喷焊粉末经过等离子弧焰流的作用,以熔融或半熔融态被高速喷射到熔池内,发生充分的熔化,最后凝固结晶形成喷焊层[10]。

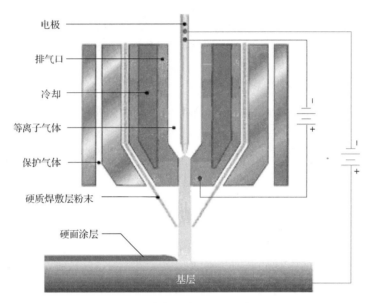

图 6.7　等离子喷焊原理示意图

冷喷涂(cold spraying)，又称冷空气动力学喷涂法(cold gas dynamic spraying method)，是近些年来发展起来的一种新型喷涂工艺。冷喷涂技术是在气体动力学原理的基础上开发出的一种新型喷涂技术，喷涂粒子经高压载气直接或经加热器预热后进入缩放的拉法尔喷嘴，在喷嘴内加速后形成超音速气流，粉末粒子通过送粉气体进入送粉装置内，直接或经适当的预热后沿轴向送入气流中，在气流的加速作用下，以较高的速度撞击基体，最终，大量的粒子沉积在基体表面形成冷喷涂涂层。图 6.8 所示为典型的冷喷涂系统工作示意图[2]。

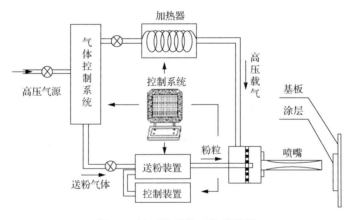

图 6.8　冷喷涂系统工作示意图

冷喷涂技术在涂层形成机理上与传统的热喷涂技术有着本质的不同，其涂层的沉积主要是通过粒子的动能向塑性变形能的转变而实现的[2]。20 世纪 80 年代中期，前苏联科学院在用示踪粒子进行超音速风洞试验时发现，当粒子的速度超过某一临界速度时，示踪粒子对靶材表面的作用从冲蚀转变为加速沉积，由此，在 1990 年提出了冷喷涂的概念。

2000 年在加拿大召开的国际热喷涂会议上组织了专门的冷喷涂讨论会，由此，冷喷涂在国际上引起了广泛的关注。近几年来，美国与德国一部分研究机构也开展了冷喷涂技术的相关研究[5]。

图 6.9 为冷喷涂系统中常用的拉法尔喷嘴的结构示意图。从图中可以看到，冷喷涂系统中的喷嘴主要由预热室、喷嘴收缩段及喷嘴扩张段组成。高压气体经进气口进入预热室，在预热室内进行预热后进入喷嘴的收缩段，经过缩放喷嘴的充分加速后，气流的速度在喷嘴出口处达到超音速，最终，气流高速撞击到基体表面形成冲击射流。粉末粒子通过送粉装置直接送入喷嘴的收缩段内，在高速气流的拖拽下，以较高的速度撞击基体表面。在送粉过程中，为保证送粉的稳定性，送粉气流的压力必须高于喷嘴收缩段内的气流压力。另外，喷嘴入口处布置的测温、测压装置可以帮助操作人员准确的掌握气流的进口条件。

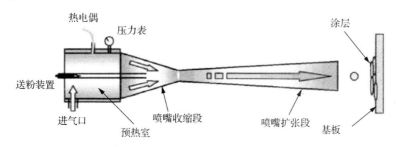

图 6.9　冷喷涂系统中拉法尔喷嘴的结构示意图

3. 喷涂技术的分类

传统的热喷涂方法按热源的不同可分为燃烧法和电热法，前者包括火焰喷涂、爆炸喷涂，后者包括电弧喷涂、等离子喷涂。近年来，随着人们对涂层性能要求的进一步提高，广大科学工作者通过不断创新，在原有基础上发展了超音速火焰喷涂和超音速等离子喷涂，同时，又相继开发了喷焊、激光喷涂、反应热喷涂和冷喷涂等工艺[1]。

火焰喷涂(flame spraying，FS)又称为燃烧法喷涂，它是利用火焰为热源，将金属与非金属材料加热到熔融状态，在高速气流的推动下形成雾流，喷射到基体上，喷射的微小熔融颗粒撞击在基体上时产生塑性变形，成为片状叠加沉积涂层的一种热喷涂方法。火焰喷涂技术作为一种新的表面防护和表面强化工艺，在近 20 年里得到了迅速发展，已经成为金属表面工程领域中一个十分活跃的分支。火焰喷涂按喷涂材料的形态可以分为丝材火焰喷涂、粉末火焰喷涂、棒材火焰喷涂等；按喷涂焰流的形态又可分为普通火焰喷涂、超音速火焰喷涂、气体爆燃式喷涂等[1]。

电弧喷涂(arc spraying，AS)是利用两根形成涂层材料的消耗性电极之间产生的电弧为热源，将消耗性电极丝顶端加热融化，由于压缩空气气流的作用，熔融的金属喷涂丝料喷射并雾化，并且喷射到经预处理的基体表面而形成涂层的热喷涂工艺方法。

高速电弧喷涂(high velocity arc spraying，HVAS)是在普通电弧喷涂的基础上，通过优化喷涂枪的设计，将喷涂粒子的速度提高到亚音速以上，同时，改变粒子的雾化效果，提高涂层质量的电弧喷涂技术。如果喷涂粒子的速度提高到音速以上，就是超音速电弧喷涂[4]。

等离子喷涂(plasma spray,PS)是一种材料表面强化和表面改性技术,可以使基体表面具有耐磨损、耐腐蚀、耐高温氧化、电绝缘、隔热、防辐射、减磨和密封等性能。等离子喷涂是热喷涂的一个重要分支,它是在 20 世纪 50 年代随着现代航空航天和原子能工业技术的出现而发展起来的。等离子喷涂技术自从问世以来一直受到极大地关注,已经成为现代工业和科学技术等领域所广泛采用的先进加工手段[9]。

随着等离子技术的出现和快速发展,逐渐出现了很多等离子喷涂新技术,等离子喷涂技术的主要类型如图 6.10 所示[9],根据等离子体介质和环境的不同可分为液稳和气稳两大类等离子喷涂,其中,气稳等离子喷涂又包括三种方法:低压等离子喷涂、保护气体等离子喷涂和大气等离子喷涂;液稳等离子喷涂包括两种方法:水稳和其他液稳等离子喷涂。

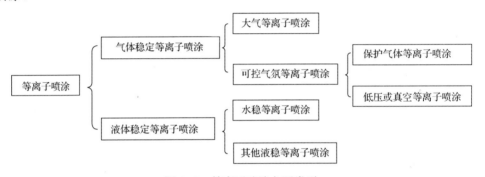

图 6.10　等离子喷涂主要类型

喷焊(spray welding,SW)是将自熔性合金粉末先喷涂在基材上,在基材不熔化的情况下使其湿润基材表面并熔化到基材上而形成冶金结合,形成所需要的致密喷焊层。它们形成冶金结合是由于液态合金与固态基材表面之间的相互熔结和扩散而形成了一层新的表面合金。

目前,热喷焊技术按所采用的热源类型不同主要分为氧乙炔火焰喷焊、等离子喷焊以及相应的加热重熔方法(如炉内重熔、感应加热重熔、激光重熔等)。按热喷焊材料的形状可分为线材、粉材、棒材喷焊[11]。

4. 喷涂技术的特点

自产生以来,热喷涂技术已被广泛应用,尤其是 20 世纪 80 年代以来,热喷涂技术的应用取得了很大的发展。表 6.1 给出了几种热喷涂方法及其技术特性[12, 13],与其他各种表面技术相比,热喷涂技术有其自身的特点:

(1)喷涂材料的选用范围广泛,几乎包括所有的金属、合金、陶瓷以及塑料等有机高分子材料。

(2)涂层的功能多,包括耐磨损、耐腐蚀、耐高温、抗氧化、隔热、导电、绝缘、密封、润滑等。

(3)适用于各种基体材料,如金属、陶瓷、玻璃等无机材料和塑料、木材、纸等有机材料。

(4)被处理零件变形小,涂层厚度容易控制,涂层中存在一定孔隙。

(5)涂层与基体的结合机理主要为机械结合。

但是,作为一种表面处理技术,它也存在许多不足之处,主要体现在涂层中存在孔隙和夹杂;涂层和基体的结合强度较低;热效率低,能耗和成本较高;对于形状复杂的工件和凹陷部位不易获得均匀的理想涂层。

表 6.1　几种热喷涂方法及技术特性

热源方法	类型	温度 $t/℃$	粒子速度 $v/(m \cdot s^{-1})$	力源	喷涂材料	参与气体	喷量 $Q/(kg \cdot h^{-1})$	结合强度 P/MPa	孔隙率 $\delta/\%$
火焰喷涂	丝喷	3000	80~120	压缩空气	金属,复合材料,塑料丝		2.5~3.0	10~20	5~10
	瓷棒	3000	150~240	压缩空气	陶瓷棒	燃气+氧气	0.5~1.0	5~10	2~8
	粉末	3000	30~90	焰流	金属,陶瓷,复合材料粉	乙炔气,氢气,其他	3.5~10.0	10~20	5~20
	爆炸	3000	700~1000	气流	金属,陶瓷,复合材料粉	燃气+压缩空气	—	>70	<1
	高速	<离子	1000~1400	气流	金属,陶瓷,硬质合金粉		20~30	>70	<1
电弧喷涂	丝喷	4000	100~200	压缩空气	金属,药芯丝	压缩空气	10~35	10~30	5~15
	高速	5000	200~400	压缩空气	金属,药芯丝		10~38	20~60	<2
等离子喷涂	粉末	12000	300~350	等离子焰流	金属,陶瓷,硬质合金粉	离子气氩,氮,氢	3.5~10	30~60	3~6
	低压	—	—	等离子焰流	金属,陶瓷,硬质合金粉			>60	<1
	高速	18000	3600	等离子焰流	金属,陶瓷,硬质合金粉		—	40~80	<1

由于传统热喷涂存在一定的缺陷,而随之产生的冷喷涂正好弥补了传统热喷涂的某些缺陷。冷喷涂以高压气体为动力,可以实现低温下的涂层沉积。冷喷涂与传统的热喷涂工艺在喷涂过程中的差别,决定了冷喷涂具有以下技术特点:温度低,对基体的热影响小;沉积率高,经济性好,设备相对简单;可以制备复合涂层;形成的涂层承受压应力;涂层孔隙率低;具有较高的结合力[14]。

此外,由于等离子喷焊其弧焰流具有极高的温度和能量,基本可以熔化任何粉末材料,特别是一些高熔点的陶瓷材料;粉末的利用率高,节约生产成本;等离子喷焊层与基体之间结合强度高,并且具有较低的稀释率;喷焊层的宽度和高度可以控制;喷焊层具有光滑平整、宽度均匀的表面;将计算机系统与喷焊设备结合,可以实现自动化操作等优点,所以等离子喷焊也比传统热喷焊具有更好的应用前景[10]。

6.1.2 喷涂工艺流程及特点

1. 工艺流程

喷涂生产主要包括四个基本工序：工件表面的预处理；预热；喷涂；涂层后处理。工艺流程如图 6.11 所示。

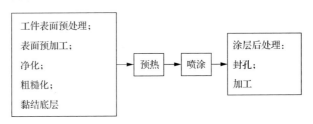

图 6.11　热喷涂基本工艺流程

1) 工件表面预处理

为了使涂层和基体可以满足喷涂工艺需求，必须在喷涂前对基材表面进行预加工。一般在喷涂之前需要对工件进行车削或磨削等表面预加工，从而可以保证基体表面和工件喷涂后的尺寸精度。为了除去工件表面的污物需要进行净化处理，同时还要进行粗化处理以保证涂层和基体间的接触面足够大，从而增大涂层和基体之间的结合力，最后，需要对底层进行黏结。

2) 预热

预热是为了消除工件和基体表面的水分，使表面干燥，同时，也可以减少基材与涂层材料的热膨胀差异造成的残余应力，从而有利于提高基体与涂层材料的结合强度。

3) 喷涂

喷涂是整个喷涂工艺中最关键的工序。喷涂工艺主要是选择喷涂方法和确定喷涂参数。喷涂方法有许多种，选取的依据主要是喷涂材料、工件的工况以及对涂层质量的要求。为了获得较高质量的涂层并且提高喷涂效率，应该正确选择和优化喷涂的条件，这就需要视涂层的材料、喷枪的性能以及工件的具体情况而定。

4) 涂层后续处理

一些涂层在完成喷涂后不能直接使用，需要各种后续的处理，主要有对防腐蚀的涂层进行封孔处理，防止腐蚀介质渗入腐蚀基体。对于某些有尺寸精度要求的涂层，需要进行适当的机械加工。还有一些工件在喷涂后需要进行烘干处理等。

2. 工艺特点

热喷涂技术在应用上已由制备装饰性涂层发展为制备各种功能性涂层，如耐磨、抗氧化、隔热、导电、绝缘、减摩、润滑、防辐射等涂层，着眼于改善表面的材质，这比起整体提高材质要经济得多，广泛应用于修复和制造。由于涂层材料优异，用其再制造后零件的寿命不仅达到了新产品的寿命，而且对产品质量起到了改善作用，因此，在新产品设计时就应考虑到应用热喷涂这一表面工程技术。表 6.2 和表 6.3 分别列出了热喷涂工艺的特点及热喷涂与其他方法的比较。

表 6.2　热喷涂工艺特点

	等离子喷涂法	火焰喷涂法	电弧喷涂法	气体爆燃式喷涂法
冲击速度/(m/s)	400	150	200	1500
近似温度值/℃	12000	3000	5000	4000
典型涂层孔隙率/%	1～10	10～15	10～15	1～2
典型涂层结合强度	30～70	5～10	10～20	80～100
优点	孔隙率低，结合性好，多用途，基材温度低，污染低	设备简单，工艺灵活	成本低，效率高，污染低，基材温度低	孔隙率非常低，结合性极佳，基材温度低
限制	成本较高	通常孔隙率高，结合性差，对工件要加热	只应用于导电喷涂材料，通常孔隙率较高	成本高，效率低

表 6.3　常用表面技术的比较

	热喷涂法	焊接法	电镀法
尺寸	手工操作时无限制，否则受装置的限制	无限制	受电镀槽尺寸的限制
几何形状	通常只适用于简单形状	对小孔有困难	范围很广
零件的材料	几乎不受限制	金属	导电物
表面材料	几乎不受限制	金属	金属、简单合金
厚度/mm	1～25	≤25	≤1
孔隙率	1%～15%	通常无	通常无
结合强度	一般	高	良好
热输入	低	通常很高	无
预处理	喷砂	机械清洁	化学清洁和刻蚀
后处理	通常不需要	消除应力	消除应力和脆性
公差	相当好	差	良好
可达到的表面光洁度	相当好	一般	极佳
沉积率/(kg/h)	1～30	1～70	0.25～0.5

6.1.3　喷涂材料

涂层的性能与涂层材料的性能密切相关，所以，喷涂技术的发展和应用是与喷涂材料的发展互相促进、紧密相连的。喷涂材料需要满足一些特定的要求：一方面，涂层材料需要具有一定的稳定性，热膨胀系数要与基体相近；另一方面，喷涂材料还应具有高致密度和较好的流动性，材料的致密度越高，相应地由其制备的涂层也越致密，这样的涂层力学性能会更好。

金属是最常用的喷涂材料，已广泛应用于钢构件在苛刻环境条件下的腐蚀保护。目前，喷涂金属材料研究较多的是一些合金材料。英国的 Leater 等学者最新开发的线材电弧喷涂 Zn-15wt% Al 合金涂层的防腐蚀能力明显优于单一金属的涂层[15]。王静等发现，用冷喷涂技术可以制备出表面致密的 NiCoCrAlY 高温合金涂层，喷涂原始粉末颗粒没有发生熔化现象，而是通过塑性变形紧密结合在一起形成涂层[16]。

由于陶瓷材料具有耐高温、耐腐蚀、耐磨损等特殊功能，所以，陶瓷材料也是喷涂涂层材料的重要组成部分。表 6.4 列出了部分陶瓷涂层的性能和应用情况[15]。

表 6.4　陶瓷材料图层

涂层	制备方法	性能	应用
ZrO_2-SiO_2 陶瓷涂层	大气等离子喷涂	优异的防腐和抗氧化性能	恶劣工况下防腐和抗氧化保护
Cr_3O_2-（NiCr）金属陶瓷涂层	空气等离子喷涂和爆炸喷涂等方法	高温稳定性好、硬度高，热膨胀系数与钢接近，在高温各种载荷和速度下均表现出优异的抗磨性和摩擦系数稳定性	高温抗氧化，磨损和腐蚀，如高温密封系统和汽轮机耐冲刷，高能铁道制动器部件
WC-Co 基金属陶瓷涂层（如 WC-Co-Cr 涂层）	等离子喷涂	较高的抗磨和抗腐蚀性能	切削刀具
TiC 基复合涂层	等离子喷涂	高的合金稳定性和与金属相黏结性，高的抗氧化性	切削刀具提高材料高温寿命和性能

　　单一结构涂层很难满足日益提高的对材料性能要求。因此，复合涂层材料的研究越来越多。复合涂层不但具有单一结构涂层所具备的性能，还因复合材料的不同而获得特殊性能或具有多功能的涂层，从而使复合涂层的研究和应用日益增多。目前，由各种材料复合获得的复合涂层种类主要有：金属基陶瓷复合涂层；陶瓷复合涂层；多层复合涂层；梯度功能复合涂层等[15]。

　　传统的喷涂材料，其尺寸一般在微米级。随着纳米技术的不断发展，将纳米材料与等离子喷涂技术相结合来制备纳米涂层已成为近年来的发展趋势。然而，因为纳米效应的存在，纳米粒子过于活泼，纳米粉末在喷涂过程中会出现烧结长大的问题，同时，由于纳米颗粒细小而不规则，其形貌不利于喷涂层的流动。这两个问题导致了纳米粉末不能直接用于热喷涂制备纳米涂层。而冷喷涂过程中粒子的温度比较低，可以弥补热喷涂的不足，能够有效地避免喷涂过程中粒子烧结、氧化、相变等影响涂层组织结构的不利因素，能够将纳米结构这类热敏感的材料结构从粉末移植进入涂层。因此，与热喷涂制备纳米涂层相比，冷喷涂具有明显的优势[16]。

　　热喷焊所用的材料主要是自熔性合金粉末。所谓自熔性合金粉末，是指熔化时，合金成分能自行脱氧并形成低熔渣，从而与基材形成良好的结合的合金粉末。粉末材料的主要特点是可喷焊材料的范围特别广，调整合金基涂层成分比较容易；但粉末的形状、粒度及粒度分布、湿度等因素对粉末材料的性能会产生不同的影响。自熔性合金粉末的突出特点是粉末的熔点较低，有良好的自熔性。在熔融状态下与基材有良好的润湿性，液-固相线之间的温度范围较宽，可以制备耐磨、耐腐蚀、抗氧化和耐热等表面强化和表面防护涂层[11]。

6.1.4　喷涂设备

1. 火焰喷涂设备

　　氧-乙炔火焰喷涂技术是以氧-乙炔火焰作为热源，将喷涂材料加热到熔化或半熔化状态，高速喷射到经过预处理的基体表面上，从而形成具有一定性能涂层的工艺。

由于常规的火焰喷涂按照其使用喷涂材料的形态不同分为丝材火焰喷涂、棒材火焰喷涂、粉末火焰喷涂。其火焰喷涂设备也有所差别，供气及其控制系统基本相同，而差别主要体现在喷枪和送粉装置。

本节主要对粉末火焰喷涂进行说明。粉末火焰喷涂设备包括氧气、乙炔和压缩空气的气源供给和控制系统、喷枪和送粉装置[17]。粉末火焰喷涂典型装置示意图如图 6.12所示。

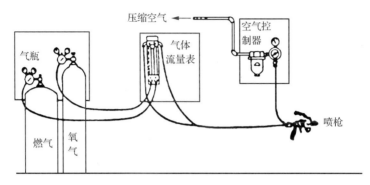

图 6.12　粉末火焰喷涂的装置图

图 6.13 为氧-乙炔火焰丝材喷涂原理示意图，它是以氧-乙炔火焰作为加热金属丝材的热源，使金属丝端部连续被加热达到熔化状态，借助压缩空气将熔化状态的丝材金属雾化成微粒，喷射到经过预处理的基体表面而形成牢固结合的涂层。氧-乙炔火焰丝材喷涂与粉末材料喷涂相比，装置简单，操作方便，容易实现连续均匀送料，喷涂质量稳定，喷涂效率高，耗能少，涂层氧化物夹杂少，气孔率低，对环境污染少。可用于在大型钢铁构件上喷涂锌、铝或锌铝合金，制备长效防护涂层；在机械零部件上喷铁不锈钢、镍铬合金及有色金属等，制备防腐蚀涂层；在机械零件上喷涂碳钢、铬、钼钢等，用于恢复尺寸并赋予零件表面以良好的耐磨性。

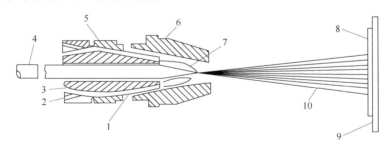

图 6.13　氧-乙炔火焰丝材喷涂原理示意图
1.空气通道 2.燃料气体 3.氧气 4.丝材或棒材 5.气体喷嘴 6.空气罩
7.燃烧气体 8.喷涂层 9.制备好的基材 10.喷涂射流

图 6.14 所示为氧-乙炔火焰粉末喷涂原理简图，喷枪通过气阀分别引入乙炔和氧气，经混合后，从喷嘴环形孔或梅花孔喷出，产生燃烧火焰。喷枪上设有粉斗或进粉管，利用送粉气流产生的负压与粉末自身重力作用，抽吸粉斗中的粉末，使粉末颗粒随气流从喷嘴中心进入火焰，粒子被加热熔化或软化成为熔融粒子，焰流推动熔滴以一定速度撞

击在基体表面形成扁平粒子,不断沉积形成涂层。为了提高熔滴的速度,有的喷枪设置有压缩空气喷嘴,由压缩空气给熔滴以附加的推动力。对于与喷枪分离的送粉装置,借助压缩空气或惰性气体,通过软管将粉末送入喷枪。氧-乙炔火焰粉末喷涂具有设备简单、工艺操作简便、应用广泛灵活、适应性强、经济性好、噪声小等特点,是目前热喷涂技术中普遍应用的一种。该方法广泛用于在机械零部件和化工容器、辊筒表面制备耐蚀、耐磨涂层。在无法采用等离子喷涂的场合(如现场施工),用此法可方便地喷涂粉末材料。对喷枪喷嘴部分作适当变动后,还可用于喷涂塑料粉末。

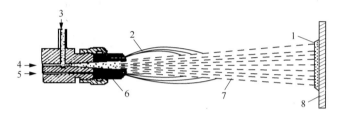

图 6.14　氧-乙炔火焰粉末喷涂原理简图
1.涂层 2.燃烧火焰 3.粉末 4.氧气 5.乙炔气体 6.喷嘴 7.喷涂射流 8.基体

2. 电弧喷涂设备

高速电弧喷涂是以电弧为热源,将熔化的金属丝用高速气流雾化,并以高速喷射到工件表面形成涂层的一种工艺。图 6.15 是电弧喷涂原理示意图。该技术可赋予工件表面优异的耐磨、防腐、防滑、耐高温等性能,在机械产品修复和再制造领域中获得了广泛的应用。

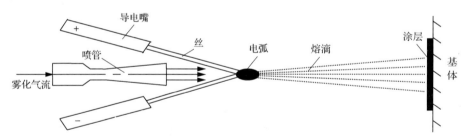

图 6.15　高速电弧喷涂示意图

高速射流电弧喷涂是利用新型拉瓦尔喷管设计和改进喷涂枪,采用高压空气流作雾化气流,可加速熔滴的脱离,使熔滴加速度显著增加并提高电弧的稳定性。

电弧喷涂设备由电源系统、送丝系统、电弧喷涂枪、供气系统、控制系统等组成。喷涂枪是电弧喷涂设备中的关键组件,可以连续准确地送丝,并维持电弧的连续稳定燃烧,同时,还可以使金属丝材熔融和雾化。电弧喷涂枪通常有固定式和手持式两种[4](图 6.16、图 6.17)。

送丝系统保证将两根相互绝缘的金属丝稳定的经喷枪导电嘴送到电弧区。送丝系统主要由送丝机构、送丝软管和丝盘组成。电弧喷涂的电源性能对电弧燃烧的稳定性、喷涂过程的稳定性和涂层质量都有直接的影响,因此,主电源的特性需满足一定要求。

电弧喷涂设备的控制系统主要对喷涂电流、喷涂电压、气路和操作程序进行调节和控制。

图 6.16　手持式电弧喷涂枪

图 6.17　电弧喷涂枪

1）工艺特点

新型高速电弧喷涂与普通电弧喷涂相比，具有显著的优点。

（1）熔滴速度显著提高，雾化效果明显改善。在距喷涂枪喷嘴轴向 80mm 范围内的气流速度达 600m/s 以上，而普通电弧喷涂枪仅为 200～375m/s；最高熔滴速度达到 350m/s。熔滴平均直径为普通喷涂枪雾化粒子的 1/3～1/8。

（2）涂层的结合强度显著提高。高速电弧喷涂防腐用 Al 涂层和耐磨用 3Cr13 涂层的结合强度分别达到 35MPa 和 43MPa，是普通电弧喷涂层的 2.2 倍和 1.5 倍。

（3）涂层的孔隙率低。高速电弧喷涂 3Cr13 涂层的孔隙率小于 2%，而相应的普通电弧喷涂层的孔隙率大于 5%。

2）技术应用

高速电弧喷涂技术在腐蚀防护以及设备零件的再制造、维修等领域都得到了广泛的应用，在车辆的再制造中，高速电弧喷涂技术可用于下列零件。

(1) 轴类零件。车辆再制造中有许多较大的轴类零件，例如，发动机曲轴、变速箱的各个传动轴等，这类零件的轴颈常因磨损失效。当其磨损量较大时，即可用高速电弧喷涂技术进行再制造。例如，发动机曲轴承受冲击载荷和循环应力，轴颈处磨损量较大，对恢复涂层要求具有良好的耐磨性、较高的结合强度和硬度，因此，采用高速电弧喷涂 3Cr13 耐磨涂层进行再制造。经过表面预处理后，为了提高结合强度，根据曲轴材料，选用Φ3mm 铝青铜作为喷涂打底材料、Φ3mm 3Cr13 作为工作涂层，恢复轴颈尺寸。喷涂后用专用车刀车削加工，留下磨削余量，然后在曲轴磨床上磨削至标准尺寸。经检验，磨削后的涂层表面致密无气孔和砂眼，无裂纹、起皮和剥落，表面粗糙度达到使用要求。

(2) 箱体、轴承座、盘、壁类零件。发动机、变速箱、传动箱等箱体类零件所用材料为铸铝合金，恶劣的工况造成上下箱体配合面磨损或划伤，从而使得其内部零件无法正常运转。对这些配合面磨削加工后，即可用高速电弧喷涂技术进行再制造。一些轴承座类零件也存在同样的问题，例如，传动箱中的主、被动齿轮轴承座，其与密封环配合处会磨损出槽或者划伤而使密封效果下降。行星转向机的行星框架、大制动鼓密封盖、左右轴承盖、压缩轮盘等盘、壁类零件均会存在类似缺陷，也都可以用该技术进行再制造。

(3) 汽缸套、活塞。发动机中的汽缸套处于高温工作环境中，其外部的冷却水对缸套外壁造成水冷穴蚀。活塞裙部与汽缸在高温磨损作用下也很容易失效。通过喷涂不同的涂层，可以恢复这两类零件的性能。

另外，高速电弧喷涂技术还可以提高零部件耐磨性能，如某化工厂一台蒸汽锅炉的引风机在工作过程中，由于空气中含有灰尘等物质，造成高速运转的叶片在进口处严重磨损，使得引风机叶轮的平均寿命只有一年左右。采用高速电弧喷涂技术对一台新引风机叶轮的叶片进行了耐磨处理，喷涂层为"低碳马氏体＋3Cr13"复合涂层体系，涂层厚度为 0.5mm，表面未经任何机加工处理，其寿命得到成倍增加。

3. 等离子喷涂设备

等离子喷涂是在高能等离子喷涂的基础上，利用非转移型等离子弧与高速气流混合时出现的"扩展弧"得到稳定聚集的超音速等离子射流进行喷涂的方法。图 6.18 为该喷枪的原理示意图。

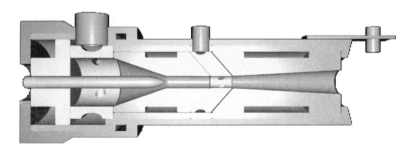

图 6.18　双阳极、外送粉超音速等离子喷枪的原理图

如图 6.19 所示，等离子喷涂设备的构成包括：喷枪、整流电源、控制系统、热交换系统、送粉器、水电转换箱、压缩气体供给系统和工作用气供给系统等。

(1)喷枪。等离子喷枪是整个系统的关键部分，喷枪的质量直接影响喷涂能否正常能进行以及涂层质量的好坏。喷枪组成：喷嘴、电机杆、电极和绝缘体等。其中，喷嘴是喷枪的关键部位，使用的过程中，局部热负荷高、易烧损，需要冷却水对电极进行冷却。

(2)整流电源。整流电源是提供电能的装置，目前使用的主要是晶闸管整流，由变压器、电抗器、整流器和接触器等组成。

(3)控制系统。控制系统整套设备的中心系统，由电气控制系统、气路控制系统和工作状态控制系统组成。控制电路主要有固定程序继电器、可编程序控制器和计算机控制系统。

(4)送粉器。送粉器是喷涂过程中为喷枪提供粉末的装置，通常要求粉粒度范围为5～200μm，送粉精度为±0.1%。送粉器主要有流化床式和容积式两种。

(5)热交换系统。热交换系统可分为水泵式制冷热交换系统和氟利昂制冷系统两种[9]。

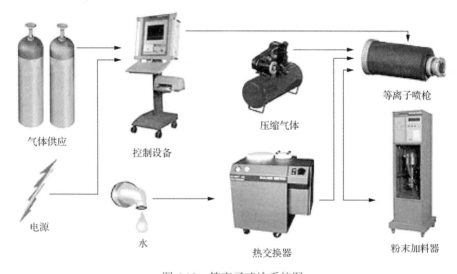

图 6.19 等离子喷涂系统图

1)技术特点

微纳米超音速等离子喷涂具有一般热喷涂技术的特点，如零件尺寸不受严格限制、基体材质广泛、加工余量小、可用于喷涂强化普通基材零件表面等优点。而且由于形成了微纳米结构涂层，该技术还具有以下主要特点。

(1)零件无变形，不改变基体金属的热处理性质。因此，对一些高强度钢材及薄壁零件、细长零件可以实施喷涂。

(2)涂层的种类多。由于等离子焰流的温度高，可以将各种喷涂材料加热到熔融状态，因而可提供等离子喷涂用的材料非常广泛，从而也可以得到多种性能的喷涂层。特别适用于喷涂陶瓷等难熔材料。

(3)工艺稳定，涂层质量高。涂层的结合强度和硬度显著提高，在耐磨、耐蚀、耐高温等方面的应用得到广泛拓展。

2) 技术应用

在车辆零部件的再制造中, 微纳米超音速等离子喷涂技术与高速电弧喷涂技术一样, 可以用于轴类零件、箱体、轴承座、盘、壁类零件配合面的耐磨涂层, 气缸套、活塞等零件的耐高温磨损涂层和耐热蚀涂层。不同之处在于, 微纳米结构涂层的性能要好于高速电弧喷涂涂层, 但该技术所用设备、涂层材料的成本等均要高于电弧喷涂, 即经济性不如高速电弧喷涂技术。因此, 在针对具体的零部件进行处理时, 要综合考虑各种因素, 选用合适的技术。

除此之外, 由于该技术能够喷涂陶瓷材料, 因此, 可以对发动机排气管喷涂热障涂层, 有效控制排气管的热腐蚀, 这是微纳米超音速等离子喷涂技术与高速电弧喷涂技术的不同之处。

4. 等离子弧喷焊设备

基于等离子弧喷焊工艺的特点和基本原理, 喷焊设备由图 6.20 所列几个主要部分组成[18]。

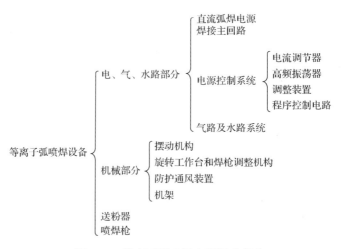

图 6.20　等离子弧喷焊主要组成部分

喷焊枪是等离子喷焊设备的核心部分。喷焊枪汇集水、气、电、粉, 产生等离子弧热源, 并把合金粉末通过枪体送入熔池而熔焊在工件上。因此, 喷焊枪性能的好坏直接影响工艺的稳定性、效率和质量。喷焊枪的结构形式较多, 至今尚未实现标准化和系列化。在总体结构上, 等离子喷焊枪主要由枪体、喷嘴、电极三部分组成。

枪体一般由下枪体(前枪体)、上枪体(后枪体)和绝缘体构成。下枪体固定喷嘴, 上枪体固定电极, 通过绝缘体将上下枪体定位连接, 同时, 要保证一定的绝缘性和同心度。喷嘴和电极的冷却水可采用两路冷却水和一路冷却水。如采用后者可有两种冷却方式: 一种是喷嘴和电极的冷却水在枪外通过水管连通, 另一种是通过绝缘体在枪内连通; 前者称为外走水式, 后者称为内走水式。图 6.21 为一种喷焊枪的结构形式[19]。

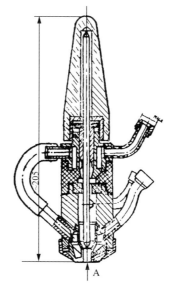

图 6.21　等离子弧喷焊枪

随着等离子弧喷焊技术的发展和推广应用,其喷焊设备的研制和生产近几年来也有较大的发展,图 6.22 为金属粉末喷焊炬。国内已研制出多种型号的等离子弧喷焊机,有的已批量生产,目前正在逐步完善之中,并朝着定型化和系列化生产发展。

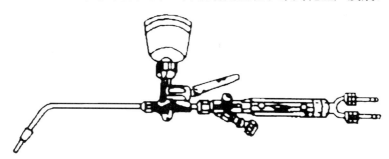

图 6.22　金属粉末喷焊炬

5. 冷喷涂设备

冷喷涂实验装置主要包括喷枪、送粉器、气体加热装置、气体参数控制装置、高压气源、载物台及持枪机械手、其他辅助设备等[16]。

国际上第一套台式冷喷涂装置由俄罗斯科学院西伯利亚分院理论与应用力学研究所(ITAM)设计制造(图 6.23),装置主要包括:高压气体源、气体加热器、送粉器、超音速喷嘴、载物台及喷涂参数控制柜和粉末收集装置。后来,为了便于现场使用,设计了便携式装置及手提喷枪(图 6.24)[20]。该装置可以将颗粒尺寸在 1~50μm 范围内的粉末加速到 300~1200m/s;高速金属颗粒碰撞不同基体(金属、陶瓷、玻璃等)均可形成致密的涂层,涂层厚度可达 10mm 以上。工作气体可以用氦气、氮气、空气以及上述气体的混合气体。

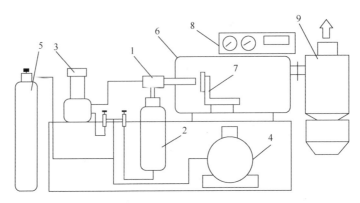

图 6.23　冷气动力喷涂装置示意图

1.前置室与矩形平面超音速喷嘴 2.螺旋管式气体加热器 3.转鼓式送粉器 4.空气压缩机 5.瓶装氮气或氦气
6.喷涂操作室 7.工件及移动装置 8.喷涂参数监测与控制系统 9.粉末收集装置

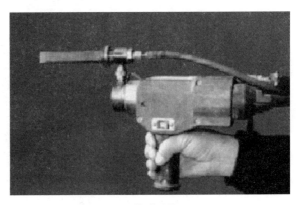

(a) 便携式冷喷涂装置　　　　　　　(b) 手提式喷枪

图 6.24　喷涂装置

　　冷喷涂装置的关键部分是喷枪与超音速喷嘴 (图 6.25)[20]。喷涂颗粒与加速气体在喷枪系统中混合，并加速到一定速度，撞击基板形成涂层。因此，要求喷枪系统能实现喷涂颗粒以超声速较均匀地喷出。

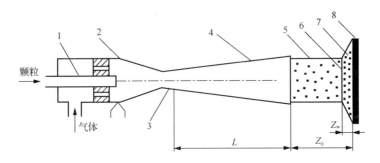

1.粉末进入前置室射入管 2.前置室 3.喉部 4.喷嘴扩散段(超音速部分)
5.自由喷射 6.弓激波 7.压缩层 8.基体

(a) 超音速喷枪

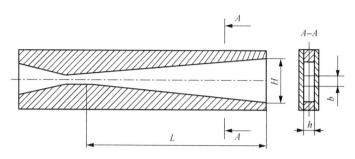

L 为扩散段(超音速段)长度；b 为喉部；H 是出口宽边长；h 出口窄边长

(b) 矩形喷嘴

图 6.25　超音速喷枪与喷嘴

6.1.5　喷涂技术的应用与展望

火焰喷涂是最早发明和工业化应用的热喷涂技术，也是其他热喷涂技术的基础。随着各种热喷涂技术的不断出现，火焰喷涂工艺本身也衍生出很多新的喷涂方法。在应用方面，由于陶瓷火焰喷涂涂层具有比金属涂层更高的硬度及耐磨性，经常被用于制备缸体、活塞和叶轮等耐磨件的表面涂层。另外，热喷涂的塑料涂层还可用于绝缘涂层方面，广泛用于电器行业中的大型整流器、马达等需要局部绝缘的工件表面。塑料火焰喷涂技术还能够进行尼龙和塑料喷涂，达到密封的目的。在某些结构接触碰撞的部位，也可进行塑料喷涂，达到减震降噪的目的。而超音速火焰喷涂(high-relocity oxygen-fuel，HVOF)主要应用于航空航天、冶金、机械制造以及其他工业领域。航天发动机的服役条件苛刻，高温高压使其高温部件经受严重的高温磨损和高温燃气腐蚀，因此，其表面需要制备高温防护涂层。

等离子喷涂技术中，由于等离子焰流特有的高温、高速的特点，使得等离子喷涂在机械零件的修复方面有着重要的用途。例如，在飞机发动机的引擎部件、高效燃气轮机的涡轮叶片以及核反应容器等方面已经广泛的采用等离子喷涂技术制备热障涂层。同时，采用等离子喷涂技术修复导轨的局部磨损部位，不仅可以使其复原使用，还可以提高耐磨性。等离子喷涂技术在纳米涂层的制备方面具有效率高、成本低、涂层结合强度高、适于工业化生产等优势，因此，常利用等离子喷涂技术制备致密且耐磨的纳米涂层。采用等离子喷涂技术在金属表面进行羟基磷灰石的喷涂可以制备出生物涂层，不但保留了金属材料优异的力学性能，还避免了羟基磷灰石的脆性和疲劳敏感的缺陷。

氧-乙炔火焰喷焊主要用于对承受高应力载荷和承受冲击磨损的部件进行强化，提高工件的耐磨性，增加工件的使用寿命如对汽车中的各种齿轮、花键轴、活塞销、气门、变速杆拨叉等进行喷焊强化或修复，不仅能使报废零件修复后继续使用，还可以使新制零部件的寿命延长。上述汽车零部件经喷焊强化后，其寿命可提高 2～5 倍[11]。

在等离子喷焊应用方面，西安航空发动机公司利用自制的电源设备配以进口的等离子焊枪，实现了某航空发动机工艺的改进。南京船舶设备配件有限公司从美国引进的等离子粉末喷焊机对气阀阀面、阀座阀面进行了有效的强化处理，并对杆身、端部进行各种强化，以保证可靠的性能，并且取得了良好的效果[8]。

冷喷涂技术作为一种先进的表面工程与加工工艺已受到各个行业的广泛关注。目前，ASB Industries 已经成功地将冷喷涂技术推广到实际工程的应用中，仅在航空航天工业领域就有数项实际应用，并且大多数都拥有专利，例如，Pratt & Whitney Space Propulsion 与 ASB Industries 合作，改进了 RL60 火箭发动机不锈钢燃料出口总管的制造工艺，通过引入冷喷涂技术，成功地在燃料出口总管表面制备了一层铜热管涂层，提高了发动机的性能。

鉴于冷喷涂技术的上述优点及所制备涂层的组织与性能特点，冷喷涂技术在制备复杂结构部件上也有着广阔的应用空间。冷喷涂技术可用来制备航空航天器发动机特殊保护涂层、制备航空航天武器的特殊功能涂层以及通过喷涂成形直接制造复杂结构、形状的航空航天部件。相信在不久的将来，冷喷涂技术一定能够更为广泛地应用于航空航天工业的各个领域[21]。

冷喷涂医用涂层的相关研究，多聚焦于涂层微观结构、力学行为、腐蚀抗力和基本的生物性能表征等方面，尚缺乏在动物体、器官、细胞、亚细胞，甚至是分子水平对涂层表界面特性及涂层与外部生理环境相互作用机理的基础研究。国内外针对冷喷涂生物涂层的应用主要侧重于硬组织替换和抗菌等领域，未来冷喷涂技术在功能化载药涂层低温制备和个性化医疗器械增材制造(3D 打印)等方向有一定的发展空间。随着表面涂层技术的不断发展以及冷喷涂制备技术的逐步完善，冷喷涂生物医用材料将在生物医疗领域得到更多的关注和进一步的发展[22]。

喷涂所使用的很多燃料气体和金属粉尘等，在一定条件下都有燃爆的可能，因此，在现场生产中，必须注意防火防爆的安全操作。此外，在喷涂现场的空气中会有金属和非金属的粉末飞扬，有进入机电设备而造成短路或零件磨损的危险，所以需要尽可能使机电设备远离喷涂现场[4]。

在喷涂作业过程中，操作人员会接触高温、弧光、烟尘、有毒气体、噪声等各类有害环境和介质，受到红外线、紫外线、强烈可见光及各种不同频率电磁波的辐射，这些情况都会对操作人员的身体健康带来很多不良的影响，因此，必须采取足够有效的人身安全防护措施，确保操作人员和周围人员的健康和安全[4]。

6.2　堆　焊　技　术

6.2.1　概述

堆焊(overlay welding，OW)是指采用焊接方法，将具有一定性能的材料熔敷在工件表面的一种工艺过程。图 6.26 为堆焊处理部概念图，堆焊的目的与一般焊接方法不同，不是为了连接工件，而是对工件表面进行改性，以获得所需的耐磨、耐热、耐蚀等特殊性能的熔敷层，或恢复工件因磨损或加工失误造成的尺寸不足，这两方面的应用在表面工程学中称为修复与强化。

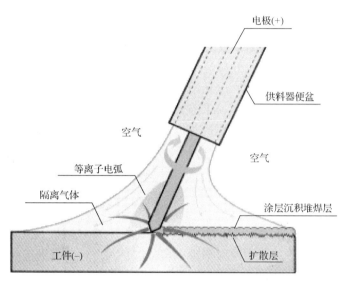

电极(+)

供料器便盆

空气

空气

等离子电弧

隔离气体

涂层沉积堆焊层

工件(-)

扩散层

图 6.26　堆焊处理部概念图

堆焊可分为包层堆焊、耐磨层堆焊、增厚堆焊和隔离层堆焊。其中，包层堆焊是为了增加工件表面的抗腐蚀性；耐磨堆焊是为了减轻磨粒磨损、冲击、腐蚀、黏着或气蚀；增厚堆焊是为了恢复构件所要求的尺寸而添加焊缝金属；隔离层堆焊是在连接面或待焊面上添加一层或几层焊缝金属，但它是基于冶金方面的原因，而不是为了工件尺寸的控制[23]。

堆焊层与基体金属的结合是冶金结合，它的结合强度高，抗冲击性能好，在不同的工况条件下，可以通过调节堆焊层金属的成分和性能设计出各种合金体系，常用的焊条电弧焊堆焊焊条或药芯焊条调节配方很方便。一般的堆焊层厚度可在 2～30mm 内调节，适合于磨损严重的工况；当工件的基体采用普通材料制造，在表面用高合金堆焊层时，不仅降低了制造成本，而且可以节约大量贵重金属，如在工件维修过程中，合理的选用堆焊合金，对受损工件的表面加以堆焊修补，可以大大延长工件寿命，延长维修周期，降低生产成本。

然而，堆焊多属于熔焊范畴，堆焊时必须分析零件服役条件及失效的原因，进而合理地选择堆焊金属层的材料，以便充分发挥堆焊层的功能。此外，堆焊时必须减少母材在堆焊层中的熔入量，在焊材耗损较少的情况下达到所需的焊缝金属成分，即稀释率要低。为提高生产率，保证堆焊金属的质量，必须选择合适的焊接方法和正确的堆焊工艺。

1. 堆焊技术的发展

1923 年，斯托迪发明了堆焊。20 世纪 50 年代末，堆焊技术作为一门传统高效的表面工程技术，主要应用于修复领域。60 年代，堆焊技术开始应用于强化零件表面，实现零件表面改性。70 年代，粉末等离子弧堆焊的开发与应用有了新突破，等离子弧堆焊、低真空熔结、CO_2 保护堆焊以及氧乙炔喷熔工艺等也在这一时期相继得到发展。高碳高铬耐磨合金粉块碳弧堆焊技术在 80 年代得到开发，大面积耐磨复合钢板堆焊制造技术也在这一时期广泛应用于化工、冶金等行业。90 年代，堆焊技术有了突破性的发展。当时提倡先进制造技术理念，近净成形技术随着堆焊技术和智能控制技术及精密磨削技术的结合而形成，堆焊技术的这一进展推进了制造业的快速发展。50 多年的实践应用证明，堆焊技术减少了由于材料磨损、断裂等带来的损失，促进了我国经济的可持续发展[24]。

在堆焊材料的使用形式方面，已从堆焊发展初期的以焊条为主转向焊条、实心焊丝配焊剂、焊带配焊剂、药芯焊丝及粉末等多种使用形式，而且药芯焊丝的使用比例呈逐年增长趋势。用于自动化生产的堆焊药芯焊丝、实心焊丝和焊剂的消耗量要远大于手工焊条，初步估计，近两三年堆焊材料的年消耗量在 15 万～20 万 t，占焊接材料年总消耗量的 5%以上。

2. 堆焊技术的分类及特点

目前，应用最为广泛的堆焊技术是手工电弧堆焊和氧-乙炔火焰堆焊。随着焊接材料的发展和工艺方法的改进，手工电弧堆焊应用范围更加广泛，如采用酸性药皮的焊条可以大大改善堆焊的工艺性能，降低粉尘含量，有利于改善焊工的工作条件；应用手工电弧熔化自熔性合金粉末，可获得熔深浅、表面光整、性能优异的堆焊层。堆焊方法有以下几种。

1) 焊条电弧堆焊

焊条电弧堆焊(electrode arc surfacing，EAS)是目前一种主要的堆焊方法。如图 6.27 所示，它利用焊条或电极熔敷在基材表面堆焊。EAS 采用的是量大面广的焊条电焊机。设备简单、移动灵活、成本低，几乎所有的实芯和药芯焊条均能用，对形状不规则的工件表面及狭窄部位进行堆焊的适应性好。焊条电弧焊主要用于生产小批量堆焊件和修复已磨损的零件，目前，焊条电弧焊在冶金机械、矿山机械、石油化工、交通运输、模具及金属构件的制造和维修中得到了广泛应用。

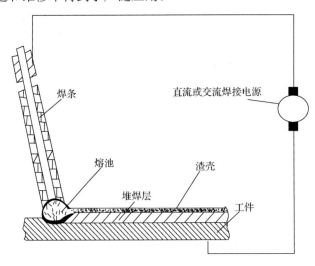

图 6.27　焊条电弧堆焊示意图

尽管焊条电弧堆焊有上述诸多优点，但它的缺点也不容忽视。焊条电弧堆焊生产效率低、劳动条件差、稀释率高。当工艺参数不稳定时，易造成堆焊层合金的化学成分和性能发生波动,同时,不易获得薄而均匀的堆焊层。

在进行焊条电弧堆焊时要注意,焊条电弧堆焊所需的电源及其极性取决于焊条药皮的类型。铁钙型、钛铁矿型和低氢型药皮的焊条采用直流反接(焊条接正极)。高碳钢和奥氏体钢堆焊焊条多为低氢型,采用直流反接熔敷效率较高,堆焊层硬度高。在预热有困难时,常采用堆焊过渡层的方法防止开裂和剥离。过渡层所用材料多为延性好、强度不高的低碳钢焊条或不锈钢焊条[23]。

2) 氧-乙炔焰堆焊

氧-乙炔焰堆焊(oxygen-acetylene fame braze,O-AFB)火焰温度低,堆焊后可保持符合材料中硬质合金的原有性能,是目前耐磨场合机械零件堆焊常采用的工艺方法。

氧-乙炔焰堆焊如图 6.28 所示,其设备简单,可随时移动,操作工艺简便,灵活、成本低,可调整火焰能率,尤其是堆焊需要较少热容量的中、小工件时,具有明显的优越性。焊时熔深浅,母材熔化量少,能获得非常小的稀释率,且获得的堆焊层薄,表面平滑美观、质量良好。目前,氧-乙炔焰堆焊主要用于要求表面光洁、质量高、精密的工件的堆焊,以及在批量不大的中、小型工件上进行的小面积的堆焊。

由于氧-乙炔焰堆焊是手工操作,因此,堆焊劳动强度大、熔敷速度低。当要求得到高质量的堆焊焊层时,对焊工的操作技能要求相对较高。

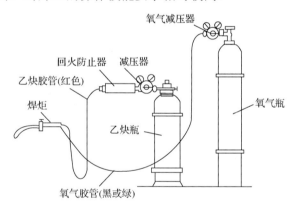

图 6.28　气焊设备

3) 埋弧堆焊

埋弧堆焊(submerged-arc welding,SAW)是电弧在焊剂层下燃烧并进行焊接的焊接方法。埋弧焊可分为埋弧自动焊和埋弧半自动焊两种。因埋弧半自动焊劳动强度大,目前已很少应用。

埋弧堆焊层中存在着残余压应力,可提高修复零件的疲劳强度[25];埋弧堆焊在熔渣层下面进行,可减少金属飞溅,消除弧光对工人的伤害,且产生的有害气体量少,从而改善了劳动条件;埋弧自动焊主要用于焊接厚板各种接头形式的直缝、环缝和平面圆缝,亦可用于堆焊,适用于低碳钢、低合金钢、不锈钢、铜及其合金的焊接。

目前,埋弧堆焊都是机械化、自动化生产,通常采用比焊条电弧堆焊、振动电弧堆焊高得多的电流,因而生产率高,比焊条电弧焊或氧乙炔火焰堆焊的效率高 3~6 倍,特别是针对较大尺寸的工件时，埋弧堆焊的优越性更加明显。埋弧堆焊在冶金、矿山机械、电力、核工业等产业部门中的应用日趋广泛并引起人们的重视。

为了降低稀释率和提高熔敷速度，埋弧堆焊方法已发展出多种类型。除了电极有单丝、多丝、带极的区别外，电极的连接方式上还有串列、并列和串联电弧等差别。如图 6.29(a) 所示，单丝埋弧焊适用于堆焊面积小或者需要对工件限制热输入的场合。一般使用的焊丝直径为 1.6~4.8mm，焊接电流为 160~500A，交、直流电源均可。如图 6.29(b) 所示，多丝埋弧焊包括串列双丝双弧埋弧焊、并列多丝埋弧焊和串联电弧堆焊等多种形式。

采用串列双丝双弧埋弧焊时，第一个电弧电流较小，而后一个电弧采用大电流，这样可使堆焊层及其附近冷却较慢，从而可减少淬硬和开裂倾向。采用并列多丝埋弧焊时，可加大焊接电流，提高生产效率，熔深比较浅。图 6.29(c) 为带极埋弧焊，其带极厚 0.4~0.8mm，宽约 60mm，可进一步提高熔敷速度。带极埋弧焊焊道宽而平整，熔深浅而均匀，稀释率低，最低可达 10%。图 6.29(d) 为串联电弧堆焊，电弧发生在焊丝之间，熔深浅，稀释率低，熔敷系数(单位电流、单位时间内焊芯或焊丝的熔化量 g/(A·h))高。此时，为了使两焊丝均匀熔化，宜采用交流电源[23]。

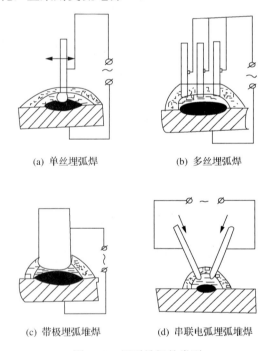

(a) 单丝埋弧焊　　　　　　　　(b) 多丝埋弧焊

(c) 带极埋弧堆焊　　　　　　　(d) 串联电弧埋弧堆焊

图 6.29　埋弧堆焊的类型

4) 熔化极气体保护电弧堆焊

熔化极气体保护电弧堆焊(gas metal arc welding, GMAW)是在气体保护下，利用连续送进的焊丝与工件之间形成的电弧不断熔化焊丝及母材形成熔池，冷却后形成焊缝的一种焊接方法。

如图 6.30 所示，熔化极气体保护电弧堆焊时焊接电弧、熔池和工件表面主要用氩气或二氧化碳气体或加入少量氧气的混合气体保护。当用氩气保护时，堆焊过程中合金元素不会烧损，常用于钴基、镍基合金的堆焊，堆焊低合金钢的质量也很好，它还是自动化堆焊铝青铜最合适的方法。二氧化碳气体保护电弧堆焊成本较低，但堆焊层质量较差，只适合于堆焊性能不高的工件，如堆焊机车和车辆轮毂内孔、球墨铸铁轴瓦以及泥浆泵的修复。混合气体保护电弧堆焊可改善熔滴的过渡特性、电弧的稳定性、焊缝质量和接头质量等。

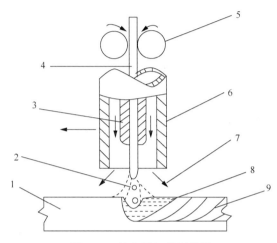

图 6.30　熔化极气体保护焊

1.母材; 2.电弧; 3.导电嘴; 4.焊丝; 5.送丝轮; 6.喷嘴; 7.保护气; 8.熔池; 9.焊缝金属

熔化极气体保护电弧堆焊是半自动或全自动的堆焊过程，生产率较高，对焊工操作技术要求较低。熔敷速度与单丝埋弧堆焊相当，由于堆焊层没有渣，减少了清渣时间，提高了设备的负载持续率；熔化极气体保护电弧堆焊可见度好，特别适合堆焊区域小、形状不规则的工件或小工件，堆焊同样的工件与焊条电弧焊堆焊相比，熔敷速度快一倍以上；熔化极气体保护电弧堆焊一般采用平特性的直流电源，氧气保护采用直流反接，CO_2 气体保护焊采用直流正接。但是，熔化极气体保护电弧堆焊用的设备价格较高，而且需要定期维修，堆焊时必须配有气源，设备的携带性比焊条电弧焊差[23]。

6.2.2　堆焊技术工艺特点

由于堆焊合金层与母材大多属于异种材料，并且要求充分发挥表面堆焊合金的性能，所以堆焊有如下特点。

(1)堆焊层的合金成分是决定堆焊效果的主要因素。被堆焊的材料种类繁多、工作环境复杂、基体材料几乎包括了所有类型的金属。针对不同的工作条件和磨损类型，应合理选择堆焊合金，达到预期的使用要求。

(2)尽量降低稀释率。稀释率表示堆焊层含有母材金属的百分率，例如，稀释率 10% 表示堆焊合金中含有母材金属 10%，含有堆焊合金 90%。堆焊层金属一般含有较多的合金元素，而零部件基体一般是普通碳钢或低合金钢。为了获得具有理想使用性能的表面堆焊层成分，应尽量减少母材在堆焊金属中的熔入量，即降低稀释率。

(3)提高堆焊生产率。生产实践中，堆焊零部件往往数量很多(如各类阀门)，堆焊层合金所需要的堆敷金属量较大，要求选用生产率较高的堆焊方法和堆焊工艺。

(4)堆焊合金与基体金属之间的匹配堆焊层与基体成分往往相差较大，为防止堆焊时或焊后热处理及零件使用过程中堆焊接头产生过大的热应力，使堆焊层开裂甚至产生剥离的现象，要求堆焊合金和基体金属有相近的线膨胀系数和相变温度等热物理性能。

根据堆焊技术的特点，在选择应用堆焊方法时，应考虑：①堆焊层的性能和质量要求；②堆焊件的结构特点；③经济性。随着生产的发展，常规的焊接方法往往不能满足堆焊工艺的要求，因此，又出现了许多新的堆焊工艺方法。几种堆焊工艺的主要特点如表 6.5 所示。

表 6.5　常用堆焊方法特点比较

堆焊方法		稀释率/%	熔敷速度/(kg/h)	最小堆焊厚度/mm	熔敷效率/%
氧-乙炔焰堆焊	手工送丝	1～10	0.5～1.8	0.8	98～100
	自动送丝	1～10	0.5～6.8	0.8	98～100
	手工送粉	1～10	0.5～1.8	0.2	85～95
焊条电弧焊堆焊		10～20	0.5～5.4	3.2	65
钨极氩弧焊堆焊		10～20	0.5～4.5	2.4	98～100
埋弧堆焊	单丝	30～60	4.5～11.3	3.2	95
	多丝	15～25	11.3～27.2	4.8	95
	串联电弧	10～20	11.3～15.9	4.8	95
	单带极	10～20	12～36	3.0	95
	多带极	8～15	22～68	4.0	95
等离子弧堆焊	自动送粉	5～15	0.5～6.8	0.25	85～95
	手工送丝	5～15	0.5～3.6	2.4	98～100
	自动送丝	5～15	0.5～3.6	2.4	98～100
	双热丝	5～15	13～27	2.4	98～100
电渣堆焊		10～	15～75	15	95～100

注：表中稀释率为单层堆焊结果。

6.2.3　堆焊材料

堆焊件的工作条件复杂多变，对堆焊填充材料使用性能的要求，除了耐磨性外，对耐冲击性、耐腐蚀性及在高温下的使用性等均有要求。耐磨损是堆焊熔敷金属最重要的应用，但也常常对其他几个性能同时有要求。堆焊熔敷金属的种类很多，具体可分为铁基堆焊金属、钴基堆焊金属、镍基堆焊金属、铜基堆焊金属和碳化钨基堆焊金属五大类。

1. 铁基堆焊金属

铁基堆焊合金的性能变化范围广，韧性和耐磨性配合好，并且成本低、品种多，所以使用十分广泛。铁基堆焊金属按其金相组织的不同，可分为珠光体钢、奥氏体钢、马氏体钢和合金铸铁四类[26]。

珠光体钢堆焊金属一般 $w(C)<0.25\%$，其堆焊金属的金相组织以珠光体为主(包含索氏体和屈氏体)，其硬度 HRC20～38。含合金元素总量在 5%以下，以 Mn、Cr、Mo、Si 为主要合金元素，焊后自然冷却。当合金元素含量偏高且冷却速度较快时，能产生部分马氏体组织，硬度也增高[26]。

奥氏体高锰钢堆焊金属，$w(C)=0.7\%\sim1.1\%$，$w(Mn)=10\%\sim14\%$，强度高、韧性好，但容易产生热裂纹，焊后硬度约为 170HBw。经冷作硬化后，硬度可达 450～500HBw。一般用于修复严重冲击荷载下金属间磨损和磨料磨损的零件，如矿山料车、铁道道岔等。

马氏体钢堆焊金属的含碳量一般在 0.1%～1.7%，合金元素含量 5%～15%，焊态下的组织为马氏体，有时也有少量珠光体、屈氏体，贝氏体和残余奥氏体。加入 Mn、Mo、Ni 能提高淬硬性，促使马氏体形成，加入 Mo、Cr、W、V，可形成抗磨的碳化物；加入 Mn、Si 可改善焊接性，堆焊层的硬度在 HRC25～65 范围内，主要取决于 C 和 Cr 的含量[27]。

合金铸铁堆焊金属可分为马氏体合金铸铁、奥氏体合金铸铁和高铬合金铸铁三种。其中，马氏体合金铸铁堆焊金属 $w(C)=2\%\sim5\%$，并加入其他合金元素，有铬、钨、镍和硼等，其总的质量分数不超过 20%，属亚共晶合金铸铁，其金相组织为马氏体+残留奥氏体+莱氏体合金碳化物。马氏体合金铸铁堆焊层硬度为 50～66HRC，具有很高的抗磨料磨损能力，耐热、耐蚀和抗氧化性能也较好，还能耐轻度冲击，但在堆焊时易出现裂纹，主要用于农机、矿山设备等零件的堆焊。

奥氏体合金铸铁堆焊金属 $w(C)=2\%\sim4\%$，$w(Cr)=12\%\sim28\%$，同时含有锰、镍、钼、硅等合金元素，金相组织为奥氏体+网状莱氏体的共晶体。其堆焊层硬度为 45～55HRC，耐低应力磨料磨损性能高，但耐高应力磨料磨损性能比马氏体合金铸铁堆焊层低；耐腐蚀性和抗氧化性较好，有一定韧性，能承受中等冲击，对开裂或剥离的敏感性比马氏体合金铸铁和高铬合金铸铁堆焊层都小，主要用于有中度冲击和中等磨料磨损的场合，如粉碎机辊、挖掘机斗齿等零件的堆焊。

高铬合金铸铁堆焊金属 $w(C)=1.5\%\sim6\%$，$w(Cr)=15\%\sim35\%$，为进一步提高耐磨性、耐热性、耐蚀性和抗氧化性，加入 W、Mo、Ni、B、Si 等合金元素。高铬合金铸铁堆焊金属可分为奥氏体型、可热处理硬化型(马氏体型)和多元合金型三种，其共同特点是含有大量初生的针状 Cr_7C_3。这种极硬的碳化物分布在基体中，从而大大提高了堆焊层耐低应力磨料磨损的能力，但耐高应力磨料磨损的性能还取决于基体对 Cr_7C_3 的支撑作用，其中，奥氏体型的最差，多元合金型的最好[27]。

2. 钴基堆焊金属

钴基堆焊合金又称司太立(Stellite)合金，以 Co 为主要成分，加入 Cr、W、C 等元素，主要成分为 $w(C)=0.7\%\sim3.3\%$、$w(W)=3\%\sim21\%$、$w(Cr)=26\%\sim32\%$，其余为 Co，堆焊层的金相组织是奥氏体和共晶组织。碳质量分数低时，堆焊层由呈树枝状晶的 Co-Cr-W 固溶体(奥氏体)和共晶体组成，随着碳质量分数的增加，奥氏体数量减少，共晶体增多，因此,改变碳和钨的含量可改变堆焊合金的硬度和韧性。

3. 镍基堆焊金属

镍基堆焊合金分为含硼化物合金、含碳化物合金和含金属间化合物合金三大类。这类堆焊合金的抗金属间摩擦磨损性能最好,并具有很高的抗氧化性、耐蚀性和耐热性。此外,由于镍基合金易于熔化,有较好的工艺性能,所以尽管比较贵,但仍应用广泛,常用于高温高压蒸汽阀门、化工阀门、泵柱塞的堆焊[28]。

4. 铜基堆焊金属

堆焊用的铜基合金主要有青铜、纯铜、黄铜、白铜四大类,其中,应用比较多的是青铜类的铝青铜和锡青铜。

铝青铜强度高,耐腐蚀、耐金属间磨损,常用于堆焊轴承、齿轮、蜗轮及耐海水腐蚀工件,如水泵、阀门、船舶螺旋桨等。锡青铜有一定强度,塑性好,能承受较大的冲击载荷,减摩性优良,常用于堆焊轴承、轴瓦、蜗轮、低压阀门及船舶螺旋桨等[29]。

5. 碳化钨基堆焊金属

这类堆焊合金由大量碳化钨颗粒分布于金属基体(如碳钢、低合金钢、镍基合金、钴基合金和青铜等)上构成,堆焊层中,钨的质量分数在45%以上,碳的质量分数为1.5%～2%。碳化钨由WC和W_2C组成,有很高的硬度和熔点。碳质量分数为3.8%的碳化钨的硬度达2500HV,熔点接近2600℃。

选择堆焊材料时,首先要考虑满足的工作条件和要求;其次,还要考虑经济性、母材的成分、工件的批量以及拟采用的堆焊方法。但在满足工作要求与堆焊合金性能之间并不存在简单的关系,如堆焊合金的硬度并不能直接反映堆焊金属的耐磨性,所以,堆焊合金的选择在很大程度上要靠经验和实验来决定。

6.2.4 堆焊设备

目前,我国的堆焊设备主要有改装和专用两种形式。改装的堆焊设备由轧辊装夹、回转系统和焊机系统组成。轧辊装夹和回转系统由堆焊厂家自己设计制造,焊机采用埋弧自动焊机,将普通埋弧机头改装成堆焊机头,电源采用直流弧焊电源。另一种是专用堆焊设备,可分为轧辊夹持系统、焊接系统、控制系统和辅助系统四个部分。轧辊夹持系统包括轧辊转动及支承机构、焊接机头轴向移动机构、机头垂直升降系统和导前距离调整机构等;焊接系统包括焊接电源、焊接机头、机头焊接控制箱、单丝(双丝)焊枪等;控制系统包括主控制台、主轴驱动调速控制、机头升降驱动控制、焊剂送给与回收电控系统等;辅助系统包括轧辊加热与保温装置、除尘系统等[30]。

堆焊通用焊机的类别与品种繁多,各类产品的特点及用途又各不相同,堆焊选用焊机时应注意下列因素。

1)堆焊对象的技术要求

堆焊对象的技术要求一般是指堆焊工件的材料、结构形状、尺寸大小、精度高低及堆焊工件使用要求等。若堆焊或修复低碳、中碳及低合金钢耐磨表面，其形状不规则，又在可达性差的部位施焊，一般选用手工电弧焊机。

堆焊结构尺寸的大小，也是选用堆焊设备必须考虑的。对大厚度、大面积的堆焊件，应选用埋弧自动焊机或电渣焊机；若遇难熔活性金属、耐热合金和耐蚀合金堆焊，通常选用等离子弧焊机或惰性气体保护焊机；对于外形尺寸固定、生产批量大的堆焊件，应选用或改装专用堆焊机较理想。

2) 经济效益

焊接设备的能源消耗较大，在选用焊机时，在保证堆焊质量和满足工艺要求的情况下，应尽可能地采用节能设备，处理好一次投资与长期使用耗电费用的关系，以获得最佳的经济效益。

3) 使用的实际情况

不同类的焊机都可堆焊某一个零件时，要根据实际情况来选用焊机。例如，一个低碳钢薄件需要堆焊，与几种焊接工艺方法比较，以选用 CO_2 气体保护焊机最合适，若无 CO_2 气源和焊丝供应，则不能选用，这时，选用弧焊变压器或弧焊整流器为好。又如在野外施工，缺乏电源和气源，就只能选用柴 (汽) 油机驱动直流弧焊发电机、履带拖拉机驱动直流弧焊发电机和汽车驱动直流弧焊发电机作为手工电弧堆焊的电源。

6.2.5　堆焊应用及发展趋势

堆焊技术在我国近 50 年的发展历程中为基础工业的崛起和发展作出了重要贡献，其应用遍及机械能源、交通电力和冶金工业等领域。由于经济的快速发展，大项目、大工程不断增加，产品也不断升级换代。堆焊技术设备简单、易于实现工地施工而得到广泛应用。冶金、电站、铁路、车辆、核动力及工具、模具等的制造修复中都用到了堆焊技术。

堆焊既可用焊接的手段为增大或恢复焊件尺寸，亦可使焊件表面获得具有特殊性能的熔敷金属，因此，堆焊既可用于修复材料因服役而导致的失效部位，亦可用于强化材料或零件的表面，其目的都在于充分发挥材料的性能优势，延长零件的使用寿命、节约贵重材料、降低制造成本。图 6.31 为采用堆焊方式进行轧辊修复。轧辊是轧钢生产的关键设备，轧辊质量直接影响轧机的工作效率、轧制产品的质量和产量、轧辊的消耗等，据统计，我国某轧钢厂热轧每吨钢材需消耗 1.46kg 轧辊，折合人民币 25 元，冷轧每吨钢材消耗 1.24kg 轧辊，折合人民币 35 元。我国年产钢材已超过 0.1Gt，年消耗轧辊约 30 亿元。因此，采用堆焊方法修复旧轧辊以提高轧辊的使用寿命已成为我国轧钢企业降低成本、提高效率的重要举措，也符合我国节能节材、清洁生产的基本国策。

我国轧钢企业用于轧辊修复的堆焊技术主要采用实心焊丝配合烧结或熔炼焊剂的埋弧焊接方法。采用的焊丝材料分为低合金高强钢类、热作模具钢类、马氏体不锈钢类和高合金高碳工具钢类，而焊剂有烧结和熔炼两大类[31]。

图 6.31　轧辊修复

在冶金行业许多大型齿轮类零件的修复中,堆焊技术也有较为广泛的应用。图 6.32 为堆焊修复后的齿轮。由于齿轮是典型的"外硬内韧"零件,多由淬透性好的低碳合金钢制造,并经渗碳、渗氮、淬火等化学热处理工艺,淬硬倾向大,因此,堆焊时尤其要注意控制热输入量,尽量减小热影响区对基体的组织影响[32]。

图 6.32　齿轮修复

我国堆焊材料方面的突出特点是"焊条多焊丝少、熔炼焊剂多烧结焊剂少、实心焊丝多药芯焊丝少",而堆焊设备方面的现状则是"改装设备多专用设备少、机械化设备多智能化设备少"。因此,无论是堆焊材料的品种和质量还是堆焊设备的自动化、智能化水平等方面均亟待发展和提高。为了使堆焊技术更好地贡献于"循环经济"和"绿色再制造"的发展,国内相关研究者正在努力设计和改进堆焊材料和堆焊方法,使堆焊材料优质高效化,堆焊方法先进化,努力开发制备出更智能化、专业化的堆焊设备,使我国堆焊技术走向世界，成为堆焊技术发展的强国[33]。

6.3 激光熔覆技术

6.3.1 概述

激光熔覆(laser cladding, LC)也称激光包覆或激光熔敷，是一种先进的表面改性技术。通过在基体表面添加熔覆材料，利用高能量密度激光束，使熔覆材料与基体表面薄层一起熔凝的方法，在基体的表面快速凝固，形成与基材具有完全不同成分和性能的合金层。是一种涉及光、机、电、计算机、材料、物理、化学等多门学科的跨学科高新技术。

1. 激光熔覆技术的发展

激光熔覆的发展可以追溯到 20 世纪 60 年代。当时，许多学者致力于在低熔点基体上熔覆抗磨材料，这些材料包括：钨及其碳化物，钼、铼、铌、钛及其碳化物和氧化铝。大部分采用等离子或火焰喷涂的方法，将熔覆材料预置在基体材料上，随后进行熔覆，70 年代中期，由于激光器相关技术的限制，激光熔覆经历了发展相对缓慢的时期。进入 80 年代后，激光熔覆技术得到了迅速的发展，结合 CAD 技术兴起的快速成型加工技术，为激光熔覆技术又添了新的活力。经过四十多年的发展，激光熔覆已成为材料表面工程领域的前沿和热门课题。激光熔覆适用于局部易磨损、冲击、剥蚀、氧化腐蚀，局部要求特殊性能(局部光敏、热敏、超导、强磁性能要求)的零部件，且材料的成分不受通常的冶金热力学条件限制，应用相当广泛[34]。随着激光系统、控制系统精准度的提高，激光熔覆技术作为激光再制造及激光 3D 制造技术的重要支撑技术，不但可以满足成形、成性一体化需求的增材制造技术，还可兼顾精确成形和高性能成性，集激光技术、计算机技术、数控技术及材料技术等诸多现代先进技术于一体，已逐渐发展成为可实现智能制造的先进技术。同时，激光熔覆可以解决传统制造方法不能完成的难题，是国家重点支持和推动的一项高新技术。

2015 年 5 月，国务院印发了强化高端制造业的国家战略规划"中国制造 2025"，即到 2025 年，将中国转型为世界领先的制造业巨头。新一轮科技革命和产业变革与我国加快转变的经济发展方式形成历史性交汇，实施制造强国战略，完成从制造业大国向强国的转变，其关键点在于智能制造。而激光技术作为典型的智能制造技术，具备高精度、高柔性、绿色化及开放性等先天基因优势，在工业制造升级中扮演着极其重要的角色[35]。

2. 激光熔覆技术的原理

激光熔覆技术采用的激光功率密度的分布区间为 $10^4 \sim 10^6 \text{W/cm}^2$。高功率激光束以较高的功率入射到要改善的零件表面上，一部分入射光被反射，一部分光被吸收，当瞬时被吸收的能量超过临界值后，熔化的熔覆材料及基材表面薄层产生熔池，之后快速凝固形成冶金结合。激光束根据应用程序给定的路线来回扫描，从而逐线逐层进行熔覆。

激光熔覆原理如图 6.33 所示，激光器、反射镜构成激光系统，提供粉末及基体熔化的热源，数控系统、检测单元构成闭环控制系统，进行实时监控及调整，提高熔覆层表面精度，送粉喷嘴、粉末束流分束及合成装置、送粉器构成送粉系统，以保证熔覆粉末量的供给，最终，基体表面熔池快速凝固后形成稀释率低并与基体呈冶金结合的表面熔覆层，从而达到表面改性或修复的目的，既满足了对材料表面特定性能的要求，又节约了大量的贵重合金元素。

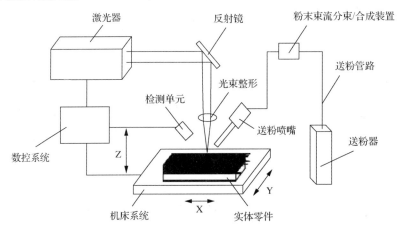

图 6.33　激光增材制造技术制备实体零件原理图

在激光熔覆技术中，若要了解其原理及熔覆层的特性，先要从以下三个基础理论进行讨论：激光与金属的相互作用、急冷作用下的非平衡凝固特点、熔池中的对流现象。

1)激光与金属的相互作用

激光与金属的相互作用由激光与粉末、激光与基体的相互作用构成。当激光束穿越粉末时，部分能量被粉末吸收，使基体表面的能量衰减；而粉末在进入金属熔池之前，由于激光的加热作用使其形态发生改变，依据所吸收能量的大小，有熔化态、半熔化态和未熔化态三种。激光与粉末作用衰减后的能量使基体熔化产生熔池，该能量大小决定了基体熔深，进而影响熔覆层的稀释率。

激光在材料表面的反射、透射和吸收本质上是光波的电磁场和材料相互作用的结果，金属中存在大量的自由电子，当激光照射到金属材料表面时，由于光子能量特别小，通常只是对金属中的自由电子发生作用，也就是说，能量的吸收是通过金属中的自由电子这个中间体，然后电子将能量传递给晶格。由于金属中自由电子数目密度特别大，因而透射光波在金属表面能被吸收。对于波长为 $0.25\mu m$ 的紫外光到波长为 $10.6\mu m$ 的红外光的测量结果表明：光波在各种金属中的穿透深度为 10nm 左右，吸收系数为 $10^5\sim10^6 cm^{-1}$。

金属对激光的吸收与激光的波长、功率密度、材料特性及表面状态有关，这里只阐述激光的波长及功率密度对吸收率的影响。一般而言，随着波长的缩短，金属对激光的吸收增加[36]。实际加工时用的激光器有 YAG 和 CO_2 激光器，其波长分别为 $1.06\mu m$ 和 $10.6\mu m$，不同的材料必须选定不同的激光器。图 6.34 为部分金属材料表面反射率与激光波长的关系，随着波长增加，金属对激光能量的吸收率降低。大多数金属对波长 $10.6\mu m$ 的 CO_2 激光器的吸收率大概只有 10%左右，而对 $1.06\mu m$ 的 YAG 激光的吸收率约为 30%～40%。当激光波长大于临界波长时，金属表面对激光束的反射率陡然上升，90%以上的激光能量将被反射，因此，激光加工时，激光波长应该小于被辐照金属的临界波长。

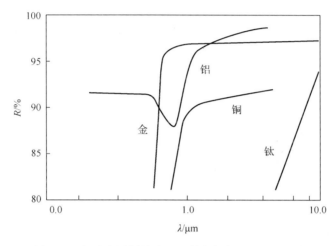

图 6.34　部分金属材料表面反射率与激光波长的关系

激光能量密度是指单位光斑面积内的功率大小。不同功率密度的激光作用在材料表面会影响材料对激光的吸收率。当激光密度较低时，金属吸收能量只会引起材料表层温度的升高，随着温度的升高，吸收率将会缓慢增加。

对于实际的金属零件表面，金属是以粉末形式存在的，熔化并不是总随着吸收率的提高而提高，相反，可能导致吸收率的降低。因为若激光功率密度达到 $10^6 W/cm^2$ 数量级时，材料表面将在激光束的照射下强烈汽化并形成小孔，金属对激光的吸收率急剧提高，可达到 90%左右，当激光功率密度超过 $10^7 W/cm^2$ 数量级时，将会出现等离子体对激光的屏蔽现象。因此，激光功率密度的选择对激光熔覆有关键作用。

2) 急冷非平衡凝固特点

由于激光熔覆层熔化时，熔池温度可达到 1000～2000℃，熔池与基体的热传导作用使得熔池冷却速度可达 1000℃/s，因此，熔覆层的凝固过程为非平衡凝固模式[37]。在激光束的辐照下，熔覆层的温度呈径向分布，使得熔覆区组织呈现为定向生长的组织形态。根据成分过冷理论，非平衡下凝固组织，从熔合线到表面，依次为平面晶、胞状晶、树枝晶。图 6.35 为胞状晶及树枝晶的示意图。图 6.36 为 Fe 基熔覆粉末的凝固组织，熔覆层组织具有取向性，枝晶的生长方向与温度梯度方向相反。

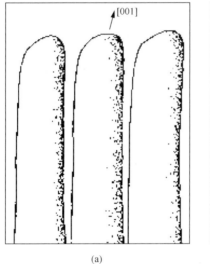 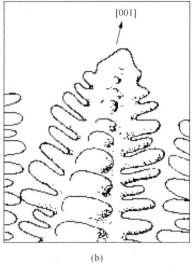

图 6.35　胞晶和树枝晶

 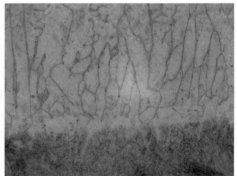

图 6.36　Fe 基熔覆粉末的凝固组织

3) 熔池中的对流现象

激光熔覆中流体的流动状态对于熔覆层质量有重要的影响。一方面，激光熔覆过程中，熔池中会产生大量氧化物与过饱和气体(如氮、氢、氧等)，这些氧化物若不能从熔池中逸出，便会在熔覆层中产生夹杂物和气孔，降低熔覆层的机械性能和致密性。熔池中气泡或氧化物区域的流体速度方向是否与其上浮方向一致，决定气泡与夹杂物逸出熔池的可能性。另一方面，熔池中流体的流动状态与熔覆层合金元素的稀释、微观组织结构的演变存在密切的关系。大量计算和实际测量结果表明，液态金属的流动使熔池中温度重新分布，导致热流方向改变，进而影响熔覆层微观组织结构的演变。同时，熔池液态金属的流动方向直接影响熔覆层合金元素的稀释程度，从而影响熔覆层的成分变化。

目前，国内外学者对熔池中液态金属流动特征的实验测量和计算做了一些研究工作，并提供了一些方法。在熔池流动特征的实验测量方面，主要是借助于高速摄像设备对熔池进行实时观测，观察熔池中预先加入的标记物的运动状态或熔池形状的周期性变化，以推测熔池的流动状态，或者是根据熔覆层合金元素的分布，分析熔池中的流动状态。

计算方面，主要是通过数值模拟方法建立熔池流动的数值模型。

目前，以 Heiple 为首的学者们认为，熔池中主要的对流形式是以 Marongoni 流为主导的双环涡流，模型如图 6.37 所示。熔池上表面靠近激光束作用区域附近的液体温度高于远离激光束作用区域的液体温度。当表面张力温度系数为负数(即$\partial\sigma/\partial T<0$)时，该液态金属表面张力随着温度的升高而降低，此时，熔池边缘表面张力大于熔池中心，熔池自由表面流体在表面张力梯度的驱动下由熔池上表面中心流向熔池边缘，随后，在熔池边缘处液态金属流动方向发生变化，液体金属沿着熔池边界流入熔池底部，最后，在靠近激光束作用区中心线附近垂直向上流动形成回流。与此同时，熔池内部熔体也在表面流体的液态黏性剪切力的驱动下依次流动，最终使熔池横截面上激光束中心线左侧形成逆时针环流，右侧形成顺时针环流。反之，当表面张力温度系数$\partial\sigma/\partial T>0$时，液态金属表面张力随着温度的升高而升高，熔池边缘表面张力小于熔池中心，熔池自由表面流体由熔池上表面边缘向熔池中心流动，随后，在熔池中心处，由于重力和惯性的作用，在激光束作用区中心线两侧垂直向下流向熔池底部，形成与表面张力温度系数为负数时完全相反的环流。

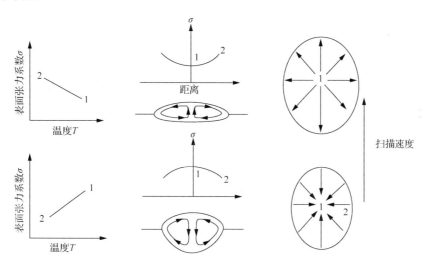

图 6.37　Heiple 表面张力学说的模型

激光熔覆常用的材料为粉末状，根据激光熔覆过程添加材料的方式不同，可将激光熔覆分为预置送粉式激光熔覆和同步送粉式激光熔覆。

预置送粉式激光熔覆(图 6.38)是指将熔覆的合金材料以一定方法预先覆盖在材料表面，然后采用激光束在合金覆盖层表面扫描，使整个合金覆盖层及一部分基材熔化，激光束离开后熔化的金属快速凝固而在基体表面形成冶金结合的合金熔覆层。其方式有前置涂覆层、前置涂覆片两种。

前置涂覆层通常是用手工涂覆，方便经济，它是用黏结剂将涂覆层的粉末调成糊状放置于工件表面，干燥后再进行熔覆处理；前置涂覆片是将熔覆材料的粉末加进少量黏结剂模压成片，放置于工件表面进行熔覆处理，而板类合金材料主要采用黏结法或者将合金材料与基材预先压在一起。

　　预置激光熔覆法研究的较早，其优点是经济方便，不受材料的限制，易于进行复合成分粉末的熔覆，工艺简单，操作灵活。研究表明：在激光加热预置粉末时，首先在表层形成熔化区，由于粉末导热率低，熔池在接近基体前几乎不向基体传递能量。当熔化前沿到达覆层与基体界面时，热传导增加，随之产生的熔池因能量向基体迅速传导而很快凝固。为获得冶金结合的界面，必须连续加热以重熔该涂层，并使基体发生微熔。预置式激光熔覆典型的加热过程决定了该工艺必然存在着先天不足，例如，加热过程中存在熔覆材料的烧损、飞溅等损失。采用黏接方法时表现的更加显著：熔覆层易产生气孔、变形、开裂、夹渣等现象，难以获得光滑的熔覆层，增加了机械加工量，此外，还存在着覆层稀释率不易控制、过程难以实现自动化和粉末材料在激光辐照下定位难等缺陷，严重影响熔覆材料的性能。

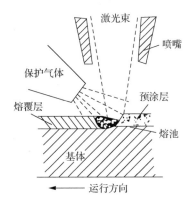

图 6.38　预置送粉式激光熔覆

　　同步式激光熔覆是指采用专门的送料系统，在熔覆过程中将合金材料直接送入激光作用区，随着送粉器与激光束的同步移动，合金材料与基体同时熔化，然后冷却结晶形成熔覆层。按同步送粉方式不同分为同轴送粉（图 6.39）和旁轴送粉（图 6.40）。

　　同步送粉激光熔覆最显著的特征是激光束和熔覆材料、基体在动态下同时相互作用，粉末粒子在激光束中的分布状态、运动时间和激光束的位相关系，对熔覆材料和基体材料的加热过程产生巨大的影响，熔覆材料和基体同时加热且加热温度相当，程度可控。这是同步送粉激光熔覆区别于预置法的显著特征。在送粉激光熔覆过程中，可通过调节粉末流速、粉末喷嘴与激光束聚焦点相对基体表面的距离等参数，实现与其他工艺参数的良好匹配，获得界面为冶金结合的熔覆层。同步送粉法具有工艺参数可控、激光能量吸收率高、稀释率可控、覆层材料范围广和利用率高、过程易于实现自动化控制等优点。对于激光熔覆金属陶瓷而言，采用同步送粉法可大大提高熔覆层的抗开裂性能，促进硬质陶瓷相在覆层内均匀分布，多道搭接时效果更加显著。因此，同步送粉法是未来激光熔覆发展的主流。但目前同步送粉法在理论和设备上都存在着一些问题，还有待于进一步的解决。同步送粉法要求混合粉末中各成分比重基本一致，且对固态流动性要求高，对于熔覆金属陶瓷型粉末,其硬质相与黏接金属在密度、颗粒度等方面往往存在着差异,限制了它的优势发挥。

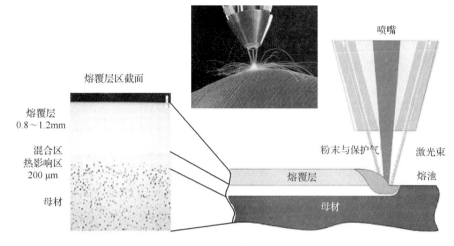

图 6.39 同轴送粉示意图

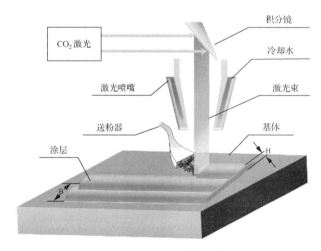

图 6.40 旁轴送粉熔覆过程

3. 激光熔覆特点

激光熔覆根据工件的工况要求,熔覆各种设计成分的金属或者非金属,制备耐热、耐蚀、耐磨、抗氧化、抗疲劳或者具有光、电、磁特性的表面覆层。与工业中常用的堆焊、热喷涂和等离子喷涂比,激光熔覆有下列特点[38]:①熔覆热影响区小,工件变形小,熔覆层稀释率小,与基体呈牢固冶金结合或界面扩散结合,通过对激光工艺参数的调整,可以获得低稀释率的良好熔覆层,并且熔覆层成分和稀释率可控;②冷却速度快(高达$10^5 \sim 10^6 \text{K/s}$),产生快速凝固组织特征,容易得到细晶组织或产生平衡态所无法得到的新相,如亚稳相、非晶相等;③合金粉末选择几乎没有任何限制,许多金属或合金能熔覆到基体表面上,特别是能熔覆高熔点或低熔点合金;④能进行选区熔覆,材料消耗少,具有优异的性能价格比；⑤光束瞄准可对复杂或难以接近的区域进行激光熔覆，工艺过程易于实现自动化。

6.3.2　激光熔覆工艺流程及特点

激光熔覆主要的工艺流程为：基材熔覆表面预处理—预热—送料/预置熔覆材料—熔覆堆积过程(—层间加热)—后热处理。下面详细叙述。

基材表面预处理是为了除掉基材熔覆部位的污垢和锈蚀，使得其表面状态满足后续的前置熔覆材料或者同步供料熔覆的要求，常用喷砂的方法去掉基材表面的锈蚀。

预热是指将基材整体或者表面加热到一定的温度，从而使激光熔覆在热的基材上进行熔覆，以防止基材的热影响区发生马氏体相变从而导致熔覆层产生裂纹，因此，适当减少基材与熔覆层之间的温差来减低熔覆层冷缩产生的应力、增加熔覆层液相滞留时间能利于熔覆层气泡和夹渣的排除。实际生产过程中，常采用预热的方法消除或减少熔覆层的裂纹，特别是对于易于开裂的基材必须预热，在熔覆层裂纹倾向较小的情况下，有时也采用预热减小熔覆应力和提高熔覆质量。但预热降低了表面的冷却速度，因此，可能引起熔覆层的硬度降低，可通过后续热处理恢复其硬度。预热的方式主要有火焰枪加热、感应炉加热和火炉加热等，其中，前两种加热常用于基材表层一定范围内的预热，并可实现预热和激光熔覆同步进行。

后热处理是一种保温处理，可以用于消除和减少熔覆层的残余应力，消除或减少熔覆产生的有害热影响，并且可以防止冷淬火的影响区发生马氏体相变。后热处理通常采用炉火内加热保温，经过充分的保温后，随火炉冷却或降到某一温度出炉空气冷却，包括加热温度、保温时间和冷却方式都要视后处理的目的、基材和熔覆层的特性而定。

激光熔覆的堆积过程是一个复杂的物理、化学冶金过程，也是一种对裂纹特别敏感的工艺过程，其裂纹现象和行为牵涉到激光熔覆的每一个因素，包括基材、合金粉末、前置方式、预涂厚度、送粉速率、激光功率、扫描速率、光斑尺寸等多种因素各自和相互间的影响。因此，合理选材及最佳的工艺参数配合是保证熔覆层质量的重要因素。

在激光熔覆中，影响熔覆层质量的工艺因素有很多，例如，激光功率 P、光斑尺寸(直径 D 或面积 S)、激光输出时光束构型和聚焦方式、工件移动速度或激光扫描速度 v、多道搭接系数 a，以及不同填料方式确定的涂层材料添加量(如预置厚度 d 或送粉量 g)等。这些因素中，可调节的工艺参数并不多，这是因为激光器一旦选定，激光系统特性也就确定了。在熔覆过程中，激光熔覆的质量主要靠调整基激光功率 P、扫描速度 v、激光束直径 D 三个重要参数来实现。

激光功率越大，熔化的金属越多，产生的气孔概率越大。随着激光功率增加，熔覆层深度增加，周围的液体金属剧烈波动，动态凝固结晶，使气孔数量逐渐减少甚至得以消除，裂纹也逐渐减少。当熔覆层深度达到极限后，随着功率提高，基体表面温度升高，变形和开裂现象加剧；当激光功率过小，仅表面涂层熔化，基体未熔，此时，熔覆表面出现局部起球、空洞等。图 6.41 为扫描速度为 5m/s，激光功率分别为 3kW、5kW、8kW 的熔覆层形貌[39]。

图 6.41　激光熔覆表面形貌

激光扫描速度 v 与激光功率 P 有相似的影响。熔覆速度过高，合金粉末不能完全融化，未起到优质熔覆的效果；熔覆速度太低，熔池存在时间过长，粉末过烧，合金元素损失，同时，基体的热输入过大，会增加变形量。

激光束一般为圆形，熔覆层的宽度主要取决于激光束的光斑直径，光斑直径增加，熔覆层变宽。光斑尺寸不同会引起熔覆层表面能量分布变化，所获得的熔覆层形貌和组织性能有较大的差别。一般来说，在小尺寸光斑下，熔覆层质量较好，随着光斑尺寸的增大，熔覆层质量下降。但光斑直径过小，不利于获得大面积的熔覆层尺寸。

激光熔覆参数不是独立地影响熔覆层宏观和微观质量，而是相互影响的。为了说明激光功率 P、光斑直径 D 和熔覆速度 v 三者之间的综合作用，提出了比能量 E 的概念：

$$E=P/(D \cdot v)$$

即单位面积的辐照能量，可将激光功率密度和熔覆速度等因素综合在一起考虑。E 越大，熔池热输入越大，使粉末充分熔化，但易发生合金元素烧损，并使得熔覆层稀释率增加。反之，热输入小，熔覆层吸热少，粉末易发生球化现象，因此，需要通过调整激光功率、激光扫描速度、光斑尺寸这三个因素将比能量控制在合理范围内。

比能量是控制熔覆层质量的重要参数，稀释率是表征熔覆层质量的重要因素之一。稀释率是指激光熔覆时，由于熔化基体材料的混入而引起的熔覆合金成分的变化程度，用基体材料合金在熔覆层中所占的百分率表示。激光熔覆过程的稀释率主要取决于激光参数、材料特性、加工工艺和环境条件等。研究表明，对于同步送粉激光熔覆，送粉速率对稀释率起着决定性的作用，送粉速率越大，稀释率越小。在激光熔覆过程中，为获得冶金结合的熔覆层，必须使基体材料表面发生局部熔化。因此，基体材料对熔覆合金的稀释是不可避免的。但为保持熔覆合金的优良性能，又必须尽量减少基体材料对熔覆层稀释的影响，将稀释率控制在适当的程度。实验表明，不同的基体材料与覆层合金化时，所能得到的最低稀释率并不相同，如铁基熔覆 stellite6 合金的最低稀释率为 10%，而镍基熔覆最低稀释率为 30%。一般认为，稀释率保持在 10% 以下为宜。

6.3.3　激光熔覆材料

1. 激光熔覆材料的分类

激光熔覆层自行构成特殊合金，一般均以合金粉末为原料，由于目前还没有专用于激光熔覆的合金粉末，熔覆时主要采用的合金粉末为热喷涂和热喷焊类材料。按熔覆材料的初始供应状态，熔覆材料可分为粉末状、膏状、丝状、棒状和薄板状，其中应用最广泛的是粉末状材料，按照材料成分构成，激光熔覆粉末材料主要分为金属粉末、陶瓷粉末和复合粉末等[40]。

1) 自熔性合金粉末

自熔性合金粉末是指加入具有强烈脱氧和自熔作用的 Si、B 等元素的合金粉末。在激光熔覆过程中，Si 和 B 等元素具有造渣功能，它们优先与合金粉末中的氧和工件表面氧化物一起熔融生成低熔点的硼硅酸盐等覆盖在熔池表面，防止液态金属过度氧化，从而改善熔体对基体金属的润湿能力，减少熔覆层中的夹杂和含氧量，提高熔覆层的工艺成形性能。自熔性合金材料的硬度与合金的含 B 量和含 C 量有关，硬度随着硼、碳含量的增加而提高。自开展激光熔覆技术研究以来，人们最先选用的熔覆材料就是 Fe 基、Ni 基和 Co 基自熔性合金粉末，如图 6.42 所示。这几类自熔性合金粉末对碳钢、不锈钢、合金钢、铸钢等多种基材有较好的适应性，能获得氧化物含量低、气孔率小的熔覆层。

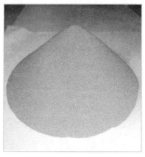

(a) Fe基自熔性粉末　　　　　　(b) Ni基自熔性粉末　　　　　　(c) Co基自熔性粉末

图 6.42　自熔性合金粉末

(1) Fe 基合金粉末。

Fe 基自熔性合金粉末适用于要求局部耐磨且容易变形的零件，基体多为铸铁和低碳钢，其最大的优点是成本低且抗磨性能好。但与 Ni 基、Co 基自熔性合金粉末相比，Fe 基自熔性合金粉末存在自熔性较差、熔覆层易开裂、易氧化、易产生气孔等缺点，Fe 基熔覆层组织如图 6.43 所示。在 Fe 基自熔性合金粉末的成分设计上，通常采用 B、Si 及 Cr 等元素来提高熔覆层的硬度与耐磨性，用 Ni 元素来提高熔覆层的抗开裂能力。

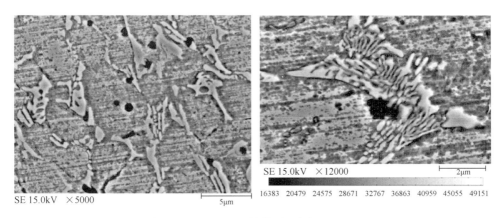

图 6.43　Fe 基熔覆层组织

山东能源重型装备制造集团研发的激光熔覆专用铁基合金粉末 JG-2、JG-3，为熔炼雾化法所获得，粉末粒度为 100～270 目。激光熔覆时均采用大功率横流 CO_2 激光器，工艺参数为：激光功率 P=7kW；激光扫描 V=7mm/s；熔覆层厚度 h=1.5mm；各熔覆道搭接率 50%。利用着色探伤法显示各熔覆层中的裂纹并测量各裂纹的长度，用单位熔覆面积上的各裂纹的长度之和来衡量熔覆层开裂敏感性的大小。下面进一步给出特定元素对熔覆层性能的影响。

①B 含量对熔覆层性能的影响。

Fe1～Fe5 各粉末中的硼含量见表 6.6，各合金粉末中的其余化学成分(wt%)基本相同：Cr 为 15.0～17.0；Si 为 1.0～1.5；C 为 0.10～0.15；Mn 为 0.3～0.7；Ni 为 3.5～4.0；Mo 为 1.5～1.9；Fe 为余量。

表 6.6　硼含量对熔覆层性能的影响

类别	B 含量/(wt%)	熔覆层硬度	熔覆层开裂敏感性/(mm/cm²)
Fe1	2.5	58 HRC	17
Fe2	2.0	58 HRC	10
Fe3	1.5	57 HRC	3
Fe4	1.0	55 HRC	0
Fe5	0.5	49 HRC	0

表中的试验结果表明：在 Fe 基合金粉末体系中，B 含量的提高能增加熔覆层的硬度，但也增加了熔覆层的开裂敏感性。

②Si 含量对熔覆层性能的影响。

a. Si 含量对熔覆层硬度和开裂敏感性的影响。

Fe4、Fe6 和 Fe7 各粉末中的 Si 含量见表 6.7，各合金粉末中的其余化学成分(wt%)基本相同：Cr 为 15.0～17.0；Si 为 1.0～1.5；B 为 0.9～1.1；C 为 0.10～0.15；Mn 为 0.3～0.7；Ni 为 3.5～4.0；Mo 为 1.5～1.9；Fe 为余量。

表 6.7　硅含量对熔覆层性能的影响

类别	Si 含量/(wt%)	熔覆层硬度	熔覆层开裂敏感性/(mm/cm²)
Fe6	2.8	58 HRC	2
Fe7	2.0	56 HRC	0
Fe4	1.4	55 HRC	0
Fe8	0.4	47 HRC	0

表中的试验结果表明：在 Fe 基合金粉末体系中，Si 含量的提高能增加熔覆层的硬度，但也增加了熔覆层的开裂敏感性；在 Fe 基合金粉末体系中，硅含量在一定范围内不会使熔覆层产生裂纹。

b. Si 含量对熔覆层拉伸性能的影响。

拉伸试验是最重要而基本的力学试验，可以测定和反映材料的许多力学性能指标。在通常拉伸试验的基础上，进行了一定的改进，未采用圆棒状试样，而采用矩形拉伸试样，这主要是为了便于高硬度熔覆层的机械加工。采用纯熔覆层的试样可以得知纯熔覆层的抗拉强度和断面收缩率等这些强度和塑性方面的重要力学性能数据。采用矩形拉伸试样进行试验，可以迅速而相对准确地反映熔覆层的综合力学性能。

拉伸用试样的制作：激光熔覆分别采用 Fe4 和 Fe7，在 27SiMn 钢基板上熔覆约 5.5mm 厚的熔覆层，离基材 1mm 线切割取纯熔覆层，再机械加工至尺寸。

表 6.8 中的试验结果表明：在 Fe 基合金粉末体系中，Si 含量在一定范围内的提高会降低熔覆层的抗拉强度和断面收缩率。

表 6.8　Si 含量对熔覆层拉伸性能的影响

类别	Si 含量/(wt%)	抗拉强度 σ_b/(MN/m²)	断面收缩率 ψ/%
Fe7	2.0	1200	4
Fe4	1.4	1400	7

(2) Ni 基合金粉末。

Ni 基自熔性合金粉末以其良好的润湿性、耐蚀性、高温自润滑作用和适中的价格，在激光熔覆材料中的研究最多、应用最广。它主要适用于局部要求耐磨、耐热腐蚀及抗热疲劳的构件，所需的激光功率密度比熔覆 Fe 基合金的略高。Ni 基自熔性合金的合金化原理是运用 Fe、Cr、Co、Mo、W 等元素进行奥氏体固溶强化，运用 Al、Ti 等元素进行金属间化合物沉淀强化，运用 B、Zr、Co 等元素实现晶界强化。

山东能源重型装备制造集团研发的激光熔覆专用 Ni 基合金粉末 Ni50 是在热喷涂用 Ni 基合金 Ni80 的基础上演变而来的，适当调整合金成分含量，添加了大比例的高硬度碳化钨硬质合金(约 2500 HV)颗粒以增强熔覆层的耐磨性。

矿用耐磨涂层所使用的粉末为：Ni50(35wt%)+WC(65wt%)，其中，Ni50 Ni 基粉末为熔炼雾化法所获得，粉末粒度为 100～270 目，而 WC 为球形铸造碳化钨，粉末粒度为 100～325 目。激光熔覆时，均采用大功率横流 CO_2 激光器，工艺参数为：激光功率 P=7kW；激光扫描速度 V=7mm/s；熔覆层厚度 h=1.5mm；各熔覆道搭接率 50%。利用着色探伤法

显示各熔覆层中的裂纹并测量各裂纹的长度，用单位熔覆面积上的各裂纹的长度之和来
衡量熔覆层开裂敏感性的大小。

①B 和 Si 含量对熔覆层性能的影响。

采用热喷焊用自熔合金粉末 Ni60 和自行研制的粉末 Ni50 作为对比试验，Ni50 在
Ni60 的基础上进行了一定的改进，具体来说，就是在其他元素含量不变的情况下，减少
了 B 和 Si 的含量。Ni60 和 Ni50 均为熔炼雾化法所获得，粉末粒度为 100~270 目，两
种粉末除 B 和 Si 含量见表 6.9 外，其余元素含量(wt%)如下：Cr 为 19~21；C 为 0.6~0.8；
Fe 为 4~6；Ni 为余量。

由表 6.9 可见，在热喷焊用自熔合金粉末 Ni60 基础上降低 B 和 Si 的含量可明显降
低激光熔覆层的开裂敏感性，采用改进后获得的 Ni50 粉末熔覆层裂纹很少。

表 6.9　硼和硅含量对熔覆层性能的影响

类别	B 含量/(wt%)	Si 含量/(wt%)	熔覆层硬度	肉眼是否能看到裂纹	熔覆层开裂敏感性 /(mm/cm^2)
Ni60	2.5~3.1	3.6~4.3	58 HRC	是	11
Ni50	1.2~1.8	2.0~2.5	50 HRC	否	2

②镍基碳化钨粉末激光熔覆研究。

分别在 Ni50 粉末中添加 30wt%和 65wt%的球状 WC，激光熔覆层的裂纹敏感性如表
6.10 所示。

表 6.10　WC 含量(wt%)对熔覆层开裂敏感性的影响

	肉眼是否能看到明显裂纹	熔覆层开裂敏感性/(mm/cm^2)
70%Ni50+30%WC	是	18
35%Ni50+65%WC	否	5

由表 6.10 可见，当熔覆层中的 WC 含量较少时(30wt%)，熔覆层开裂敏感性很大，
而当熔覆层中的 WC 含量较大时(65wt%)，熔覆层开裂敏感性小，造成这种现象的原因
在于：当熔覆层中的 WC 含量较少时，由于镍基熔覆层中存在可以作为裂纹萌生位置的
第二相 WC 颗粒，熔覆层的开裂敏感性显著增加，而当 WC 含量较大时，由于 WC 的热
膨胀系数(约 7×10^{-6})显著小于镍基熔覆层的热膨胀系数(约 15×10^{-6})和 16Mn 钢基体的
热膨胀系数(约 13×10^{-6})，可以显著降低整个熔覆层的热膨胀系数，从而使得整个熔覆
层处于压应力状态，显著降低了熔覆层开裂敏感性。尽管当熔覆层中的 WC 含量较大时，
熔覆层还存在少量微观裂纹，但对熔覆层的耐磨性不会有明显影响。

熔覆层宏观形貌如图 6.44 所示，当熔覆层中的 WC 含量较大时，对熔覆层进行了微
观金相分析，见图 6.45。由图 6.44 可见，熔覆层肉眼无法看见明显裂纹。由图 6.45 可见，
高硬度的球状 WC 较均匀分布于熔覆层中，可显著提高熔覆层的耐磨性。

图 6.44　熔覆层宏观形貌(WC 含量 65wt%)

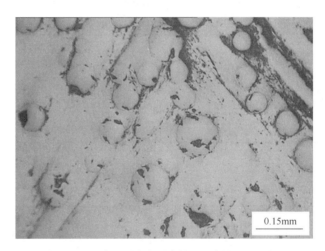

图 6.45　熔覆层金相分析(WC 含量 65wt%)

(3)Co 基合金粉末。

Co 基自熔性合金粉末具有良好的高温性能和耐蚀耐磨性能,常被应用于石化、电力、冶金等工业领域的耐磨耐蚀耐高温等场合。Co 基自熔性合金润湿性好,其熔点较碳化物低,受热后,Co 元素最先处于熔化状态,而合金凝固时,它最先与其他元素形成新的物相,对熔覆层的强化极为有利。目前,Co 基合金所用的合金元素主要是 Ni、C、Cr 和 Fe 等,其中,Ni 元素可以降低 Co 基合金熔覆层的热膨胀系数,减小合金的熔化温度区间,有效防止熔覆层产生裂纹,提高熔覆合金对基体的润湿性。

山东能源重型装备制造集团研发的激光熔覆专用 Ni 基合金粉末 Co55 是在热喷涂用 Ni 基合金 Co58 基础上演变而来的,即在其他元素含量不变的情况下,减少了 B 和 Si 含量。为熔炼雾化法所获得,粉末粒度为 100～270 目,除 B 和 Si 含量(见表 6.10)外,其余元素含量(wt%)如下：Cr 为 20～23；C 为 0.3～0.5；W 为 4～6；Co 为余量。

激光熔覆时均采用大功率横流 CO_2 激光器，工艺参数为：激光功率 P=7kW；激光扫描速度 V=7mm/s；熔覆层厚度 h=1.5mm；各熔覆道搭接率 50%。利用着色探伤法显示各熔覆层中的裂纹并测量各裂纹的长度，用单位熔覆面积上的各裂纹的长度之和来衡量熔覆层开裂敏感性的大小。

①B 和 Si 的含量对熔覆层性能的影响。

由表 6.11 可见，在热喷焊用自熔合金粉末 Co58 基础上降低 B 和 Si 含量可明显降低激光熔覆层的开裂敏感性，采用改进后获得的 Co55 粉末熔覆层裂纹很少。

表 6.11　硼和硅含量对熔覆层性能的影响

类别	B 含量/(wt%)	Si 含量/(wt%)	熔覆层硬度	肉眼是否能看到裂纹	熔覆层开裂敏感性/(mm/cm^2)
Co58	2.2～2.7	2.8～3.2	58 HRC	是	9
Co55	1.5～2.0	2.0～2.5	55 HRC	否	2

②Co55 粉末激光熔覆层金相分析。

由图 6.46 可见，Co55 粉末激光熔覆层组织致密，无气孔。熔覆层相组成均为 γ-Co 树枝晶及晶间或晶界分布的 γ-Co+碳化物多元共晶(γ-Co+$M_{23}C_6$)和碳化物($M_{23}C_6$ 和 M_7C_3)析出相。

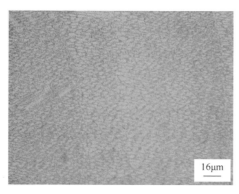 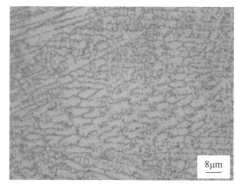

(a) 激光熔覆层较低倍数　　　　　　　　　(b) 激光熔覆层较高倍数

图 6.46　Co55 粉末激光熔覆层微观形貌

降低 Co 基合金粉末中的 B 和 Si 含量可明显降低激光熔覆层的开裂敏感性，但熔覆层的硬度也有一定的下降。

自熔性粉末的分类及特点见表 6.12

表 6.12　自熔性粉末的分类及特点

自熔性合金粉末	自熔性	特点	缺点
Fe 基	比较差	成本最低	抗氧化性能差
Ni 基	好	韧性好，耐冲击、耐热、抗氧化性好	高温性能较差
Co 基	较好	耐高温性能最好，耐震、抗蠕变、抗磨损、抗腐蚀性能好	价格高

2) 陶瓷粉末

陶瓷粉末主要包括硅化物陶瓷粉末和氧化物陶瓷粉末，其中又以氧化物陶瓷粉末（Al_2O_3 和 ZrO_2）为主。由于陶瓷粉末具有优异的耐磨、耐蚀、耐高温和抗氧化特性，所以它常被用于制备高温耐磨耐蚀涂层和热障涂层。另外，生物陶瓷材料也是目前研究的一个热点，目前，对激光熔覆生物陶瓷材料的研究主要集中在 Ti 基合金、不锈钢等金属表面进行激光熔覆的羟基磷灰石（HAP）、氟磷灰石以及含 Ca 等生物陶瓷材料上。羟基磷灰石生物陶瓷具有良好的生物相容性，作为人体牙齿早已受到国内外有关学者的广泛重视。激光熔覆生物陶瓷材料的研究起步虽然较晚，但发展非常迅速，前景广阔。

虽然陶瓷材料作为高温耐磨耐蚀涂层和热障涂层材料一直备受关注，但陶瓷材料与基体金属的热膨胀系数、弹性模量及导热系数等差别较大，这些性能的不匹配造成了涂层中出现裂纹和空洞等缺陷，在使用中将出现变形开裂、剥落损坏等现象。为了解决纯陶瓷涂层中的裂纹及与金属基体的高强结合等问题，有学者尝试使用中间过渡层，并在陶瓷层中加入低熔点高膨胀系数的 CaO、SiO_2、TiO_2 等来降低内部应力，缓解了裂纹倾向，但现有的研究表明，纯陶瓷涂层的裂纹和剥落问题并未得到很好解决，有待进一步深入研究。

其次，由于激光辐射时激光熔池中形成的高温、基体熔体和颗粒间的相互作用以及颗粒加入引起熔池中能量、动量和质量传输条件的改变等，这些涂层成分和组织发生不同程度的变化，导致颗粒的部分溶解，进而影响基体的相组成，使原设计的复合涂层基体和增强体不能充分发挥各自的优势，造成烧损。

激光熔覆金属陶瓷技术是通过外加陶瓷相的方法形成的颗粒相，这给熔覆工艺带来了一定的难度，特别是当外加陶瓷相含量较高时，就很难获得理想的熔覆层。除了激光工艺参数外，硬质陶瓷相和黏结金属的类型是影响涂层组织和性能的重要因素。

为了解决上述问题，在选择陶瓷材料时可遵循如下原则[34]：选择陶瓷与金属间能够发生化学反应的陶瓷与金属材料；可能生成的反应产物要与原金属或原陶瓷相间有较好的相容性，即相似的晶体结构、相近的晶格常数等，且产物不能过大过多，最好以复合材料的形式出现；熔覆时，尽可能减小陶瓷与基体金属材料的膨胀系数和密度的差异，以避免凝固后形成的固-固界面不匹配。从固-液界面角度，要求预置的陶瓷涂层在熔化时对于基体具有很好的润湿性和铺展性，也就是说，涂层的表面张力必须小于基体的临界表面张力。

涂层-基体界面并非单层几何面，而是多层的过渡区，这一界面区可能由几个亚层组成，每一亚层的性质都与熔覆层材料、基材及工艺有关。根据固态相变及化学键的理论，可在涂层中添加某些元素，使之对陶瓷及基材产生良好的化学作用，在界面上形成共价键结合，提高界面强度。

3) 复合粉末

复合粉末主要是指碳化物、氮化物、硼化物、氧化物及硅化物等各种高熔点硬质陶瓷材料与金属混合或复合而形成的粉末体系。复合粉末可以借助激光熔覆技术制备出陶瓷颗粒增强金属基复合涂层，它将金属的强韧性、良好的工艺性和陶瓷材料优异的耐磨、耐蚀、耐高温和抗氧化特性有机结合，是目前激光熔覆技术领域研究发展的热点。目前，应用和研究较多的复合粉末体系主要包括：碳化物合金粉末(如 WC、SiC、TiC、B$_4$C、Cr$_3$C$_2$ 等)、氧化物合金粉末(如 Al$_2$O$_3$、Zr$_2$O$_3$、TiO$_2$ 等)、氮化物合金粉末(如 TiN、Si$_3$N$_4$ 等)、硼化物合金粉末、硅化物合金粉末等。其中，碳化物合金粉末和氧化物合金粉末的研究和应用最多，主要应用于制备耐磨涂层。复合粉末中的碳化物颗粒可以直接加入激光熔池或者直接与金属粉末混合成混合粉末，但更有效的是以包覆型粉末(如镍包碳化物、钴包碳化物)的形式加入在激光熔覆过程中，包覆型粉末的包覆金属对芯核碳化物能起到有效保护、减弱高能激光与碳化物的直接作用，可有效减弱或避免碳化物发生烧损、失碳、挥发等现象。

2. 激光熔覆材料的设计与选用原则

激光熔覆材料的设计除了要满足达到熔覆层性能的要求外，还要保证有良好的熔覆工艺性，即以下三个方面。

1) 熔覆材料与基材线膨胀系数的匹配

激光熔覆层中产生裂纹的重要原因之一是熔覆合金与基材的线膨胀系数差异，若线膨胀系数差较大，基材和熔覆层加热和冷却过程不同步导致熔覆层产生裂纹、开裂或剥落。文献[3]给出了激光熔覆材料与基体线膨胀系数匹配原则，即两者的相关参数应满足下式：

$$\frac{\sigma_2(1-\gamma)}{E \times \Delta T} < \Delta\alpha < \frac{\sigma_1(1-\gamma)}{E \times \Delta T} \tag{6-1}$$

式中，σ_1、σ_2 为熔覆层、基体的抗拉强度，单位为 MPa；$\Delta\alpha$ 为熔覆层与基体材料的热膨胀系数之差；ΔT 为熔覆层温度与室温温度之差；E 为熔覆层的弹性模量；γ 为泊松比。

由式(6-1)可见，熔覆层的线膨胀系数应在一定范围内，超出这个范围，易在基材表面形成残余拉应力，造成熔覆层和基材开裂甚至剥落。

激光熔覆层的残余拉应力是其开裂的主要原因，残余应力主要来自三个方面：热应力、相变应力和拘束应力。在激光熔覆中，由于急冷、急热的特点，热应力的影响就更为明显。

熔覆层的热应力可由下式判定：

$$\sigma_{th} = \frac{E\Delta\alpha\Delta T}{1-\gamma} \tag{6-2}$$

式中，σ_{th} 为熔覆层的热应力。由式(6-2)可见，当熔覆层线膨胀系数大于基体线膨胀系数时，$\Delta\alpha>0$，显然热应力 $\sigma>0$，即此时的热应力为拉应力，对控制熔覆层的开裂不利。当熔覆层线膨胀系数小于基体线膨胀系数时，$\Delta\alpha<0$，显然热应力 $\sigma<0$，即此时热应力对压应力，可以减小熔覆层的开裂敏感性。

若要防止熔覆层开裂，必须保证

$$\sigma_{th} < \sigma_1 \tag{6-3}$$

对于基体来说，考虑基体与熔覆层的应力平衡，为防止其开裂，必须保证

$$-\sigma_{th} < \sigma_2 \tag{6-4}$$

式中，σ_1、σ_2 分别为熔覆层、基体的抗拉强度。综合以上公式，可得

$$-\sigma_2 < \sigma_{th} < \sigma_1 \tag{6-5}$$

将式(6-2)代入式(6-5)，即可得到式(6-1)给出的熔覆层与基体的膨胀系数差值的合理范围。

2) 熔覆材料与基体熔点的匹配

应采用与基体熔点相近的熔覆材料。若熔覆层熔点过高，加热时熔覆层材料熔化少，会使熔覆层表面粗糙度高，或由于基体表面过度熔化导致熔覆层的稀释率增大。反之，熔覆材料熔点低，容易控制熔覆层的稀释率，所获得的熔覆层性能好，同时熔点越低，液体流动性越好，易获得表面平整光滑的熔覆层。但是，熔覆层熔点过低，会使熔覆层过度烧损，熔覆层与基体间产生孔洞和夹杂，或由于基体金属不能很好的熔化，熔覆层和基体难以形成良好的冶金结合。因此，在激光熔覆中一般选择熔点与基体金属相近的熔覆材料。

3) 激光熔覆材料对基材的润湿性

熔覆过程中，润湿性也是一个重要因素，特别是要获得满意的金属陶瓷涂层，必须保证金属相和陶瓷相具有良好的润湿性。润湿性和表面张力有关，表面张力越小，液态流动性越好，越容易使熔覆层熔体均匀铺展在金属基体表面，即具有良好的润湿性，易于得到平整光滑的熔覆层。在提高润湿性方面，主要应基于降低熔覆层熔体表面张力、降低基体表面张力、降低熔覆层熔体与基体之间的的固-液界面能等几个方面。

为了提高高熔点陶瓷颗粒相与基体金属之间的润湿性，可以采取多种途径，事先对陶瓷颗粒进行表面处理，提高其表面能。常用的处理方法有机械合金化、物理化学清理、电化学抛光和包覆等。在设计熔覆材料时，可在粉末中加入某些活性元素，例如，激光熔覆 $Cu-Al_2O_3$ 混合粉末制备时，添加 Ti 以提高相间的润湿性；添加 Cr 等元素有利于提高基体与颗粒之间的润湿性。选用适宜的激光熔覆工艺参数可以提高润湿性，如提高熔覆温度、降低熔覆金属液态的表面能等。

6.3.4　激光熔覆设备

激光熔覆设备由多个系统综合组成，主要分为三大模块：激光器及光路系统、送粉系统、控制系统。激光熔覆成套设备的组成包括：激光器、送粉机构、加工工作台、测温仪等。如图 6.47 所示。

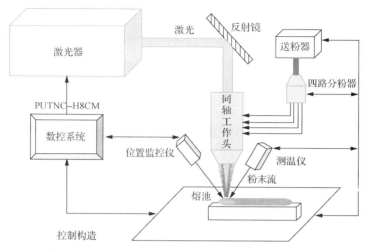

(a) 激光熔覆原理图

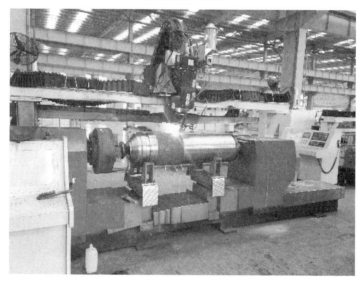

(b) 激光熔覆常用激光器

图 6.47 激光熔覆成套设备

1. 激光器

激光器作为熔化金属粉末的高能量密度热源, 是激光熔覆设备的核心部分, 其性能直接影响熔覆的效果。光路系统用于将激光器产生的能量传导到加工区域, 光纤是当今光路系统的主要代表。

目前, 激光熔覆主要采用的是 CO_2 气体激光器, 用于大型零件的激光熔覆, 少部分采用 YAG(掺钕钇铝石榴石晶体)固体激光器。近些年, 随着半导体技术的发展, 半导体激光器的使用量逐渐增加。

CO_2 激光器于 1964 年诞生, 由于 CO_2 在光电转换效率和输出功率等方面具有的明显优势, 这种激光器得到了迅猛的发展, 如图 6.48 所示。CO_2 激光器在汽车工业、钢铁工

业、造船工业、航空及宇航业、电机工业、机械工业、冶金工业、金属加工等领域广泛
应用。

图 6.48　CO_2 激光器

CO_2 激光器是目前输出功率达到最高级区的激光器之一，其最大连续输出功率可达
几十万 W，光电转化率可达 30%以上，远高于其他加工用激光器的效率。CO_2 激光器的
光束质量高、模式好、相干性好、线宽窄、工作稳定。但 CO_2 激光设备体积庞大，不适
于现场修复和与各种熔覆工装配合使用，并且运行成本、维修成本高，更换易损配件频
率高且价格昂贵。

掺钕钇铝石榴石激光器具有很高的增益、良好的热性能和力学性能，原理如图 6.49
所示。掺钕钇铝石榴石是在基质材料中掺入适量的三价钕栗子 Nd^{3+} 形成的。钇铝石榴石
的熔点为 1970℃，具有很高的硬度与优良的热物理性能，并具有荧光谱线窄、量子效率
高等特点，使掺钕钇铝石榴石激光器成为三种固体激光器中唯一能够连续工作和高重复
率工作的激光器。一根 $\varphi10mm \times 152mm$ 的掺钕钇铝石榴石优质晶体激光棒，可得到约
600W 的连续输出功率。

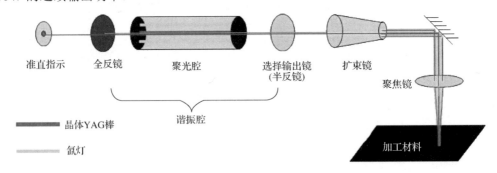

图 6.49　掺钕钇铝石榴石激光器示意图

近年来开发的半导体二极管泵浦、激光二极管泵浦的掺钕钇铝石榴石激光器发展非
常迅速。该激光器大大减少了非吸收带光能转化的热量，电光转化效率高(高达 20%～
40%)，能直接获得紫外波长的光，从而为大功率、小型化、能耗低(工作电压低)、热负
荷小和长寿命稳定工作创造了条件。由于该激光器波长位于紫外线区，光束质量好，可
进行多种优质加工。

半导体激光器是以半导体材料(主要是化合物半导体)作为工作物质,以电流注入作为激励方式的一种小型化激光器。实际应用中,比较典型的半导体激光器结构是双异质结法布里伯罗腔(F-P)型结构,具体结构如图 6.50 所示。目前,市场上应用的直接输出半导体激光,输出功率在 2000~6000W 之间,半导体激光体积小,重量轻,电光转换效率达到 50%,输出激光波长为 808nm、976nm、1064nm 等,解决了 CO_2 激光器体积大、笨重、输出激光波长过长等缺点,解决了 YAG 激光不能生产大功率输出激光的难题。但直接输出半导体激光有两个致命弱点:一是因为直接输出半导体激光的光束整形困难,难以将激光输出光斑整形到很小,所以,直接输出半导体激光不能进行薄壁件、小件、高精度易变形件的熔覆;二是直接输出半导体激光激光器直接面对被熔覆基体,基体的熔池热辐射对激光器发光条损伤极大。

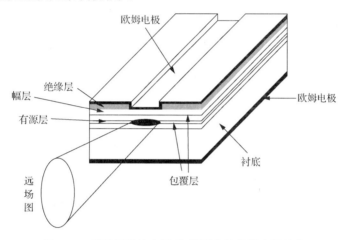

图 6.50 双异质结法布里-伯罗型半导体激光器结构

2. 送粉系统

送粉系统是激光熔覆设备的一个关键部分,送粉系统的技术属性及工作稳定性对最终的熔、覆层成形质量、精度以及性能有重要的影响。送粉系统通常包括送粉器、粉末传输管道和送粉喷嘴,若选用气动送粉系统,还应包括供气装置。由于送粉系统最主要的区别在于送粉器,因此,在这里仅对不同类型的送粉器进行讨论。

送粉器的功能是将粉末按照加工工艺要求精确的送入激光熔池,并确保加工过程中粉末能连续、均匀、稳定地输送。针对不同类型的粉末要求,目前国内外已经研制的送粉器主要分为:螺旋式送粉器、转盘式送粉器、刮板式送粉器、毛细管式送粉器、鼓轮式送粉器、电磁振动送粉器和沸腾式送粉器。其工作原理涉及重力场、气体动力学和机械力学等。

螺旋式送粉器由 Li 和 Steen 设计,如图 6.51 所示,螺杆置于料斗的底部,通过螺纹把粉末送到混合器,再用气体将粉末输送出。螺旋式送粉器适合小颗粒粉末输送,工作输送均匀,连续性和稳定性高,并且这种送粉方式对粉末的干湿度没有要求,可以输送稍微潮湿的粉末,但不适用于大颗粒粉末的输送,容易堵塞。靠螺纹的间隙送粉使得送粉量不能太小，所以很难实现精密激光熔覆加工中所要求的微量送粉，并且不适合输送不同材料的粉末。

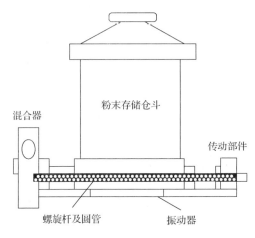

图 6.51　螺旋式送粉器原理图

转盘式送粉器由 Grunenwald 和 Nowotny 设计，是用刮板将转盘上的粉末推到凹槽内，再用载流气体将粉末输送走，如图 6.52 所示。该送粉装置适合球形粉末的输送，不同材料粉末可以混合输送，最小粉末输送率为 1g/min。对其他形状的粉末输送效果较差，工作时送粉率不可控，并且对粉末的干燥程度要求高，稍微潮湿的粉末会使送粉的连续性和均匀性降低。

刮板式送粉器原理如图 6.53 所示，适用于颗粒直径大于 20μm 的粉末的输送。对于颗粒较大的粉末流动性好，易于传输。但在输送颗粒较小的粉末时，容易团聚，流动性较差，送粉的连续性和均匀性差，容易造成出粉管口堵塞。

毛细血管式送粉器由 Atsusaka 和 Motohiro Urakaw 设计，图 6.54 所示是通过毛细管的振动来输送粉末，但是送粉率不可控制。送粉器能输送的粉末直径大于 0.4μm。粉末输送率可以达到 ≤1g/min。能够在一定程度上实现精密熔覆中要求的微量送粉，但是它是靠自身的重力输送粉末，粉末必须干燥，否则容易堵塞，送粉的重复性和稳定性差，对于不规则的粉末输送，输送时在毛细管中容易堵塞，所以只适合于球形粉末的输送。

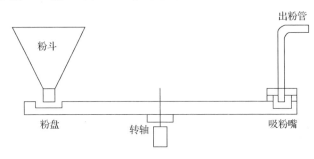

图 6.52　转盘式送粉器

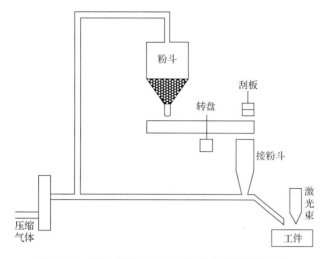

图 6.53　刮板式送粉器和毛细管式送粉器原理图

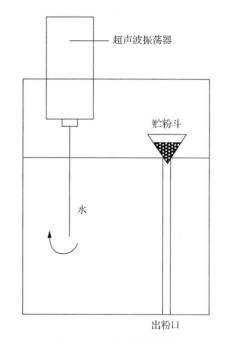

图 6.54　毛细管送粉器

　　鼓轮式送粉器通过调节鼓轮的转速和更换不同大小的粉勺来实现送粉率的控制，如图 6.55 所示。鼓轮式送粉器对粉末的干燥度要求高，微湿的粉末和超细粉末容易堵塞粉勺，使送粉不稳定，精度降低。

　　电磁振动送粉器的原理图如图 6.56 所示，在电磁振动器的推动下，阻分器振动，储藏在贮粉仓内的粉末沿着螺旋槽逐渐上升到出粉口，由气流送出。阻分器还有阻止粉末分离的作用。电磁振动器实质上是一块电磁铁，通过调节电磁铁线圈电压的频率和大小就可实现送粉率的控制。

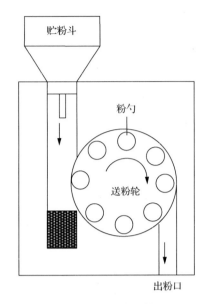

图 6.55　鼓轮式送粉器

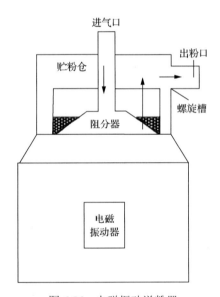

图 6.56　电磁振动送粉器

沸腾式送粉器是用气流将粉末流化或达到临界流化,由气体将这些流化或临界流化的粉末吹送运输的一种送粉装置,如图 6.57 所示。底部和上部的两个进气道使粉末流化或达到临界流化,中部的载流气体将流化的粉末送出。沸腾式送粉器能使气体与粉末混合均匀,不易发生堵塞,送粉量大小由气体调节,可靠方便,并且不像刮吸式与螺旋式等机械式送粉器,粉末输送过程中与送粉器内部发生机械挤压和摩擦容易发生粉末堵塞现象,造成送粉量的不稳定。

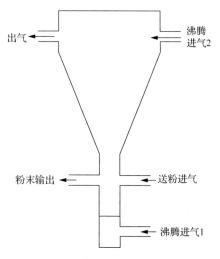

图 6.57　沸腾式送粉器原理图

3. 激光熔覆层实时监测系统

近几年，国际上一些研究机构在掌握工艺参数对成型效果影响规律的基础上，先后对成型过程监测与控制展开了探索，并且认为激光快速成型过程影响因素对成型过程的作用，最终将通过一些过程输出参量，如熔池的形状和尺寸、熔池的温度及其附近温度场、熔池的冷却速率等体现出来，而这些参量将最终决定激光快速成型过程的稳定和成型质量。因此，研究激光熔池形貌尺寸，对于改进激光加工质量、调整激光加工工艺参数，具有重要的意义[41]。

图 6.58 基于电荷耦合元件（charge-coupled device，CCD）的非接触式激光熔覆熔池宽度监测系统，可以监测激光熔覆熔池宽度。该检测硬件部分包括彩色 CCD 一体化摄像机、解码器、安装支架、中性衰减片、图像采集卡和计算机等，彩色 CCD 一体摄像机体积小巧、美观，安装、使用方便，监控范围广，性价比高。

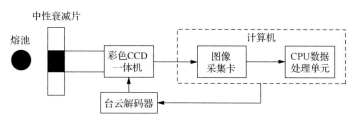

图 6.58　基于 CCD 的熔池宽度检测系统组成示意图

CCD 检测系统的原理是将采集到的激光熔覆过程图像传送给计算机处理，计算机通过数字图像处理获取激光熔覆过程中的实际熔覆层宽度值，为了获得理想的宽度，系统将实际的熔覆层宽度与理想的熔覆层宽度进行对比，采用 PID 算法在线调节扫描速度，通过控制系统的设计，自动改变扫描速度，达到理想熔覆层宽度的效果。

激光熔覆 CCD 检测系统是在 Visual C++平台下开发的，如图 6.59 所示，基于 CCD

实时检测系统主要包括视频卡初始化、系统参数设定、视频显示、图像采集、图像裁减、图像缩放、图像灰度化、图像平滑、图像分析、结果输出等功能模块设计开发。

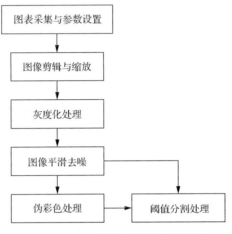

图 6.59　CCD 检测系统设计流程图

图像采集模块是基于 SDK2000 视频采集卡自带的二次开发包 SStream.DLL 而设计的,其中包含了很多与视频采集卡相关的操作函数。图像的处理模块主要包括图像裁减与缩放、图像灰度化、图像去噪声、图像分割二值化等。

经过研究结果证明,该检测系统能够非常直观的给出激光熔池不同工况下的信息,能够实时检测整个熔池表面几何尺寸,属于非接触测量,对熔池无干扰,为激光加工的在线监测和反馈控制提供了新的手段。

6.3.5　激光熔覆技术的应用与展望

激光熔覆技术经过半个世纪的发展,已经完全从实验室进入到实际工业应用,在汽车工业中应用广泛,如缸套、曲轴、活塞环、换向器、齿轮等零部件的热处理,同时,在航空航天、石油行业和机械动力行业也应用广泛。

1. 航天航空领域

航天航空是激光熔覆技术应用潜力最大的领域之一。由于航空发动机磨损严重,发动机叶片的再制造市场存在巨大发展潜力,英国 Rolls Royce 公司采用激光熔覆技术代替钨极氩弧焊堆焊技术修复航空涡轮发动机叶片,不仅解决了工件的开裂问题,而且极大的降低了工时。国内也将激光熔覆技术应用于发动机叶片和阀座的修复,北京航空航天大学及西北工业大学等实现了大型钛合金构件的激光熔覆成形。王华明院士应用基于激光熔覆的增材制造技术,制造出了飞机玻璃前档,如图 6.60 所示,其用料 136kg,相对于锻件的 1706kg,节省材料 90%,同时,其性能比锻件要好,而且制作时间周期短,只要几小时即可,这项技术使我国成为目前世界上唯一突破飞机钛合金大型主承力结构件激光快速成型技术,并实现装机应用的国家。所生产的零件经过了 8000h 以上抗疲劳测试[42]。

图 6.60　激光增材制造飞机窗

2. 汽车制造领域

由于汽车的发动机活塞和阀门、气缸内槽、齿轮、排气阀座以及一些精密微细部件要求具有高的耐磨、耐热及耐蚀性能,因此,激光熔覆在汽车零部件制造中得到广泛应用。发动机曲轴的修复应用最广,封慧等采用 Fe 基粉末对发动机曲轴表面进行激光熔覆再制造修复,如图 6.61 所示,得到的熔覆层与基体结合良好,且硬度为基体的 2～3 倍[43]。李春华等对汽车排气门表面进行了 Ni21 合金的激光熔覆,并且可以满足汽车排气门的批量生产要求。AM60B 镁合金汽车轮毂进行了表面熔覆后,使得 AM90B 镁合金汽车轮毂在中性盐雾腐蚀 240h 后的质量损失减少 91.63%,在酸雨全浸腐蚀 240h 的质量损失率下降 93.35%,磨损体积减小 71.08%,有效提高了汽车轮毂的耐蚀性[44]。

图 6.61　发动机曲轴

3. 石油化工领域

石油化工装备的许多关键零部件长期工作在承受重载并伴有腐蚀、摩擦磨损和高温的恶劣环境中,易于过早失效而缩短整套装备的使用寿命。中国石油大学的韩彬等在 45 钢表面熔覆,得到硬度为 600HV 的 Ni 基金属陶瓷熔覆层,其耐磨性显著提高。深井钻机盘式刹车处于强摩擦、高热负荷及较大制动力等极端工况下,使得表面易发生高温氧化、摩擦磨损并形成热疲劳裂纹。陆萍萍等采用 Fe 基复合涂层以及含有不同比例的 Cr_3C_2 的 Fe 基合金复合涂层,在刹车盘基体表面进行熔覆修复,最终提高了刹车盘的摩擦磨损、抗疲劳性能[45]。

4. 煤矿开采领域

在煤矿行业中，由于工作环境苛刻，对煤矿开采机械零部件的性能要求比较高。液压立柱作为主要的承载部件，长期处于磨损较大、腐蚀性较高的环境中，使其使用寿命降低，山东能源重装集团大族再制造有限公司采用 Fe 基粉末在液压支柱母材 27SiMn 表面制造出了耐磨性与耐蚀性较高的熔覆层，如图 6.62 所示[46]。苏伦昌等针对矿用 42CrMo 截齿，采用专门研制的抗磨损合金粉末进行熔覆，得到的熔覆层耐磨性最高优于原始熔覆层的 18 倍、基体的 3 倍，如图 6.63 所示[47]。

图 6.62　矿用装备修复

图 6.63　集成激光熔覆设备

　　矿用截齿在截割煤岩时承受高压力、剪切应力和冲击负荷，因此，其失效多以磨损为主(图 6.63)。

　　国际上，以美国、德国、日本为代表的发达国家的激光熔覆技术发展速度惊人，特别是在航空、电力、船舶及石油等大型制造领域，基本完成了用激光加工工艺对传统加工工艺的更新换代，已经进入了"光制造"时代。IPG、Trumpf、Rofin、Laserline 等公司依然在先进激光器方面处于统治地位，德国 DMG 集团将激光熔覆技术与五轴联动数控机床的系统集成(Lasertec65，如图 6.63 所示)，实现了同步送粉式激光 3D 打印及精密机械加工的完美结合。另外，国际上激光熔覆技术已经实现规范化、标准化，在制粉技术及质量控制方面(如球形度、纯度)也具有较高的水平。

　　目前，我国从事激光熔覆技术研究的机构主要包括：清华大学、华中科技大学、北京航空航天大学、西北工业大学、哈尔滨工业大学、北京工业大学、中国科学院、北京有色金属研究总院，中国矿业大学以及东北大学等。具有代表性的激光熔覆装备制造或系统集成的公司主要有深圳大族激光、北京陆合飞虹激光、武汉团结激光、南京煜宸激光和江苏中科四象等。从事激光熔覆技术应用的公司主要有山能重装集团、沈阳大陆激光、武钢华工、鞍山正发股份、沈阳金研激光、泰安金宸激光、江苏永年激光及大族金石凯等。

　　激光熔覆技术经过数十年的发展，已从实验室进入到实际工业应用中，在航空航天、石油、船舶、工程机械、核电、钢铁冶金、汽车、模具制造及船舶行业中得到了广泛的应用。随着"中国制造 2025"发展规划的不断推进，激光熔覆技术必将为广大工业用户所接受，将产生巨大的经济效益[48]。

　　近年来，激光熔覆技术已有很大的进展，某些方面已进入实际工业应用阶段，但是由于该过程的材料非平衡物理冶金和热物理过程十分复杂，同时发生着"激光-金属(粉末、固体基材、熔池液体金属等)交互作用"、移动熔池的"激光超常冶金"、移动熔池在超高温度梯度和强约束条件下的"快速凝固"、复杂约束长期循环条件下"热应力演化"等。材料冶金和热力耦合等极其复杂的现象发生并相互强烈影响。对激光增材制造过程"材料物理冶金"和"材料热物理"等材料科学问题的研究，不仅是切实解决"热应力控制和变形开裂预防"及构件"内部质量和力学性能控制"等长期制约高性能大型金属构件激光增材制造发展和应用"瓶颈难题"的基础，更是决定该技术优势能否得以充分发挥并走向工程应用推广的基础。若想实现钛合金、镍基合金、铝合金、合金钢、金属间化合物合金、难熔合金等高性能难加工金属大型关键构件的激光增材制造及其"成形/成性一体化"主动控制和更快走向工程推广应用，很大程度上依赖于人们对下述 5 大共性材料问题的研究：包括激光/金属交互作用行为及能量吸收与有效利用机制；内部冶金缺陷形成机制及力学行为；移动熔池约束凝固行为及构件晶粒形态演化规律；非稳态瞬时循环固态相变行为及显微组织形成规律；内应力演化规律及构件变形开裂预防控制[49]。

参 考 文 献

[1] 蔡宏图, 江涛, 周勇. 热喷涂技术的研究现状与发展趋势[J]. 装备制造技术, 2014, (06): 28-31.

[2] 殷硕. 冷喷涂粉末粒子加速行为及沉积机理的研究[D]. 大连: 大连理工大学, 2012.

[3] 尹志坚, 王树保, 傅卫, 等. 热喷涂技术的演化与展望[J]. 无机材料学报, 2011, 26(03): 226-230.

[4] 黎樵燊, 朱又春. 金属表面热喷涂技术[M]. 北京: 化学工业出版社, 2009.

[5] 李文亚, 李长久. 冷喷涂特性[J]. 中国表面工程, 2002, (01): 12-15.

[6] 国洪建, 贾均红, 张振宇, 等. 热喷涂技术的研究进展及思考[J]. 材料导报, 2013, 27(02): 38-40.

[7] 张燕, 张行, 刘朝辉, 等. 热喷涂技术与热喷涂材料的发展现状[J]. 装备环境工程, 2013, 10(03): 59-62.

[8] 许雪, 赵程. 等离子弧热喷焊技术的发展与现状[J]. 冶金丛刊, 2006, (03): 44-46.

[9] 李君. 热喷涂技术应用与发展调研分析[D]. 长春: 吉林大学, 2015.

[10] 黄诗铭. 等离子喷焊复合材料强化层及其组织与性能研究[D]. 长春: 吉林大学, 2015.

[11] 詹长书. 热喷焊技术工艺设计及其应用[J]. 森林工程, 2003, 19(3): 39-40.

[12] 戴达煌, 刘敏. 薄膜与涂层现代表面技术[M]. 长沙: 中南大学出版社, 2008.

[13] 王元良, 陈辉, 周友龙, 等. 热喷涂技术及其设备应用[J]. 电焊机, 2005, 35(11): 1-5.

[14] 李耿, 周勇, 薛飒, 等. 冷喷涂技术[J]. 热处理技术与装备, 2009, 30(04): 11-14.

[15] 徐滨士, 张伟, 梁秀兵. 热喷涂材料的应用与发展[J]. 新材料产业, 2001, (12): 3-7.

[16] 周香林, 张济山, 巫湘坤. 先进冷喷涂技术与应用[M]. 北京: 机械工业出版社, 2011.

[17] 孙家枢, 郝荣亮, 钟志勇. 热喷涂科学与技术[M]. 北京: 冶金工业出版社, 2013.

[18] 马小雄, 高荣发. 粉末等离子弧喷焊(二)喷焊设备[J]. 焊接, 1979, (03): 45-49.

[19] 马小雄, 高荣发. 粉末等离子弧喷焊(三)喷焊枪及工艺参数选择[J]. 焊接, 1979, (04): 40-44.

[20] 李铁藩, 王恺, 吴杰, 等. 冷喷涂装置研究进展[J]. 热喷涂技术, 2011, 3(02): 15-31.

[21] 周禹, 李京龙, 李文亚. 冷喷涂技术的最新进展及其在航空航天领域的应用展望[J]. 航空制造技术, 2009, (09): 68-70.

[22] 刘奕, 所新坤, 黄晶, 等. 冷喷涂技术在生物医学领域中的应用及展望[J]. 表面技术, 2016, 45(09): 25-30.

[23] 唐景富. 堆焊技术及实例[M]. 北京: 机械工业出版社, 2010.

[24] 何实, 李家宇, 赵昆. 我国堆焊技术发展历程回顾与展望[J]. 金属加工, 2009, 60(22): 25-27.

[25] 陈天佐, 李泽高. 金属堆焊技术[M]. 北京: 机械工业出版社, 1991.

[26] 杨凤琦. 钨极氩弧堆焊Fe基合金粉末熔覆层组织和性能研究[D]. 济南: 山东建筑大学, 2013.

[27] 董丽虹, 朱胜, 徐滨士. 耐磨损耐腐蚀粉末等离子弧堆焊技术的研究进展[J]. 焊接, 2004, (7): 6-9.

[28] 张茂龙, 孙礼兵. 带极电渣堆焊工艺及其应用[J]. 锅炉技术, 1993, 21-26.

[29] 高丽娟. 陶瓷墙地砖模具的表面强化技术研究[D]. 武汉: 武汉理工大学, 2002.

[30] 张潆月, 包晔峰. 轧辊堆焊的现状和发展趋势[J]. 电焊机, 2010, 40(10): 17-20.

[31] 单际国, 董祖珏, 徐滨士. 我国堆焊技术的发展及其在基础工业中的应用现状[J]. 中国表面工程, 2002, (4): 19-22.

[32] 胡邦喜. 堆焊技术在国内石化、冶金行业机械设备维修中的应用[J]. 中国表面工程, 2013, 19(3): 4-8.

[33] 王新年, 马春雷. 我国堆焊技术的应用及发展[J]. 民营科技, 2015, (7): 236.

[34] 沈燕娣. 激光熔覆工艺基础研究[D]. 上海: 上海海事大学, 2006.

[35] 杨胶溪, 靳延鹏, 张宁. 激光熔覆技术的应用现状与未来发展[J]. 金属加工, 2016, 4: 13-16.

[36] 李亚江. 激光焊接/切割/熔覆技术[M]. 北京: 化学工业出版社, 2012.

[37] Kurz W. Fisher D J. Fundamentals of Solidification[M]. CRC Press, 1998.

[38] 张永康. 激光加工技术[M]. 北京: 化学工业出版社, 2004.

[39] Cheng Y H, Cui R, Wang H Z, et al. Effect of processing parameters of laser on microstructure and properties of cladding 42CrMo steel[J]. International Journal of Advanced Manufacturing Technology. 2018, 96(5-8): 1715-1724.

[40] 董世运. 激光熔覆材料研究现状[J]. 材料导报, 2006, 20(6): 5-13.

[41] Poprawe R, Hinke C, Meiners W, et al[C]. Digital photonic production along the lines of Industry 4.0, SPIE LASE. San Francisco, 2018.

[42] 冯淑容, 张述泉, 王华明. 钛合金激光熔覆硬质颗粒增强金属间化合物复合涂层耐磨性[J]. 中国激光, 2012, 39(2): 1-6.

[43] 封慧, 李剑锋, 孙杰. 曲轴轴颈损伤表面的激光熔覆再制造[J]. 中国激光, 2014, 41(8): 0803003-1-6.

[44] 常成, 刘建永, 杨伟, 等. 激光技术及其在汽车工业中的应用[J]. 湖北汽车工业学院学报, 2016, 30(2): 49-53.

[45] 陆萍萍. 万米深井钻机刹车盘表面激光熔覆组织与性能研究[D]. 青岛: 中国石油大学, 2010.

[46] 杨庆东, 苏伦昌, 董春春, 等. 液压支架立柱27SiMn激光熔覆铁基合金涂层的性能[J]. 中国表面工程, 2013, 26(6): 43-46.

[47] 苏伦昌, 董春春, 杜学芸, 等. 矿用截齿激光熔覆高耐磨颗粒增强铁基复合涂层的性能研究[J]. 矿山机械, 2014, 42(3): 102-106.

[48] 韩彬, 万盛, 张蒙科, 等. 镍基金属陶瓷激光熔覆层组织及摩擦磨损性能[J]. 中国石油大学学报, 2015, 39(2): 93-97.

[49] 王华明. 高性能大型金属构件及激光增材制造若干材料基础问题[J]. 航空学报, 2014, 35(10): 2690-2698.

第 7 章 再制造 3D 打印技术

"3D 打印",其专业术语是"增材制造",即通过逐渐增加材料的方法实现制造过程(起源于约 30 年前)。传统的机械加工方法是"减材制造",包括:车、铣、刨、磨等(起源于约 300 年前),在其制造过程中,材料逐渐减少。锻造、铸造、粉末冶金等热加工方法,可粗略地看作"等材制造"(起源于约 3000 年前)。基于金属激光沉积原理的激光再制造技术,在技术基础理论方面与金属激光 3D 打印具有相同之处。

激光再制造是一种集光、机、电于一体的先进再制造技术,作为再制造的核心技术,在再制造产业发展中具有重要的地位,为我国先进制造和绿色制造技术的发展以及装备制造服务业的发展注入了活力,成为再制造领域的一个极具活力的热门方向。

激光再制造是一种绿色再制造技术,它综合了激光熔覆和快速成型等技术的优点,既可以有效恢复、提升失效零件表面的耐磨、耐蚀、耐高温、抗疲劳等性能,又可以针对缺损零件局部进行体积成形、恢复原始尺寸,因此,这也是激光 3D 打印原理和技术在再制造领域的应用。

7.1 3D 打印技术概述

7.1.1 3D 打印技术的定义

3D 打印是"增材制造"技术的俗称,增材制造(additive manufacturing,AM)技术是依据三维 CAD 设计数据,采用离散材料(液体、粉末、丝、片、板、块等)逐层累加原理制造实体零件的技术。相对于传统的材料去除(如切削等)技术,增材制造是一种自下而上材料累加的制造工艺。自 20 世纪 80 年代开始,增材制造技术逐步发展,期间也被称为材料累加制造(material increase manufacturing,MIM)、快速原型(rapid prototyping,RP)、分层制造(layered manufacturing,LM)、实体自由制造(solid free-form fabrication,SFF)、3D 喷印(3D printing,3DP)等。名称各异的叫法分别从不同侧面表达了该制造工艺的技术特点。

美国材料与试验协会(American Society for Testing and Materials, ASTM)F42 国际委员会对增材制造和 3D 打印给予了明确的定义,增材制造是依据三维 CAD 数据将材料连接制作物体的过程,相对于减材制造,它通常是逐层累加过程。3D 打印也常用来表示增材制造技术。在特指设备时,3D 打印是指采用打印头、喷嘴或其他打印技术沉积材料来制造物体的技术,其设备的特点是价格相对较低或功能较弱。

从更广义的原理来看,以设计数据为基础,将材料(包活液体、粉材、线材或块材等)自动地累加起来成为现实实体结构的制造方法,都可视为增材制造技术[1]。

7.1.2　3D 打印技术的产生与兴起

1. 3D 打印技术的产生

3D 打印技术诞生于 20 世纪 80 年代中后期。1988 年，美国 3D System 公司采用"立体平版印刷快速成型"(stereo lithography，SL)技术，通过紫外激光线束照射扫描光敏树脂经其固化，逐层凝结累加制造出三维实体模型所推出的首台商用"液态光敏树脂选择性固化成型机"(SLA-250)，标志着 3D 打印技术的诞生。1992 年，美国麻省理工学院的 Saches 和 Cima 等首次对 3D 打印技术做出了概念性的描述，并创办了专业化的三维打印企业 Z Corp。随后的几年里，增材制造方法迅速兴起并日益多样化，主要包括：1988年 Feygin 发明的分层实体制造(laminated object manufacturing，LOM)、1989 年 Deckard研究的选区激光烧结(selective laser sintering，SLS)、1992 年 Crump 的熔融沉积造型(fuesd depostion modeling，FDM)以及今天被用作增材制造代表性术语的"3D 打印"(3 dimension printer，3DP)[2]。

2. 3D 打印技术的兴起

3D 打印技术的研究及应用由来已久，但近年来才被人们所熟知。2012 年是世界 3D 打印历史上值得铭记的一年，被称为"3D 打印技术的科普元年"。2012 年 3 月 9 日，时任美国总统奥巴马在卡内基梅隆大学宣布创立美国"国家制造创新网络"计划，如图 7.1 所示。该项目由美国联邦政府和工业部门共同斥资 10 亿美元，遴选出制造领域 15项前沿性、前瞻性的制造技术，建立 15 个制造业创新中心，以全面提升美国制造业竞争力。4 月 17 日，"增材制造技术"被确定为首个制造业创新中心。8 月 16 日，"国家增材制造创新中心"作为首个"样板示范"创新中心剪彩成立，作为新技术研究、开发、示范、转移和推广的基础平台。该中心的目标是成为增材制造技术全球卓越中心，并以此提升美国制造全球竞争力。

总统的亲自出马只是最初的"信号"，而作为美国政府"我们不能再等了"倡议的一部分，奥巴马总统还宣布立即启动试点工作，这可以解读为 3D 打印将进入快速发展阶段的信号。美国国防部、能源部、商务部、国家科学基金会、国防航空航天局等共同向增材制造试点联盟投资 4500 万美元。目前的资金包括 5 个联邦机构已有的 3000 万美元初始授权和联盟内"俄亥俄州—宾夕法尼亚州—西弗吉尼亚州技术带"各成员配套的 4000 万美元。

与此同时，美国国家增材制造创新联盟由美国国防制造与加工国家中心领导，包括波音、洛马、诺格、GE、IBM、西屋核电等 85 家知名企，10 个研究型大学，6 个社区学院以及 11 个非营利机构共同参与，代表了高性能难加工大型复杂整体构件先进制造技术的发展方向，成为增材制造新技术研究、开发、示范、转移和推广的基础平台。从这些名单中已经可以看出，企业力量的介入，会对 3D 打印的商用起到积极的推动作用。

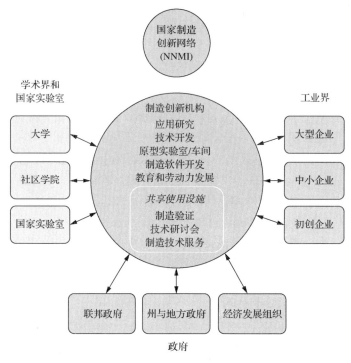

图 7.1　美国国家制造创新网络计划结构图

　　不断加码的推动力量为 3D 打印的普及、发展注入各种新的活力。2012 年 4 月 21 日，美国《经济学人》杂志推出了《3D 打印推动第三次工业革命》的封面文章(图 7.2)。文章认为，尽管仍有待完善，但 3D 打印技术市场潜力巨大，势必成为引领未来制造业趋

图 7.2　2012 年 4 月 21 日经济学人杂志封面文章

势的众多突破之一。这些突破将使工厂彻底告别车床、钻头、冲压机、制模机等传统工具，形成一种以 3D 打印机为基础的、更加灵活的、所需投入更少的生产方式，这便是第三次工业革命到来的标志。在这种形势下，传统的制造业将逐渐失去竞争力。以 3D 打印为代表的第三次工业革命，以数字化、人工智能化制造与新型材料的应用为标志。它的直接表现是工控计算机、工业机器人技术已进入成熟阶段，即成本明显下降，性能明显提高，工业机器人可以在很多方面替代流水线上的工人。

从 2012 年 3 月 9 日时任美国总统奥巴马将增材制造技术列为国家 15 个制造业创新中心，到 4 月 21 日美国《经济学人》杂志的封面文章推出《3D 打印推动第三次工业革命》，推动 3D 打印发展的政治、经济力量正式形成，3D 打印这项技术不出意外地迅速吸引了全世界的眼球[3]。

7.1.3　3D 打印技术的原理

对于大多数人来说，提到"打印"，首先想到的是能打印文稿或照片等平面内容的普通打印机，事实上，二维的喷墨打印技术和某些类型的 3D 打印在技术上确实比较接近。3D 打印使用特制的设备将材料一层层地喷涂或熔结到三维空间中，最后形成所需的对象，所用设备即 3D 打印机，如图 7.3 所示。3D 打印机的精确度相当高，即便是低档廉价的型号，也可以打印出模型中的大量细节，而且它比起铸造、冲压、蚀刻等传统方法能更快速地创建原型，特别是传统方法难以制作的特殊结构模型。一般来说，通过 3D 打印获得一件物品需要经历建模、分层、打印和后期处理四个主要阶段，具体流程如图 7.4 所示[4]。

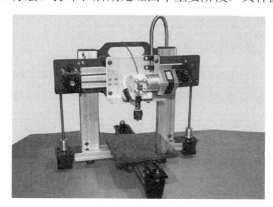

图 7.3　ORDbot Quantum3D 打印机

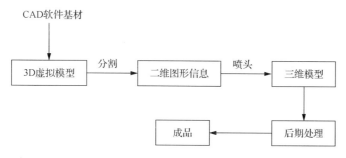

图 7.4　3D 打印的设计和制作流程

1. 三维建模

通过 goSCAN 之类的专业 3D 扫描仪或 Kinect 之类的 DIY 扫描设备获取对象的三维数据，并且以数字化方式生成三维模型。也可以使用 Blender、SketchUp、AutoCAD 等三维建模软件从零开始建立三维数字化模型，或是直接使用其他人已做好的 3D 模型。

2. 分层切割

由于描述方式的差异，3D 打印机并不能直接操作 3D 模型。当 3D 模型输入到电脑中后，需要通过打印机配备的专业软件来进一步处理，即将模型切分成一层层的薄片，每个薄片的厚度由喷涂材料的属性和打印机的规格决定。

3. 打印喷涂

由打印机将打印耗材逐层喷涂或熔结到三维空间中，根据工作原理的不同，有多种实现方式。比较流行的做法是先喷一层胶水，然后在上面撒一层粉末，如此反复；或是通过高能激光熔化合金材料，一层一层地熔结成模型。整个过程根据模型大小、复杂程度、打印材质和工艺的不同，耗时几分钟到数天不等。

4. 后期处理

模型打印完成后，一般都会有毛刺或是粗糙的截面，这时，需要对模型进行后期加工，如固化处理、剥离、修整、上色等，才能最终完成所需要的模型的制作。

7.1.4　3D 打印再制造及其流程

3D 打印再制造就是利用 3D 打印技术对废旧零部件进行再制造修复，使其性能得到提升，服役寿命得以延长，其技术流程如图 7.5 所示。

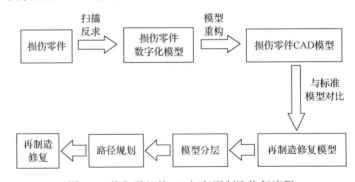

图 7.5　装备零部件 3D 打印再制造修复流程

首先，利用三维扫描仪对损伤零件进行扫描，获取损伤零件的数字化模型；然后对数字模型进行处理，进而生成缺损零件 CAD 模型，并通过与标准模型进行比对生成再制造修复模型；接下来对再制造模型进行分层路径规划处理，最后，3D 打印系统依规划路径对损伤零件进行再制造修复[5]。图 7.6 给出了 3D 打印再制造矿用链轮典型的修复流程。

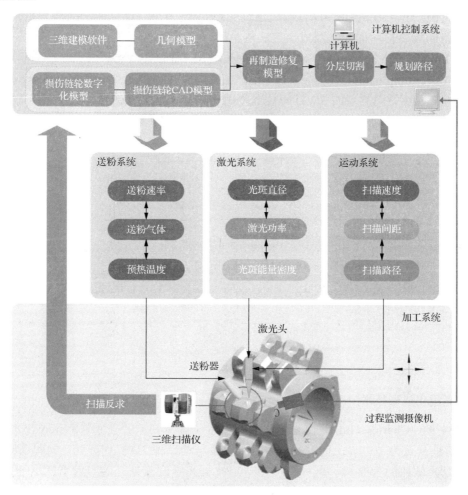

图 7.6　3D 打印再制造矿用链轮修复流程图

实际上，由于造成装备零部件损伤的因素是多样的，零件损伤面往往也是不规则面，要实现零件损伤部位的原位修复，还必须进行损伤表面的预处理。另外，由于在损伤零件的再制造修复过程中，所用再制造修复材料与零件基体材料不同，再制造修复零部件中存在异质界面问题。因此，装备废旧损伤零部件的 3D 打印再制造修复不同于装备零部件的 3D 打印直接制造，其涉及技术领域更广，过程更复杂[6]。

7.2　3D 打印技术分类

1984 年，美国人 Charles Hall 发明了第一台立体光固化成型 3D 打印机之后，各种不同类型的 3D 技术被不断开发出来。根据加热方式的不同，分别有应用激光、电子束、等离子束、紫外线、电热、常温黏接等技术的 3D 打印。根据打印材料的不同，分别有适合塑料、光敏树脂、金属合金、生物组织、复合材料、陶瓷等材料的 3D 打印。根据打印材料形状的不同，分别有打印丝状、粉末状、液状材料的 3D 打印。根据用途不同，有工业级 3D 打印、桌面级 3D 打印、建筑 3D 打印、生物 3D 打印、纳米 3D 打印。根据 3D 打印所用材料的状态及成形方法的不同，将 3D 打印技术分为光固化成形技术 (stereo lithography apparatus，SLA)、FDM、SLS、LOM、3DP、无模铸型制造技术 (patternless casting manufacturing，PCM)、直接金属沉积技术 (direct metal deposition，DMD)[7,8]。虽然不同类型的 3D 打印技术所用材料和成型方法有所不同，但其工艺流程基本相似，如图 7.7 所示[9]。

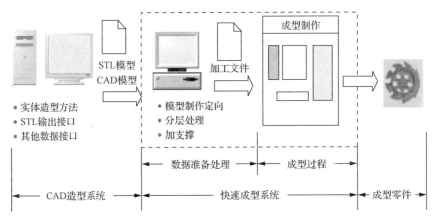

图 7.7　3D 打印工艺流程

7.2.1　光固化成形技术

1984 年，Charles Hull 获得光固化成形技术美国专利，并被 3D Systems 公司商品化，目前被公认为是世界上研究最深入、应用最早的一种 3D 打印方法。如图 7.8 所示，该技术以光敏树脂为原料，这种材料在一定波长和强度紫外光的照射下能迅速发生光聚合反应，分子量急剧增大，材料也就从液态转变成固态。其打印的基本过程是：在计算机控制下的紫外激光按预定零件各分层截面的轮廓为轨迹对液态树脂连点扫描，使

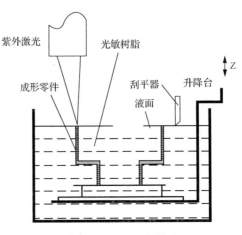

图 7.8　SLA 工艺原理

被扫描区的树脂薄层产生光聚合反应，从而形成零件的一个薄层截面。当一层固化完毕，移动工作台，在原先固化好的树脂表面再敷上一层新的液态树脂以便进行下一层扫描固化。新固化的一层牢固地黏合在前一层上，如此重复，直到整个零件原型制造完毕。

美国 3D Systems 公司最早推出的这种工艺，是目前研究得最多的方法，也是技术上最为成熟的方法。一般层厚在 0.1～0.15mm，最高精度能达到 0.05mm。

该项技术的优点是技术成熟、制造精度高、打印速度快、能制造外形复杂的零件和模具，但是，光固化工艺运行费用最高，零件强度低，无弹性，无法进行装配。光固化工艺设备的原材料很贵，种类不多。光固化设备的零件制作完成后，还需要在紫外光的固化箱中二次固化，以保证零件的强度。此外，光敏树脂经过半年到一年的时间就要过期，所以要有大量的原型服务以保证液漕内的树脂被及时用完，否则新旧树脂混在一起会导致零件的强度下降、外形变形。如需更换不同牌号的材料，则需要将一个液漕内的光敏树脂全部更换，工作量大、树脂浪费多。设备所采用的端面泵浦固体紫外激光器只能用 1 万 h，使用两年后，激光器就需要更换，振镜系统也是易损件。由于设备的运行费用高，这种设备一般被大型集团或有足够资金的企业所采购。

SLA 技术目前已在工业中得到实际应用，包括：制造模型和模具；替代精密制造的蜡模，如制造涡轮、叶片和叶轮；航空航天工业用于风洞试验制作各种复杂曲面进行流体(空气或液体)试验；新产品装配干涉检查；光弹试验运用模拟技术对重要零件进行动力、强度和刚度分析。

7.2.2　熔融沉积成形技术

FDM 工艺的材料一般是热塑性材料，如蜡、ABS、PC、尼龙等，以丝状供料，材料在喷头内被加热熔化。如图 7.9 所示，喷头沿零件截面轮廓和填充轨迹运动，同时将熔化的材料挤出，材料迅速固化，并与周围的材料黏结。每一个层片都是在上一层上堆积而成，上一层对当前层起到定位和支撑的作用。随着高度的增加，层片轮廓的面积和形状都会发生变化，当形状发生较大的变化时，上层轮廓就不能给当前层提供充分的定位和支撑作用，这就需要设计一些辅助结构——"支撑"，以对后续层提供定位和支撑，从而保证成形过程的顺利实现，如图 7.10 所示。

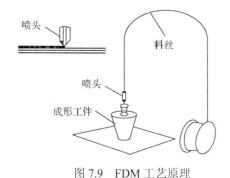

图 7.9　FDM 工艺原理　　　　　　　　　图 7.10　FDM 原型和支撑

FDM 技术的优点有操作环境安全、干净、不产生垃圾，工艺简单、易于操作，尺寸精度较高，表面质量较好，原材料价格便宜，可以构建瓶状或者中空零件，降低生产成本。相对而言，FDM 技术也有制造精度较低、表面质量较差、难以构造复杂的零件，截面垂直方向强度低、悬臂结构需要加支撑，成形速度较慢、不适合构建大型零件等缺点。这种工艺虽然表面光洁度较差，但不用激光，使用、维护简单，成本较低。用蜡成形的零件原型，可以直接用于失蜡铸造。用 ABS 制造的原型因具有较高强度而在产品设计、测试与评估等方面得到广泛应用。近年来又开发出 PC、PC/ABS、PPSF 等更高强度的成形材料，使得该工艺有可能直接制造功能性零件。由于这种工艺具有一些显著优点，因此发展极为迅速，目前，FDM 系统在全球已安装快速成型系统中的份额大约为 30%。

7.2.3　选择性激光烧结技术

选择性激光烧结工艺由美国德克萨斯大学奥斯汀分校的 Dechard 于 1989 年研制成功。如图 7.11 所示，SLS 工艺采用 CO_2 激光器作为热源，使用的造型材料多为各种粉末材料。在工作台上均匀铺上一层很薄的(100～200μm)粉末，激光束在计算机控制下按照零件分层轮廓有选择性地进行烧结，一层完成后再进行下一层烧结。全部烧结完后，去掉多余的粉末，再进行打磨、烘干等处理便获得零件。目前，工艺材料为尼龙粉及塑料粉，还有使用金属粉进行烧结的。

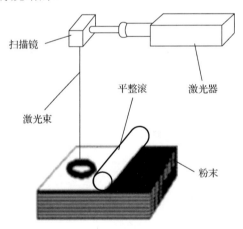

图 7.11　SLS 工艺原理

SLS 工艺最大的优点在于选材较为广泛，如尼龙、蜡、ABS、树脂裹覆砂(覆膜砂)PC、金属和陶瓷粉末等都可以作为烧结对象。粉床上未被烧结的部分成为烧结部分的支撑结构，因而无需考虑支撑系统(硬件和软件)。SLS 工艺与铸造工艺的关系极为密切，如烧结的陶瓷型可作为铸造之型壳、型芯，蜡型可做蜡模，热塑性材料烧结的模型可做消失模。SLS 技术既可以归入快速成型的范畴，也可以归入快速制造的范畴，因为使用 SLS 技术可以直接快速制造最终产品。

SLS 激光烧结技术的应用主要有：任何可以黏结的粉末都可以作为 SLS 激光烧结的成形材料；制造电火花加工电极以铁粉作基体原料，加入适量黏结剂烧结成型，再进行后续处理，如烧失黏结剂、高温焙烧、熔渗铜，最终成为电火花加工的电极；金属粉末激光烧结复合粉末激光烧结技术已经开始用于航空航天工业，烧结成型高熔点金属，3D 打印无法切削加工的高强度零件。

7.2.4　分层实体制造技术

LOM 工艺又称为薄板层压成型，由美国 Helisys 公司的 Michael Feygin 于 1986 年研制成功。如图 7.12 所示，其基本原理是：利用激光等工具逐层面切割、堆积薄板材料，最终形成三维实体。加工时，热压辊热压片材，使之与下面已成形的工件黏接；用 CO_2 激光器在刚黏接的新层上切割出零件截面轮廓和工件外框，并在截面轮廓与外框之间多余的区域内切割出上下对齐的网格；激光切割完成后，工作台带动已成形的工件下降，与带状片材(料带)分离；供料机构转动收料轴和供料轴，带动料带移动，使新层移到加工区域；工作台上升到加工平面；热压辊热压，工件的层数增加一层，高度增加一个料厚；再在新层上切割截面轮廓。如此反复直至零件的所有截面黏接、切割完，得到分层制造的实体零件。利用纸板、塑料板和金属板可分别制造出木纹状零件、塑料零件和金属零件。各层纸板或塑料板之间的结合可用黏接剂实现，而各层金属板直接的结合常用焊接(如热钎焊、熔化焊或超声焊接)和螺栓连接来实现。

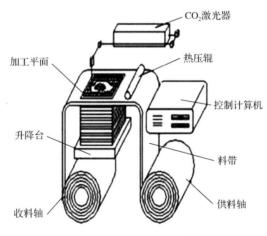

图 7.12　LOM 工艺原理

分层实体制造工艺的主要特点为：①成型速率较高。由于该工艺不需要激光束扫描整个模型截面，只需切割出内外轮廓等，所以加工时间主要取决于零件的尺寸及其复杂程度。②不需要进行支撑设计，所以前期处理的工作量小。分层实体制造工艺的缺点是：①由于其工艺特点所致，因此，制造出的原型在各方向的机械性能有显著的不同。②完成加工后，还需要手工清除无用的碎块，较为费时费工。③由于原材料的原因，应用范围受到一定的影响。

研究 LOM 工艺的除了 Helisys 公司，还有日本 Kira 公司、瑞典 Sparx 公司、新加坡

Kinergy 精技私人有限公司、清华大学等。但因为 LOM 工艺材料仅限于纸，性能一直没有提高，大部分公司机构已经或准备放弃该工艺。

7.2.5 三维印刷技术

3DP 工艺是美国麻省理工学院的 Emanual Sachs 等研制的。随着技术的发展，3DP 三维打印技术又可以分为热爆式三维打印、压电式三维打印、DLP 投影式三维打印等。热爆式三维打印工艺与 SLS 工艺类似，采用粉末材料成形，如陶瓷粉末、金属粉末，所不同的是，材料粉末不是通过烧结连接起来的，而是通过喷头用黏接剂(如硅胶)将零件的截面"印刷"在材料粉末上面。因此，零件强度较低，还须后处理。如图 7.13 所示，具体工艺过程如下：上一层黏结完毕后，成型缸下降一个距离(等于层厚：0.013～0.1mm)，供粉缸上升一个高度，推出若干粉末，并被铺粉辊推到成型缸，铺平并被压实；喷头在计算机控制下，按下一建造截面的成形数据有选择地喷射黏结剂建造层面；铺粉辊铺粉时，多余的粉末被集粉装置收集；如此周而复始地送粉、铺粉和喷射黏结剂，最终完成一个三维粉体的黏结。未被喷射黏结剂的地方为干粉，在成形过程中起支撑作用，且成形结束后，比较容易去除。

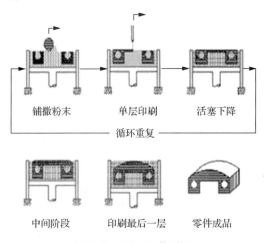

图 7.13 3DP 工艺原理

该项技术的特点是速度快(是其他工艺的 6 倍)，成本低(是其他工艺的 1/6)。缺点是精度和表面光洁度较低。压电式三维打印，类似于传统的二维喷墨打印，可以打印超高精细度的样件，适用于小型精细零件的快速成型。相对 SLA，设备维护更加简单，表面质量好，Z 轴精度高。

DLP 投影式三维打印工艺的成型原理是利用直接照灯成型技术把感光树脂成型，CAD 的数据由计算机软件进行分层及建立支撑，再输出黑白色的 Bitmap 档。每一层的 Bitmap 档会由 DLPR 投影机投射到工作台上的感光树脂，使其固化成型。DLP 投影式三维打印的优点是利用机器出厂时配备的软件，可以自动生成支撑结构并打印出完美的三维部件，设备小型化、易操作，多用于商业、办公、科研和个人工作室等。

7.2.6　无模铸型制造技术

无模铸型制造技术由清华大学激光快速成型中心开发研制,将该快速成型技术应用到传统的树脂砂铸造工艺中来。图 7.14 为无模铸型制造工艺原理图。首先,从零件 CAD 模型得到铸型 CAD 模型。由铸型 CAD 模型的 STL 文件分层,得到截面轮廓信息,再以层面信息产生控制信息。造型时,第一个喷头在每层铺好的型砂上由计算机控制精确地喷射黏接剂,第二个喷头再沿同样的路径喷射催化剂,两者发生胶联反应,一层层固化型砂而堆积成形。黏接剂和催化剂共同作用的地方,型砂被固化在一起,其他地方型砂仍为颗粒态。固化完一层后再黏接下一层,所有的层黏接完之后,就得到一个空间实体。原砂在黏接剂没有喷射的地方仍是干砂,比较容易清除。清理出中间未固化的干砂就可以得到一个有一定壁厚的铸型,在砂型的内表面涂敷或浸渍涂料之后,就可用于浇注金属。

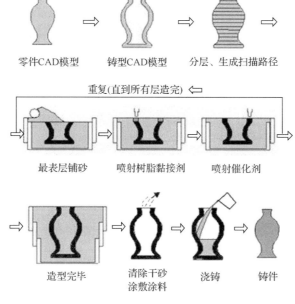

图 7.14　无模铸型制造技术工艺原理图

和传统铸型制造技术相比,无模铸型制造技术具有无可比拟的优越性,它不仅使铸造过程高度自动化、敏捷化,降低了工人劳动强度,而且在技术上突破了传统工艺的许多障碍,使设计、制造的约束条件大大减少。具体表现在以下方面:制造时间短;制造成本低;无需母模;一体化造型;型、芯同时成形;无拔模斜度;可制造含自由曲面(曲线)的铸型。

在国内外,也有其他一些将 RP 技术引入到砂型或陶瓷型铸造中的类似工艺,其中较为典型的有:MIT 开发研制的 3DP 工艺、德国 Generis 公司的砂型制造工艺等。

7.2.7　直接金属沉积技术

直接金属沉积技术（direct metal deposition，DMD），由激光等在沉积区域产生熔池并高速移动，材料以粉末或丝状直接送入高温熔区，熔化后逐层沉积，称之为直接能量沉积增材制造技术。近年来，随着工业领域复杂异型零件加工、定制化加工的增多，以及再制造领域的快速发展，DMD 已被广泛应用在汽车、航空、能源等各个领域的装备的制造过程中。

DMD 技术包括激光、等离子、电子束几种不同的热源，材料包括粉末或丝状两种主要的形态。利用激光或其他能源在材料从喷嘴输出时同步熔化材料，凝固后形成实体层，逐层叠加，最终形成三维实体零件。在该领域，Fraunhofer 激光技术研究所推出了超高速激光材料沉积技术（extremely high-speed laser material deposition，EHLA），阿克伦大学的 NCERCAMP 开发了一种超音速粒子沉积技术（supersonic particle deposition，SPD），通过一种高压喷射方法，压缩空气赋予超音速射流中的金属颗粒足够的能量冲击固体表面，以实现与固体表面的黏结，而不会出现在激光等加热形成熔池过程中产生的热影响区。

DMD 成型精度虽然较低，但是成型空间不受限制，因而常用于制作大型金属零件的毛坯，然后依靠 CNC 数控加工达到需要的精度。

7.3　3D 金属打印技术

金属零件 3D 打印技术作为整个 3D 打印体系中最前沿和最有潜力的技术，是先进制造技术的重要发展方向。按照采用热源和金属粉末的添置方式将 3D 金属打印技术分为以下几类：①使用激光照射喷嘴输送的粉末流，激光与输送粉末同时工作的激光工程化净成型技术（laser engineering net shaping，LENS），该方法目前在国内使用比较多；②使用激光照射预先铺展好的金属粉末的激光选区熔化技术（selective laser melting，SLM），这种方法目前被设备厂家及各科研院所广泛采用；③采用电子束熔化预先铺展好的金属粉末的电子束选区熔化技术（electron beam selective melting，EBSM），此方法与第②类原理相似，只是采用的热源不同；④采用电子束熔化送进的金属丝材的电子束熔丝沉积技术（electron bean fusion，EBF）；⑤采用等离子束为热源的等离子熔积成形技术（plasma pouder deposition manufacturing，PDM）。其中，用于再制造的主要有激光工程化净成形技术、电子束熔丝沉积技术、等离子熔积成形技术，这些技术对应着专用的设备、原材料和工艺[10]，如表 7.1 所示。

表 7.1　3D 金属打印技术分类[11]

技术名称	热源	原材料类型	典型设备	适用范围
LENS	激光束	粉末	LENS 750	制造、再制造
SLM	激光束	粉末	EOSINTM270	制造
EBSM	电子束	粉末	ARCAM A2	制造
EBF	电子束	丝材	ZD60-10A 型	制造、再制造
PDM	等离子束	粉末	LAWS 800	制造、再制造

7.3.1　激光工程化净成型技术

　　LENS 是一种新的快速成型技术，它由美国 Sandia 国立实验室首先提出，也有资料将 LENS 译成激光近形制造技术或者激光近净成形技术。LENS 是基于激光熔覆技术，用高能激光束局部熔化金属表面形成熔池，同时，用送粉器将金属粉末喷入熔池而形成与基体金属冶金结合且稀释率很低的新金属层的方法。当前，激光工程化净成型技术的名称尚未统一，如美国密歇根大学机械工程系开发的金属直接成型工艺、德国 Fraunhofer 激光研究所的激光熔化沉积技术(laser melting deposition，LMD)、斯坦福大学的形状沉积制造(shape deposition manufacturing，SDM)、Los Alamos 国家实验室的受控光制造(directed light fabrication，DLF)以及激光立体成形技术(laser solid forming，LSF)，激光固化(laser consolidation，LC)、激光金属成形(laser metal forming，LMF)、激光成形(laser forming，LF)、激光增材制造(laser additive manufacturing，LAM)、基于激光的自由实体制造(laser babsed free-form fabrication，LBFFF)、直接激光制造(direct laser fabrication，DLF)和激光快速成型(laser rapid forming，LRF)等。这些技术名称虽然不同，但实质都是利用同轴送粉激光熔覆进行添加式层叠直接制造的方法[12, 13]。

　　如图 7.15 所示，激光工程化净成型系统的核心部件是一个激光熔覆头(一般为同轴熔覆头)，熔覆头上带有可输送粉末及保护气的喷嘴，计算机可以控制送粉器通过载气将粉末从喷嘴送出并聚焦于熔覆头下方的轴线上。在成型过程中，计算机调入一层图形扫描数据，根据扫描数据决定是否开启激光。当开启激光时，激光器发出的激光从熔覆头顶部沿轴线方向向下射出，经聚焦镜汇聚在粉末聚焦点附近，将同步出射的粉末熔化；同时，熔覆头或工作台按每层图形的扫描轨迹移动，这样，熔化的金属液就在基体或上一层凝固层基础上完成了一层实体的成型；计算机继续调入下一层图形扫描数据，重复上述动作，如此逐层堆积，最终成型出一个具有完全冶金结合的金属零件。

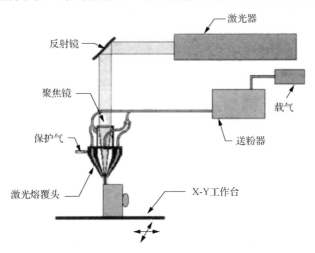

图 7.15　激光工程化净成型技术原理示意图

　　激光工程化净成型技术的优点包括以下几点。

（1）力学性能好：零件组织全致密，无宏观偏析和缩松，组织细小均匀，零件具备高的力学性能，强度、塑性、抗疲劳性能同时优于锻件标准。

（2）成型尺寸无限制：零件尺寸大小原则上没有限制，仅取决于装备的设计指标，便于成型大型零件。

（3）材料来源广泛、可易于实现多材料零件的成型。

激光工程化净成型技术也存在以下缺点。

（1）需使用高功率激光器，设备造价较昂贵。

（2）成型时热应力较大，成型精度不高，所得金属零件尺寸精度和表面粗糙度都较差，需较多的机械加工后处理才能使用。

目前，激光工程化净成型技术可用于制造成型金属注射模、修复模具和大型金属、零件、制造大尺寸薄壁形状的整体结构零件，也可用于加工活性金属，如钛、镍、钽、钨、铼及其他特殊金属[14]。

7.3.2　激光选区熔化技术

SLM 是由德国 Fraunhofer 激光研究所（Fraunhofer Institute for Laser Technology，ILT）于 1995 年最早提出的金属零件直接制造技术。它是由选区激光烧结（selective laser sintering，SLS）发展而来的基于叠层实体制造（layer additive manufacturing）原理的快速原形制造技术。SLM 与 SLS 的最大不同是 SLM 使用金属粉末作为成型材料，为了完全熔化金属粉末，SLM 要求激光能量密度超过 $106W/cm^2$。SLM 技术实现的前提是高功率密度、高光束质量激光器的诞生，目前，SLM 技术使用的激光器主要有 Nd-YAG 激光器、CO_2 激光器和光纤激光器[15]。

图 7.16 是激光选区熔化技术的原理示意图。先在计算机上利用 Pro/E、UG、CATIA

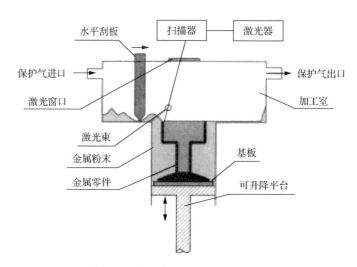

图 7.16　激光选区熔化技术成形原理

等三维造型软件设计出零件的三维实体模型，然后通过切片软件对该三维模型进行切片分层，得到各截面的轮廓数据，由轮廓数据生成填充扫描路径，设备将按照这些填充扫描线，控制激光束选区熔化各层的金属粉末材料，逐步堆叠成三维金属零件。在激光束开始扫描前，先用水平刮板把金属粉末平刮到加工室的基板上，激光束再按当前层的轮廓信息选择性的熔化基板上的粉末，成型出当前层的轮廓，然后可升降平台下降一个图层厚度的距离，水平刮板在已成型好的当前层上铺上新的金属粉末，计算机控制系统调入下一图层进行成型，如此层层堆积成型，直到整个零件成型完毕。整个成型过程在通有气体保护的加工室中进行，以避免金属在高温下与其他气体发生反应[14]。

激光选区熔化技术具有以下优点[15]。

(1) 个性化：适合各种复杂形状的零件，尤其适合带有非线性曲面的或者内部有复杂异型结构(如空腔)、用传统方法无法制造的个性化工件。

(2) 快速制造：直接制成终端金属零件，省掉中间过渡环节。

(3) 精度高：使用具有高功率密度的激光器，以光斑很小的激光束照射金属粉末，使得加工出来的个性化金属零件具有很高的尺寸精度(达 0.1mm)以及好的表面粗糙度(Ra $30\sim50\mu m$)。

(4) 致密度高：在选区内熔化金属制造出来的具有冶金结合的实体零件，相对致密度接近 100%，力学性能甚至超过铸造件。

(5) 材料种类多：由于激光光斑直径很小，因此，能以较低的功率熔化高熔点的金属，使得用单一成分的金属粉末来制造零件成为可能，而且可供选用的金属粉末种类也得到拓展。

由于 SLM 技术能直接制造具有较高精度的功能性金属零件，因此，该技术具有十分广泛的应用前景。目前，SLM 设备已被投入到工业模具、医用植入体、个性化首饰、航空零件等功能零件的 3D 打印直接制造中。但是该技术也仍存在成型件表面粗糙度仍需进一步提升的问题[14]。

7.3.3　电子束选区熔化技术

电子束选区熔化技术(electron beam selective melting, EBSM)是高能电子束根据零件的数字三维文件，选择性的熔化金属粉末层，逐层加工生成金属实体的成形工艺。

图 7.17 为电子束选区熔化成型原理示意图。上位机的实时扫描信号经数模转换及功率放大后传递给偏转线圈，成型过程在真空室中进行，电子束在对应的偏转电压产生的磁场作用下偏转，进而选择性熔化成型平台上的金属粉末，逐层堆积成形。

该技术无需扫描机械运动部件，电子束移动方便，可实现快速偏转扫描功能。由于电子束的能量利用率高、熔化穿透能力强、可加工材料广泛等特点，使 EBSM 在人体植入物、航空航天小批量零件、野战零件快速制造等方面具有独特的优势[11]。

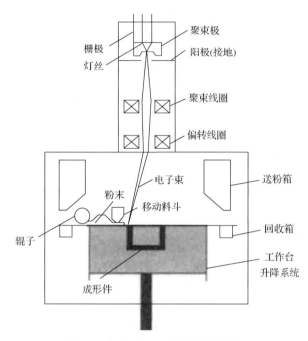

图 7.17　电子束选区熔化技术原理

电子束选区熔化技术的优点主要有以下几点[16]。

(1)功率高。电子束可以很容易地输出几千瓦级的功率，而大部分激光器的输出功率在 200~400W 之间。电子束加工的最大功率可以达到激光的数倍。

(2)能量利用率高。激光的能量利用率约为 15%，而电子束的能量利用率可以达到90%以上。

(3)无反射。众多金属材料对激光的反射率很高，且具有很高的熔化潜热，从而不易熔化。一旦形成熔池，由于反射率大幅度降低，使得熔池温度急剧升高，导致材料汽化。电子束不受材料反射的影响，可以用于激光难加工材料的制造。

(4)对焦方便。激光对焦时，由于其透镜的焦距是定值，所以只能通过移动工作台实现聚焦；而电子束通过聚束透镜的电流来对焦，因此，可以实现任意位置的对焦。

(5)成形速度快。电子束可以进行二维扫描，扫描频率可达 20kHz，相比于激光，电子束移动无机械惯性，束流易控，可以实现快速扫描，成形速度快。

(6)真空无污染。电子束设备腔体的真空环境可以避免金属粉末在液相烧结过程中氧化，提高材料的成形性。

电子束选区熔化技术也存在以下缺点[14]。

(1)受制于电子束无法聚到很细，该设备的成型精度还有待进一步提高。

(2)成型前需长时间抽真空，使得成型准备时间很长，且抽真空消耗大量电能，总机功耗中，抽真空占去了大部分功耗。

(3)成型完毕后，由于不能打开真空室，热量只能通过辐射散失，降温时间很长，降低了生产效率。

(4)真空室的四壁必须高度耐压，设备甚至需采用厚度达 15mm 以上的优质钢板焊接密封成真空室，这使整机的重量比其他 3D 打印直接制造设备重很多。

(5)为保证电子束发射的平稳性，成型室内要求高度清洁，因而在成型前必须对真空室进行彻底清洁，即使成型后，也不可随便将真空室打开，这也给工艺调试造成了很大的困难。

(6)由于采用高电压，成型过程会产生较强的 X 射线，需采取适当的防护措施。

7.3.4　电子束熔丝沉积技术

EBF 又称电子束自由成形制造技术，是近年来发展起来的一种新型增材制造技术，其设备如图 7.18(a)所示。与其他快速成型技术一样，需要对零件的三维 CAD 模型进行分层处理，并生成加工路径。利用电子束作为热源，熔化送进的金属丝材，按照预定路径逐层堆积，并与前一层面形成冶金结合，直至形成致密的金属零件。该技术具有成型速度快、保护效果好、材料利用率高、能量转化率高等特点，适合大中型钛合金、铝合金等活性金属零件的成型制造与结构修复[17]。

电子束熔丝沉积快速成型的原理如图 7.18(b)所示。这种快速成型技术是通过添加增材的方式生成零件。利用真空环境(1×10^{-4} Torr 以下)下的高能电子束流作为热源，直接作用于工件表面，在前一层增材或基材上形成熔池。送丝系统将丝材从侧面送入，丝材受电子束加热融化，形成熔滴。随着工作台的移动，使熔滴沿着一定的路径逐滴沉积进入熔池，熔滴之间紧密相连，从而形成新一层的增材，层层堆积，直至零件完全按照设计的形状成形[18]。

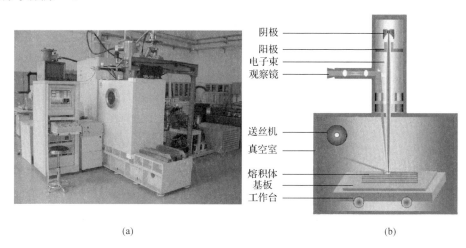

(a)　　　　　　　　　　　　　(b)

图 7.18　电子束熔丝沉积技术设备及原理

7.3.5　等离子熔积成形技术

PDM 是一种金属直接成形技术。与传统的 RP 技术相比，该技术采用集束性好的高温等离子弧作热源，突破了材料种类和制件规格的限制；与以激光作热源的另一类有代表性的金属直接制造技术相比，采用等离子弧大大降低了制造成本。以等离子熔积成形为主要体现形式的等离子增材制造及修复方法，其更多的适用于金属零件的缺陷修复，相对于常规补焊工艺，其修复后的变形小、质量高，同时相对于激光、电子束工艺，其适用部件性强、成本低，因此，作为增材制造工艺试验研究和金属零件修复具有较好的成本优势[19, 20]。

等离子熔积成型技术原理如图 7.19 所示。将粉末以一定的流量从送粉器送出后，经送粉气吹动、加速，流入等离子喷枪，并沿喷嘴与等离子弧同轴送出。粉末落在基板上，等离子弧作用于粉末上，高温等离子弧会将基板表面和粉末一起熔化，形成混合熔池。同时，合金粉末继续落下并堆积在熔池上方，受等离子弧作用粉末继续熔化，熔池逐渐变大，熔积层逐渐变高。一段时间之后，随着喷枪的向前运动，等离子弧开始对其他位置加热。远离等离子弧的粉末区域受热逐渐减少，熔池由加热阶段变为冷却阶段。由于金属基板的导热性能极好，因此，熔池冷却速度极快。一般情况下，几秒之后熔池就会消失[21]。

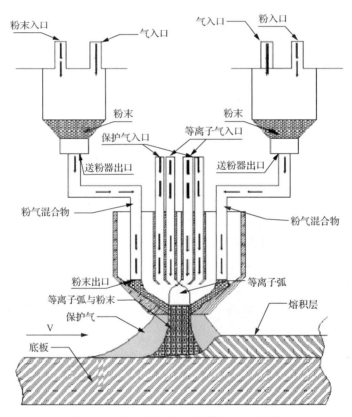

图 7.19　等离子熔积成型系统及加工过程

等离子熔积成型技术具有以下特点[22]：

(1)装置简单，采用焊接方法中高度压缩、集束性好的等离子束熔化金属粉末，稳定性与可控性好，设备成本远低于激光近净成型方法，但成型效率明显高于激光直接成型。

(2)使用材料广泛，不仅能使用不锈钢、梯度材料、模具材料以及高温合金，还能使用金属基复合材料等。

(3)它不受产品形状及复杂程度的限制，产品设计与生产并行，可根据零件的具体形状和要求，适时调节送粉流量，控制成型速度。

（4）除了可用于制造原型和零件外，还能对其表面缺陷进行修复，可以改变零件表面的化学成分和组织结构，改善其性能，延长零件的使用寿命。

（5）被电弧熔融的金属材料在室温下急速冷却，可以得到满密度的零件组织，性能优于铸造工艺。

参 考 文 献

[1] 中国机械工程学会. 3D 打印打印未来[M]. 北京: 中国科学技术出版社, 2013.

[2] 李江滨. 基于并联机构的 3D 打印关键技术研究[D]. 秦皇岛: 燕山大学, 2015.

[3] 罗军. 中国 3D 打印的未来[M]. 北京: 东方出版社, 2014.

[4] 李青, 王青. 3D 打印: 一种新兴的学习技术[J]. 远程教育杂志, 2013, (4), 29-35.

[5] 朱胜, 柳建, 殷凤良, 等. 面向装备维修的增材再制造技术[J]. 装甲兵工程学院学报, 2014, 28(1): 81-85.

[6] 柳建, 殷凤良, 孟凡军, 等. 3D 打印再制造目前存在问题与应对措施[J]. 设计与研究, 2014, 41(6): 8-11.

[7] 郭日阳. 3D 打印技术与产业前景[J]. 自动化仪表, 2015, 36(3): 5-8.

[8] 张学军, 唐思熠, 肇恒跃, 等. 3D 打印技术研究现状和关键技术[J]. 材料工程, 2016, 44(2): 122-128.

[9] 吴复尧, 邱美玲, 王斌. 3D 打印无人机的研究现状及问题分析[J]. 飞航导弹, 2015, 10: 20-25.

[10] 曾光, 韩志宇, 梁书锦, 等. 金属零件 3D 打印技术的应用研究[J]. 中国材料进展, 2014, 33(6): 376-382.

[11] 郭双全, 罗奎林, 刘瑞, 等. 3D 打印技术在航空发动机维修中的应用[J]. 航空维修, 2015: 18-19.

[12] 孙莹. 激光熔覆技术在金属 3D 打印中的应用[J]. 机电产品开发与创新, 2015, 28(6): 26-28.

[13] 林鑫, 黄卫东. 高性能金属构件的激光增材制造[J]. 中国科学, 2015, 45(9): 1111-1126.

[14] 杨永强, 吴伟辉. 制造改变设计——3D 打印直接制造技术[M]. 北京: 中国科学技术出版社, 2014.

[15] 卢建斌. 个性化精密金属零件选区激光熔化直接成型设计优化及工艺研究[D]. 广州: 华南理工大学, 2011.

[16] 邢希学, 潘丽华, 王勇, 等. 电子束选区熔化增材制造技术研究现状分析[J]. 焊接, 2016, (7): 22-26.

[17] 陈哲源, 锁红波, 李晋炜. 电子束熔丝沉积快速制造成型技术与组织特征[J]. 制造技术研究, 2010, (1): 36-39.

[18] 陈彬斌. 电子束熔丝沉积快速成形传热与流动行为研究[D]. 武汉: 华中科技大学, 2013.

[19] 汪亮. 等离子熔积直接成形金属原型表面激光光整关键技术[D]. 武汉: 华中科技大学, 2004.

[20] 宋文清, 李晓光, 曲伸, 等. 增材制造技术在航空发动机中的应用展望[J]. 航空制造技术, 2014, (A1): 16-22.

[21] 朱慧林. FLUENT 在等离子熔积成型过程中的应用[D]. 武汉: 华中科技大学, 2011.

[22] 周细枝, 曾巍, 钱应平, 等. 等离子熔积成型特点及成型精度分析[J]. 热加工工艺, 2015, 44(17): 10-16.

第8章 再制造典型产品工艺与技术

作为绿色设计、绿色制造技术的重要组成部分，再制造技术具有广阔的市场和光明的产业前景，在减少自然资源的消耗、节约材料、减少环境污染、提供新的就业岗位等方面有重要的意义，符合可持续发展战略的要求。再制造产业作为循环经济的重要一环，意义重大，受到世界各国的[1, 2]广泛关注，其中，发达国家和地区的再制造产业发展较早，已经形成比较完善的产业链。与欧、美、日等发达国家或地区相比，我国在产业规模、行业标准等各方面都有一定差距。近几年来，随着国家和社会各界的广泛重视，我国再制造产业发展迅速并取得一定成绩。

我国在相当一段时间内，要继续加强公共设施的建设，加快推进城镇化进程，为了加快建设的速度，必须走工业化的道路，采用机械化施工，这样就必须投入大量的工程机械设备，因此也就为再制造的发展奠定了坚实的基础。结合我国国情并借鉴国外发达国家成功经验，再制造工程在汽车及其零部件、矿山机械、国防装备、化工冶金、机床、家用电器与电子设备等诸多工业领域显示出良好的应用前景。

8.1 再制造技术选择

实施产品再制造将遵循以下几个原则[3~5]。

1) 绿色清洗、无损拆解

采用高效喷砂绿色清洗与表面预处理技术、超声波绿色清洗技术及表面油漆绿色清除技术等高新绿色技术，实现废旧设备零部件的表面清洗、预处理和强化过程的一体化，有效提高再制造的质量和效率，减少预处理过程对环境、人员和清洗表面的负面作用。

2) 智能检测、寿命评估

利用再制造毛坯缺陷综合无损检测技术，实现零件材料表层及内部缺陷的智能、无损检测；通过再制造零件表面涂层结合强度评价技术，实现复杂的再制造现场对外形各异的再制造零件表面涂层便捷的、高可靠度的结合强度检测；通过再制造零件服役寿命模拟仿真综合验证技术，借助有限元分析和热力学理论耦合建立高仿真、高普适度的零部件寿命服役有效模型，实现通过模型对再制造零件服役安全寿命的估算和控制，同时，结合已有条件建立具有针对性的典型零件实验平台；通过再制造零件动态健康监测技术，实时准确的反馈出再制造零件的服役状态和损伤水平。

3) 应用高端装备及先进软件

通过引进先进的 PLM 管理系统，实现各再制造设备的全生命周期再制造管理；借助先进的三维激光扫描仪，实现设备整机及关键零部件的三维测绘，消化吸收国内外先进的设计技术；通过采用液体喷砂机及先进的绿色清洗专用设备，实现设备的绿色清洗及拆解；通过淬硬层深度测量仪、残余应力分析仪、超声波检测仪等硬件，以及 Ansys、MSC-Fitigue、Adams 等国外知名分析软件，实现再制造件的性能检测与质量评估；通过半导体激光器、先进熔覆材料、高效以车代磨机床等先进再制造设备实现设备的高效、高可靠性再制造。

8.2　典型车辆再制造

汽车零部件作为汽车工业的基础，是支撑汽车产业持续健康发展的必要因素。我国汽车业的蓬勃发展孕育了汽车零部件再制造的良好发展前景和巨大商机，我国再制造市场的规模和前景将非常广阔。汽车零部件再制造是实现汽车产业可持续发展模式的有效途径之一。发展汽车零部件再制造产业，对废旧汽车产品进行再制造是我国汽车产业快速发展的需要。汽车零部件再制造是把废旧汽车零部件通过拆解、清洗、检测分类、再制造加工或升级改造、装配、再检测等工序后，恢复到像原产品一样的技术性能和产品质量的批量化制造过程。加快发展汽车零部件再制造产业，将有力推动我国汽车零部件产业进一步转变生产方式，从"大量生产、大量消费、大量废弃"的单向型直线生产模式向"资源—产品—失效—再制造"的循环型产业模式转变，有利于加快推进行业技术进步和产品更新换代，提升产业可持续发展能力，引导形成节约型、循环型的生产方式。

8.2.1　我国汽车零部件再制造的现状分析[6,7]

作为汽车大国，2004～2013 年我国民用汽车保有量以每年 13%以上的速度增长，到 2013 年末达到了 1.37 亿辆，如图 8.1 所示。按照每年大约 7%的报废量，仅 2013 年报废汽车就超过 960 万量。汽车产业庞大的报废数量为汽车零部件再制造提供了充足的资源。根据《2013 年中国汽车年鉴》相关数据整理绘制的我国报废汽车注销量与回收量趋势图（图 8.2）可知，2006～2012 年间，我国汽车注销登记量从 2006 年的 103.48 万辆增长到 2012 年的 451.6 万辆，注销比例（注销比例是指汽车注销登记量占汽车保有量的比例）从 2006 年的 2.08%上升到 2012 年的 3.74%，汽车回收量从 2006 年的 70 万辆增长到 2012 年的 110 万辆，实际回收率（实际回收率是指汽车回收量占车辆注销登记量的比例）从 2006 年的 67.65%下降到 2012 年的 24.36%。这些数据说明，随着我国汽车保有量的增长，报废汽车注销和回收拆解系统还不够完善，有些应该报废的汽车还在市场上非法运营，报废汽车回收量远远小于报废汽车注销量，报废汽车资源没有得到合理的回收。目前，国家的产品报废标准、旧件检验标准、再制造产品质量标准等都有待规范和完善，现行的《报废汽车回收管理办法》（国务院第 307 号令）规定废旧汽车五大总成件必须报废，不仅造成资源的大量浪费，而且严重制约了再制造产业原材料的来源，限制产业扩大生产规模。同时，我国目前在进口环节对再制造用旧件还有一些政策限制，尤其是大量的旧汽车零部件列入了禁止进口目录，阻断了国内再制造企业从境外获得旧件原料的渠道，导致再制造用旧件获得渠道不畅。

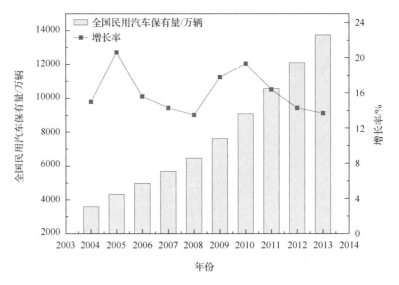

图 8.1　2004～2013 年我国民用汽车保有量及增长率

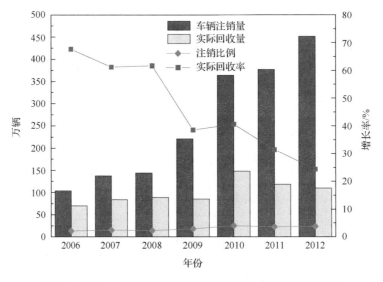

图 8.2　2006～2012 年我国报废汽车注销量与回收量趋势图

2010 年 2 月，国家发改委、国家工商管理总局联合发布了《关于启用并加强汽车零部件再制造产品标志管理与保护的通知》（发改环资[2010]294 号），公布了 14 家汽车零部件再制造试点企业名单，其中包括中国第一汽车集团公司等 3 家汽车整车生产企业和济南复强动力有限公司等 11 家汽车零部件再制造试点企业。图 8.3 为我国汽车零部件再制造试点企业区域分布图，由图可知，在 14 家汽车零部件再制造试点企业中，有 7 家试点企业位于华东地区，占试点企业的 50%；华中地区、华南地区、东北地区各有 2 家，西北地区仅有 1 家。在汽车零部件再制造试点企业中，国有企业比重最大，占试点企业的 50%，其次为民营企业、中外合资企业、外商独资企业等，如图 8.4 所示。我国汽车零部件再制造试点企业呈现出聚集在东部沿海发达地区、国有企业占主导的特点。

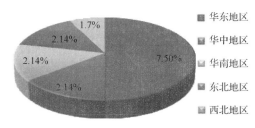

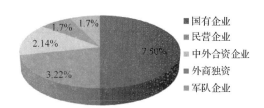

图 8.3　我国汽车零部件再制造试点企业区域分布　　图 8.4　我国汽车零部件再制造试点企业性质

根据中国汽车工业协会汽车零部件再制造分会《2013 年汽车零部件再制造行业年度抽样调查简析》所做的 2013 年我国汽车零部件再制造旧件来源渠道图(图 8.5)，可以看出，2013 年我国汽车零部件再制造旧件来源主要渠道为旧件市场及自主品牌报废件，由于 2013 年我国以旧换再产品范围为发动机和变速箱两个主要产品，所以"以旧换再"是旧件主要来源。图 8.6 是 2013 年我国汽车零部件再制造产值分配图，由图可知，再制造单类别产品产值占总产值的比重有很大差异，其中发动机和变速箱占最大比重，分别达到 39.8%和 34.3%。电机占 8%的年产值，是第三大类再制造产品。涡轮增压器和机油泵再制造属于起步阶段，是我国近年来新增的再制造产品类别。

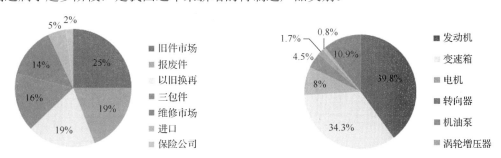

图 8.5　2013 年我国汽车零部件再制造旧件来源渠道　图 8.6　2013 年我国汽车零部件再制造产值分配

8.2.2　汽车发动机再制造

汽车发动机再制造是汽车零部件再制造中最核心、最重要的内容。其工业过程复杂，既具备制造工业的共性，又兼具再制造工业的特点。从广义上概括就是将报废汽车发动机恢复到新机状态，即在工业环境中通过一系列工业过程和技术手段，将发动机安全解体，可用零(部)件在彻底清洗、修正后入库，根据生产需要补充一部分新零(部)件，将新旧零(部)件装配成新机，并严格按照新机技术要求进行检测和试验，合格品以新机要求进入市场的过程。

从狭义上看，汽车发动机再制造是一个庞大产业链的整合，是以发动机零(部)件中附加值高、易磨损失效、结构复杂的缸体、缸盖、曲轴、连杆、空压机、喷油泵、机油泵等关键零部件为对象，普遍采用绿色清洗、无损检测、寿命评估和表面工程等共性关键技术，搭载相应设备专机，完成一系列平面、轴、孔、齿类等的再制造，整体性能指标和安全指标不低于原型新品的工业过程。

1. 发动机再制造工艺流程

发动机再制造工艺流程就是运用再制造技术条件对废旧发动机进行加工，生成规定性能再制造机的过程。包括拆解、清洗、检测、加工、零件测试、装配、整机磨合试验、喷涂包装等步骤(图 8.7)。该工艺中还包括重要的信息流，例如，通过清洗后，检测统计到某类零(部)件损坏率较高或恢复价值较小，低于检测及清洗费用，则在对该类零(部)件的再制造过程中直接丢弃，减少清洗等步骤，以提高生产效率；也可以在需要的情况下，对该类零(部)件进行有损拆解，以保持其他可利用性较高的零(部)件的完好性。同时，通过建立整机测试性能档案，为售后服务提供保障。

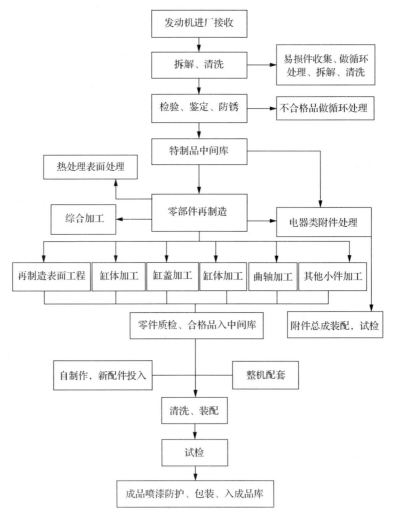

图 8.7　发动机再制造流程图

卡特彼勒再制造运行模式如图 8.8 所示。

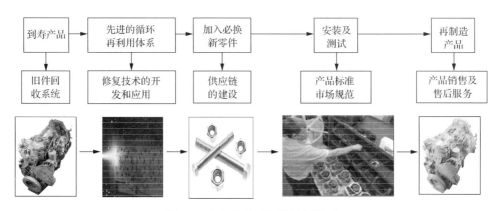

图 8.8　卡特彼勒再制造运行模式

1）旧发动机的拆解

对废旧发动机进行全面拆解，拆解过程中，对于发动机中的活塞总成、主轴瓦、油封、橡胶管、气缸垫等易损零件，因磨损、老化等原因不可再制造或因附加值较低而不具有再制造价值的产品，装配时直接用新品替换。

2）旧发动机的清洗

清洗拆解后保留的零件，根据其用途、材料和后续的再制造加工工艺选择不同的清洗方法，如高温分解、化学清洗、超声波清洗、振动研磨、液体喷砂、干式喷砂等。

3）再制造毛坯的性能和质量检测

对清洗后的零件进行严格的检测鉴定，并对检测后的零件进行分类。将可直接使用的完好零件送入仓库，供发动机装配时使用。这类零件主要包括进气管总成、前后排起歧管、油底壳、正时齿轮室等。对失效零部件进行再制造加工，这类零件主要包括气缸总成、连杆总成、曲轴总称、喷油泵总成、缸盖总成等，一般这类零件的可再制造率达80%以上。超声检测技术是无损检测中应用最广泛的方法之一。发动机曲轴 R 角是应力集中部位，是曲轴疲劳断裂的起始位置。针对不存在表面可见裂纹的旧曲轴，利用数字超声检测仪检测 R 角部位应力集中来评估疲劳裂纹萌生可能性，判断曲轴是否可再制造，确保有质量隐患的曲轴不进入生产现场。图 8.9 为 XZU-1 型数字超声检测仪，图 8.10 为利用手动超声方式检测发动机气门杆。

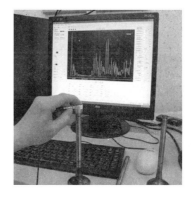

图 8.9　XZU-1 型数字超声检测仪　　　　图 8.10　超声检测评估发动机气门杆

图 8.11 所示为发动机缸盖的鼻裂，采用多功能涡流检测仪对其进行质量检测，定量检测裂纹深度，确保裂纹深度大于 5mm 的缸盖不进入再制造生产流程，严格监测再制造产品质量。图 8.12 为 XZE-1 型多功能涡流检测仪。

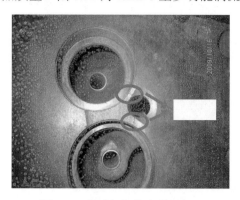
图 8.11　发动机缸盖鼻裂现象

图 8.12　XZE-1 型多功能涡流检测仪

4）失效零件再制造加工方法与技术

失效零件的再制造加工方法主要有两种，即机械加工恢复法和表面工程技术恢复法。前者需要部分专用的再制造加工设备；后者是在中国得到广泛应用的再制造加工技术，包括电刷镀、热喷涂、表面强化等内容，是提高失效零件再制造率的主要途径。图 8.13 为发动机曲轴再制造加工过程。

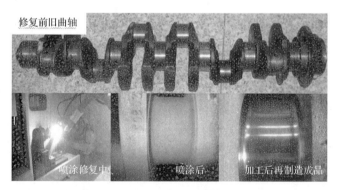
图 8.13　发动机曲轴再制造加工过程

5）将全部检验合格的零部件与加入的新零件，严格按照新发动机的技术标准装配成再制造发动机

6）对再制造发动机按照新机的标准进行整机性能指标测试

7）发动机外表的喷漆和包装入库

如果需要对发动机改装或者技术升级，可以在再制造工序中进行相关模块更换或嵌入新模块。再制造前的发动机如图 8.14 所示，再制造后的发动机如图 8.15 所示。

图 8.14　废旧发动机

图 8.15　再制造后的发动机

2. 汽车发动机再制造的效益分析

1)旧斯太尔发动机三种资源化形式所占的比例

废旧机电产品资源化的基本途径是再利用、再制造和再循环。对 3000 台斯太尔 615-67 型发动机的再制造统计结果表明,可直接再利用的零件数量占零件总数的 23.7%,价值占价值总额的 12.3%;经再制造后可使用的零件数占零件总数的 62%,价值占价值总额的 79.8%;需要更换的零件占零件总数的 14.3%,价值占价值总额的 9.9%,其对比关系如图 8.16 所示,由图可见,无论是从零件的数量、重量还是价值方面考虑,再制造都是废旧发动机三种回收利用方式中最佳的选择。

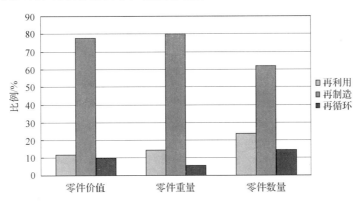
图 8.16　退役发动机三种回收方式对比关系

2)经济效益分析

与新发动机的制造过程相比,再制造发动机生产周期短、成本低,两者对比见表 8.1 和表 8.2。

表 8.1　新机制造与旧机再制造生产周期　　　　　　　　(单位:天/台)

类别	生产周期	拆解时间	清洗时间	加工时间	装配时间
再制造发动机	7	0.5	1	4	1.5
新发动机	15	0	0.5	14	0.5

表 8.2　新机制造与旧机再制造的基本成本对比　　　　　　　　（单位：元）

类别	设备费	材料费	能源费	新加零件费	人力费	管理费	合计
再制造发动机	400	300	300	10000	1600	400	13000
新发动机	1000	18000	1500	12000	3000	2000	37500

3）环保效益分析

再制造发动机能够有效回收原发动机在第一次制造过程中注入的各种附加值。据统计，每再制造一台斯太尔发动机，仅需要生产新机的 20%的能源，按质量计算，能够回收原产品中 94.5%的材料继续使用，减少了资源浪费，避免了产品因为采用再循环处理造成的二次污染，也节省了垃圾存放空间。据估计，每再制造 1 万台斯太尔发动机，可以节电 1450 万 kW·h，减少 CO_2 排放量 11300～15300t。

4）社会效益分析

每销售一台再制造斯太尔发动机，购买者在获取与新机同样性能发动机前提下，可以减少投资 2900 元；在提供就业岗位方面，若每年再制造 1 万台斯太尔发动机，可为 500 人提供就业机会。

5）综合效益

表 8.3 对以上各项效益进行了综合，可以看出，若每年再制造 1 万台斯太尔发动机，则可以回收附加值 3.23 亿元，提供就业人数 500 人，并可节电 0.145 亿 kW·h，税金 0.29 亿，减少 CO_2 排放量 11300～15300t。

表 8.3　年再制造 1 万台斯太尔发动机的经济环境效益分析

效益	消费者节约投入/亿元	回收附加值/亿元	直接再用金属/kt	提供就业人数/人	税金/亿元	节电/(亿 kW·h)	减少 CO_2 排放/t
再制造	2.9	3.23	9.65	500	0.29	0.145	11300～15300

8.3　典型矿山机械再制造

8.3.1　矿山机械行业现状

再制造是以绿色制造的全寿命周期理论模式为指导，以产品使用报废的后半生资源、能源最优化循环利用为目标，通过对废旧产品进行高效拆解、清洗、检测、再制造和后加工，实现废旧产品"资源－产品－再生资源"的良性循环。

再制造作为绿色制造的重要组成部分，通过先进的表面工程技术实现了产品的质量和性能的恢复和跨越式提升，是解决我国目前面临的资源、能源短缺和环境污染问题的最有效技术途径之一，这已经得到了国家、制造业和广大民众的广泛认同。2008 年国家颁布的《循环经济促进法》明确支持废旧机电产品再制造、绿色再制造技术等关键技术和产业。2009 年，国务院温家宝总理对发展再制造技术和产业也做出了重要批示："再制造产业非常重要，它不仅关系循环经济的发展，而且关系扩大内需和环境保护。"

再制造产业已经有 50 多年的历史，我国于 1999 年由徐滨士院士首次提出了再制造的概念，它是以废旧矿山机械为对象的高科技维修的产业化，即以矿山机械产品全寿命周期设计和管理为指导，以废旧矿山机械产品实现性能跨越式提升为目标，以优质、高效、节能、节材、环保为准则，以先进技术和产业化为手段，对矿山机械产品进行修复和改造的一系列技术措施或工程活动的总称。矿山机械再制造的重要特征是：再制造产品的质量和性能要达到或超过新品，成本仅是新品的 50% 左右，节能 60% 左右，节材 70% 以上，对保护环境贡献显著。符合以"4R"为原则，以"两低一高"为基本特征的循环经济的发展模式。矿山机械再制造包括两个主要部分，即矿山机械再制造加工和过时矿山机械产品的性能升级[1]。

随着煤炭行业的快速发展、综采技术的推广和生产经验的积累，以及新型综采装备的研制与创新，"三机一架"的应用范围不断扩大，已由单一煤层、分层开采，逐步应用于坚硬顶板煤层、"三软"煤层、特厚煤层、薄煤层和急倾斜煤层的综合机械化开采。因此，在现有高端综采装备的大规模应用过程中，如何通过提高综采核心装备"三机一架"关键零部件的制造水平来切实有效地实现综采装备的井下高可靠性、高持久性、高效率性，成为了广大企业家和工程技术人员的重要研究课题。同时，废旧装备的数量也在逐年递增，也为煤矿装备再制造企业提供了广阔的发展空间。通过对其关键零部件进行表面处理达到比传统制造工艺质量高几倍甚至几十倍性能的方法，成为研究重点。以采煤机、液压支架、刮板输送机等煤矿综采成套装备为对象，以附加值高、易磨损失效、结构复杂、零部件种类繁多的液压支架立柱、刮板输送机链轮轴、行星减速器行星架等关键零部件的再制造工艺路线为主体，以再制造的设计方法为理论指导，紧紧围绕煤矿综采成套装备再制造中绿色清洗、无损检测、寿命评估和修复工艺等共性关键技术进行创新性研究，开发煤矿综采成套装备绿色清洗、检测与再制造技术和设备，提供一系列典型煤矿综采成套装备再制造的共性方法工艺，形成一套节约资源、减少环境污染及产品整体再资源化的煤矿综采成套装备再制造技术体系，并建立相应的示范生产线。

1. 再制造产品社会保有量

矿山机械是煤矿安全生产的必要保证，设备使用率高，要求安全系数大，有些主要安全设备在使用年限到达时强制报废。特别是井下采掘设备，工作面条件恶劣，设备磨损快，使用寿命短[8~10]。近几年，国内煤机市场规模快速扩大，具体表现如表 8.4 所示。

表 8.4　2010～2014 年煤机市场规模情况

年份	2010	2011	2012	2013	2014
煤机产量/台					
掘进机/台	656	972	1343	1305	1905
采煤机/台	596	546	661	688	772
刮板运送机/台	3915	4872	4236	4343	4733
液压支架/架	29871	40660	46998	55050	74907
煤机销售金额/万元					
掘进机	124640	184680	255170	280630	409655
采煤机	298000	300300	363550	397650	446200
刮板运输机	195750	243600	211800	277000	301874
液压支架	746755	935180	1080954	1218310	1657744

2. 再制造产品主要生产企业

2010 年，全国报废单、双滚筒采煤机 15552t，报废刮板输送机、转载机 238434t，报废液压支架、单体支柱 116494t，报废掘进机 24538t，并呈逐年上升趋势。再制造一台矿山设备(或主要功能部件)的费用可比购置新设备(或主要功能部件)节约 40%～50%，这不但盘活了废旧矿山设备资源，同时还将节约大量的矿山设备制造成本，经济效益显著。

山东能源重型装备制造集团矿山机械再制造项目依托陆军装甲兵学院装备再制造技术国防科技重点实验室的技术优势而兴建，列入 2007 年国家资源节约和环境保护项目。山东能源重型装备制造集团是 2009 年国家工业和信息化部机电产品再制造试点企业，并与陆军装甲兵学院共同承担了国家科技部"科技支撑重点项目"。2012 年，该企业在北京与陆军装甲兵学院建立了机械产品再制造国家工程研究中心和国际采矿设备研究院。山东能源重型装备制造集团目前已形成了"制造、再制造与现代服务业"协同并举的产业格局，是国内综合配套系列最全的矿山装备制造和服务商。

山东能源重型装备制造集团针对煤矿废旧矿山机械零部件量大、更新快、单件制造成本高等特点，有效地实施再制造工程。其采用的再制造技术及产品达到国内领先、国际先进水平，激光熔覆加工制造能力居于国内首位。实现节能减排、变废为宝，缓解资源短缺与资源浪费的矛盾。延长矿区循环经济产业链。减少失效报废产品对环境的污染，避免重新冶炼加工带来的巨大能源、资源浪费。项目设计能力年可利用废旧矿山机械核心零部件 10000 t，减少使用新钢铁 7000t，节约标煤 4200t，可减少 SO_2 排放量 14t、CO_2 排放量 1.05 万 t，综合节能率 60%，节材 70%，节能环保效果明显。2015 年激光加工系统达到 100 套以上，完成激光处理面积达到 $1500m^2$，用粉量达到 180t，年处理各类零部件超过 6000t。

3. 再制造产品的行业总体生产能力

鉴于目前我国从事煤矿装备再制造的企业数量较少，且国家未对煤机再制造行业总体生产能力进行系统性统计，难以进行准确描述。从煤机产品再制造价值来说，符合再制造条件的废旧零部件均可进行再制造。因此，从 2013 年中国煤炭机械工业协会统计的全国承担煤炭机械制造任务的 131 个重点企业总产量完成情况(表 8.5)，可看出全国煤机装备再制造产品的行业总体生产能力。

表 8.5　2013 年承担煤炭机械制造任务的 131 个重点企业总产量情况　(单位：台/t)

总产量	采煤机	液压支架	刮板输送机	掘进机	皮带机
产量	1082/45528	83761/1808695	4215/338871	1741/97029	4001/394102

8.3.2　矿山机械产业生产工艺与技术特点

一些工业发达国家的再制造产业已经形成了相当大的规模，已经掌握了一定水平的再制造技术，特别是在废旧产品的再制造加工方面拥有了一系列的专业技术和设备，有力地推动了再制造产业的发展。我国的再制造产业起步较晚，我国政府高度重视高速发展的中国工业需要再制造来推动社会的可持续发展，因此在再制造技术研究领域给予了较大的支持。

在有关部门的支持下，我国的再制造技术研发和攻关取得了重大进展，形成了具有中国特色的尺寸恢复、性能提升的再制造技术体系，研发了废旧零部件缺陷、裂纹和应力集中综合检测仪器、自动化表面工程再制造专机等一系列具有自主知识产权的产品零部件再制造关键设备，取得了激光熔覆、等离子熔覆再制造快速成型技术以及零部件自动化再制造工艺等创新性成果，取得了显著的经济效益和节能、节材、环保等社会效益，为我国废旧零部件再制造产业的发展打下了很好的技术基础。

1. 再制造工艺流程

为确保再制造后零部件及整机性能达到甚至超越新机标准，要求从拆解、清洗、检测、分析、再制造、组装试验分别引进先进的软件与设备，建设无损拆解、大型旋转喷砂、绿色清洗、无损检测、激光强化、组装试验专业化车间，形成大型再制造生产流水线，矿山机械再制造工艺流程如图 8.17 所示。

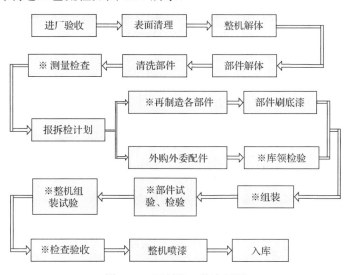

图 8.17　再制造工艺流程图

注：带※号位置为产品质量关键点

2. 绿色清洗技术

绿色清洗(green cleaning，GC)是指借助于清洗设备将清洗液作用于需要再制造零部件表面，采用机械、物理、化学或电化学方法，去除废旧零部件表面附着的油脂、锈蚀、泥垢、水垢、积炭等污物，并使废旧件表面达到所要求清洁度的过程。绿色清洗是检测零件表面尺寸精度、几何形状精度、表面粗糙度、表面性能、磨蚀磨损及黏着情况等失效形式的前提条件，是对废旧煤矿机械设备零部件进行检测和再制造加工的前提和基础。

　　根据采煤设备在矿井服役时的工作状态、使用情况以及零部件的材料特性，研究并制定其无损拆解和绿色清洁预处理技术与工艺，以实现对需要再制造零部件的高效、清洁、低成本预处理。主要技术方法包括：通过三维结构建模、力学分析、产品结构干涉分析等方法，进行面向再制造的产品无损拆解；采用非化学清洗方法去除零部件表面及压表层污染物，通过软质磨料喷砂清洗、超声清洗、高压水射流清洗等技术去除零件表面的氧化物、积碳、油污等污染物；根据综采设备不同的结构及使用情况，确定不同的无损拆解和绿色清洗工艺。

　　以采煤机、液压支架、刮板输送机等煤矿综采成套装备为对象，以附加值高、易磨损失效、结构复杂、零部件种类繁多的采煤机箱体，液压支架结构件、立柱千斤顶，刮板输送机中部槽、减速器、电机等关键零部件的再制造工艺路线为主体，根据零部件的不同工作状态和使用状态以及零部件的材料特性，掌握产品无损拆解和绿色清洗处理技术与工艺，为液压支架立柱、刮板输送机中部槽、减速器、电机典型零部件的进一步检测和再制造修复处理提供良好的基础。

　　根据煤机在矿井服役时的不同工作状态、使用情况以及零部件的不同材料特性，研究并制定其无损拆解和绿色清洁预处理技术与工艺，以实现对需要再制造零部件的高效、清洁、低成本预处理。主要技术方法包括：通过三维结构建模、力学分析、产品结构干涉分析等方法，进行面向再制造的产品无损拆解；采用非化学清洗方法去除零部件表面及压表层污染物，通过软质磨料喷砂清洗、超声清洗、高压水射流清洗等技术去除零件表面的氧化物、积碳、油污等污染物；根据综采设备不同的结构及使用情况，确定不同的无损拆解和绿色清洗工艺。

　　绿色清洗设备包括高压水清洗生产线、抛丸喷涂生产线、超声波清洗机、环保型喷砂设备、高压饱和蒸汽清洗机、工业型电加热饱和蒸汽机等，如图 8.18 所示。

高压水清洗生产线　　　　　　　　抛丸喷涂生产线　　　　　　　　超声波清洗机

环保型喷砂设备　　　　　　　高压饱和蒸汽清洗机　　　　　工业型电加热饱和蒸汽机

图 8.18　绿色清洗设备

3. 无损拆解技术

无损拆解技术(non destructive disassembly，NDD)是指在拆解过程中不损伤零件的基础上，其拆解后所获得的旧件，经检测评估后，作为再制造的毛坯件。无损拆解的工序与紧固件及其连接方式密切相关，一般按机械零部件装配的相反次序进行。

以液压支架立柱、刮板输送机链轮轴、行星减速器行星架等采煤机械典型零部件为研究对象，根据零部件的不同工作状态和使用状态以及零部件的材料特性，开展了面向再制造的无损拆卸技术研究，主要研究内容包括：通过三维结构建模、力学分析、产品结构干涉分析等方法，面向再制造的产品无损拆卸技术，研究了无损拆解预处理技术与工艺；解决了零部件拆卸工具、拆卸时间、可拆卸率、材料的模拟仿真以及零部件的目标拆卸回收难题；实现了再制造零件的高效、清洁、低成本预处理，为液压支架立柱、刮板输送机链轮轴、行星减速器行星架等采煤机械典型零部件的进一步检测和再制造修复处理提供了良好的基础。

1) 可拆卸结构优化分析

产品再制造拆卸性优化流程如图 8.19 所示。

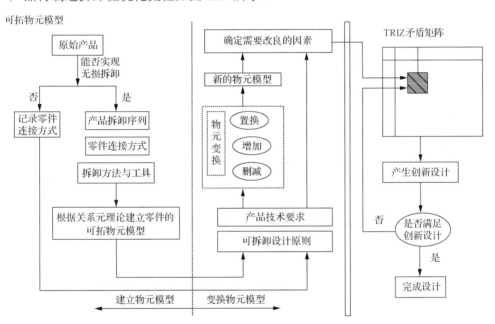

图 8.19　可拓与 TRIZ 相结合的拆卸特性优化流程

研究面向再制造的产品可拆卸分析优化设计，基于产品的初始设计方案进行实验仿真拆卸，记录产品的拆卸序列、零件的连接方式和拆卸方法，分析产品的拆卸性能，运用可拓及 TRIZ 理论对产品拆卸特性进行优化，最终实现对设计方案的再制造拆卸优化设计体系。

2) 拆卸序列规划研究

拆卸序列是拆卸问题研究的重点，拆卸序列规划和 CSP 的对应关系如图 8.20 所示。

为了解决常规拆卸求解算法可能出现无最优解的缺陷，采用约束满足问题(constraint satisfaction problems，CSP)作为拆卸序列规划求解的算法，通过混合图的指导给出了一种基于CSP的产品拆卸序列规划方法，将拆卸序列规划转化为一类约束满足问题进行求解，建立基于CSP的拆卸序列模型。通过基于CSP的拆卸序列求解，获得产品的最优拆卸序列。

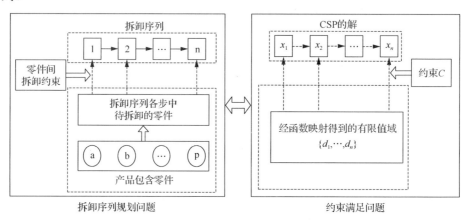

图 8.20　拆卸序列规划和 CSP 的对应关系

3) 拆卸仿真

通过 Pro/E 建立各零件模型和装配模型，利用 Pro/Mechanism 工具实现了链轮轴组的拆解序列优化，如图 8.21 所示。

基于再制造的拆卸性要求，借助 Pro/E 软件中的 Mechanism 机构仿真模块和 Pro/Toolkit 二次开发模块，对产品进行装配动画模拟以及拆卸仿真模拟。以结构复杂的链轮轴组为实例，通过 Pro/Mechanism 动画仿真，实现产品装配的可视化；通过 Pro/Toolkit 二次开发模块，基于 VC 开发平台，对链轮轴组的拆卸进行仿真，实现产品的目标拆卸。

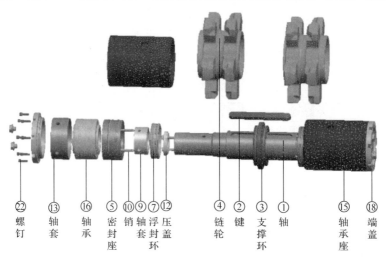

图 8.21　Pro/Mechanism 模拟链轮轴组装配效果

利用 VC++开发平台，通过 Pro/Toolkit 二次开发，开发了一套拆卸仿真系统软件。开发面板如图 8.22 所示。本软件重点从拆卸回收选项、拆卸仿真系统和拆卸时间上对产品或装配体进行拆卸仿真研究。开发的系统软件可实现产品拆卸工具、拆卸时间、可拆卸率、零件材料等仿真，实现零部件的目标拆卸回收。

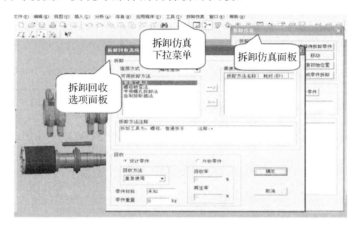

图 8.22　基于 Pro/E 二次开发的拆卸仿真系统软件主界面

4. 无损检测技术

无损检测(non destructive examination)是指在不损害或不影响被检测对象使用性能、不伤害被检测对象内部组织的前提下，利用材料内部结构异常或缺陷存在引起的热、声、光、电、磁等反应的变化，以物理或化学方法为手段，借助现代化的技术和设备器材，对试件内部及表面的结构、性质、状态及缺陷的类型、性质、数量、形状、位置、尺寸、分布及其变化进行检查和测试的方法。

煤矿综采成套装备的典型零部件检测技术是一个多因素、多参量、多学科的复杂检测体系，它涉及载荷、材料、服役环境、失效状态等多种条件下的非线性耦合，需要采用一系列行之有效的检测工艺流程，以获取所需要的零部件再制造性能的相关数据。

针对煤矿综采成套装备中典型轴类、齿轮类、转子、薄壁类的零部件磨损、腐蚀、变形、裂纹、焊缝开裂、接触疲劳等表面失效以及残余应力水平变化，通过借助先进无损检测设备，如齿轮检测中心、相控阵超声波无损综合检测系统，确定产品的应力部位及剩余寿命，为产品的再制造方案提供高可靠性价值依据。引进国外先进的 Ansys、MSC-Fitigue、ADAMS 等软件，掌握零部件寿命检测、结构件的应力分析技术以及结构件与部件的运动关联性分析技术。建立液压支架立柱、刮板输送机链轮轴、行星减速器行星架等煤矿综采成套装备典型零部件的检测标准和评价规范。

无损检测设备包括：金属磁记忆无损检测设备与涡流/超声波综合无损检测设备，如图 8.23 所示。

金属磁记忆无损检测设备涡流/超声波综合无损检测设备

图 8.23　无损检测设备

5. 熔覆再制造成形技术

针对不同的煤机关键零部件，在经过无损检测分析之后，确定关键零部件的再制造工艺，借助激光熔覆再制造(图 8.24)、等离子熔覆再制造、纳米复合电刷镀、高速电弧喷涂等先进再制造技术及设备，完成关键零部件的高性能再制造，从而满足批量化的再制造生产[3]。

图 8.24　熔覆再制造

6. 逆向检测技术

逆向检测(reverse examination)技术是指利用测量设备对加工零件进行数字化测量，获得其三维点云数据，通过与零件的设计模型进行对比而获得三维误差的方法。数字化测量是测量物体表面的三维数据，每一个点数据都带有相应的 X、Y、Z 坐标数值，这些点数据集合起来形成的点云，就能构成物体表面的特征，即测量模型。零件质量检测主要考虑两个方面，一方面是光顺度，另一方面是精确度，对于矿山机械的加工质量，主要考虑精度问题，尽量减小 CAD 模型和测量模型的逼近误差。

以刮板输送机链轮为例，采用逆向专用软件 Geomagic qualify，把链轮的设计模型定义为参考模型，把加工后的链轮的扫描模型定义为测试模型，统一两者坐标系，进行最佳拟合对齐，然后进行误差分析。通过两模型之间误差的彩色云图模型，可以测量出二者之间的偏差值，如图 8.25 所示。

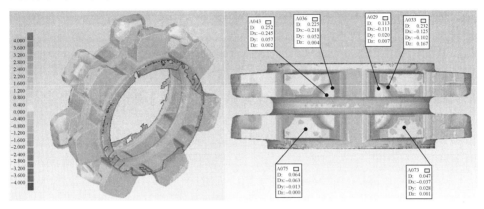

图 8.25　链轮表面的误差比较

与传统的尺寸检测方法相比,逆向检测技术具有非接触式检测及 CAD 模型几何尺寸检测等特点，可以检测设计模型中的全部尺寸，同时提高了检测效率。

8.3.3　矿山机械再制造典型部件及处理技术

基于激光熔覆技术，再结合等离子喷涂、纳米复合电刷镀等修复技术，对整套煤矿综采成套装备的再制造修复过程进行了研究，着重对液压支架立柱、刮板输送机中部槽等关键零部件再制造修复技术工艺、材料与专用设备进行研究，根据不同综采装备的材料、服役工况和失效形式，研究与之相适应的修复技术、材料体系和修复工艺，实现自动、智能和高效的再制造过程。

1. 矿山机械典型部件

1) 液压支架立柱

液压支架井下使用耐蚀性及部件耐磨性要求较高。因此，表面涂层应选用耐磨性和耐蚀性能较好的合金镀层。煤矿井下工作环境恶劣，采煤工作面和巷道具有较大的相对湿度，一般在 75%左右，使用的液压支架设备长期处于潮湿、易腐蚀及易磨损环境中，金属零件易产生相当严重的腐蚀和磨损。由于煤矿工作面的特殊性要求，需提高立柱金属表面的耐蚀和耐磨性能，以提高使用寿命，因此，必须对立柱金属制件(如材质是27SiMn 钢的立柱承压部件缸体、活柱)进行表面处理。

目前，液压支架的表面处理工艺较多，有电镀、化学镀、喷涂及镶不锈钢套和表面发黑处理，电镀工艺主要是镀铜锡合金、镀锌磷化、镀铬工艺及锌镍合金等。在国内外液压支柱表面处理工艺中，主要采用电镀锌镍微孔镀铬工艺代替表面镀硬铬，以解决镀硬铬工艺本身易出现裂纹和孔隙等问题，镀层一般结合力和防护性能较好，但对工艺控制要求较高[5]。化学镀镍磷镀层较好，是现在常用的工艺，但此方法污染环境，并对作业人员有巨大的身体伤害。喷涂工艺主要采用环氧树脂类涂料及有机硅等，具有加工工艺简单的特点，但存在脆性较大，只能使用一次，修复非常困难的缺陷。

因此，从保护环境和爱护作业人员健康的角度出发，急需对液压支架零部件的表面处理工艺进行改进，寻求一种新的无环境污染并对作业人员健康无伤害的绿色表面处理技术。

针对该问题，山东能源重型装备制造集团研究了一种新型的激光熔覆立柱[6]，如图8.26所示。它是利用激光束能量高度集中、方向高度集中的特性，在大气环境下进行无污染操作，在廉价金属材料表面形成一层硬度高、无裂纹、且与基体呈冶金结合的高性能涂层，将金属良好的坚韧性和涂层材料的高硬度、高化学稳定性、高耐磨性结合起来，创新了高性能涂层的生产工艺，是目前提高立柱耐磨性、防腐蚀、延长使用寿命的最新表面处理技术。通过激光熔覆处理后的立柱，其基体表面硬度达到HRC30～58，使用寿命是国内立柱的5～6倍，具有技术先进、安全性能高、生产能力强等突出特点。液压支架应用新型激光熔覆立柱，可以减少立柱更换检修时间、提高生产效率，同时又能节约大量的资金，对于建设节约型社会有着广泛而深远的意义。

熔覆层

图 8.26　熔覆立柱

2) 刮板机中部槽

中部槽是综采工作面刮板输送机的易损件，由于货载(煤和矸石)、刮板和链在中部槽中滑行，故工作阻力大，磨损十分严重。由于链条、刮板及煤流的作用，中部槽磨损很快，主要表现在中板及槽帮的磨损，以及采煤机沿中部槽移动所造成的槽帮上部的磨损。采煤机前进而向煤壁方向移动，产生的水平方向弯曲及底板不平产生的上下弯曲均加重了槽帮和中板边缘处的磨损。刮板在中板的链道位置，特别是两节槽的结合处磨损最快，这是中部槽报废的主要原因。

目前，国内外刮板机制造企业采用在链道处按一定花样堆焊耐磨层以提高中部槽寿命。针对该问题，山东能源重型装备制造集团研究了通过激光熔覆技术实现中部槽中底板的再制造工艺方法，开发了多种适用于不同型号刮板机中部槽的熔覆形状，例如，在中板上支撑链条部分按照需求增加厚度为2mm左右的菱形花纹状耐磨涂层(图8.27)，让链条在耐磨层上滑动，不与中板直接接触。在基体强度不降低的前提下，可进行多次熔覆耐磨涂层，有效提高了金属表面的耐磨性，延长了中部槽的使用寿命。

图 8.27　中部槽熔覆涂层

3) 矿用截齿

矿用截齿(图 8.28)是煤炭工业和采掘工程中掘进机和采煤机等矿用机械设备用来破岩落煤的刀具。截齿在工作过程中，除了要承受高的压应力、剪切应力和冲击负荷外，还存在随着工作时间增加而温度升高，导致截齿软化的问题，加速截齿的磨损，因此，截齿在矿用机械设备中属于易损件，也是更换量最大的煤矿机械零件之一。矿用截齿性能的好坏，影响着采煤设备生产能力的发挥、功率的消耗和工作的平稳性等，对提高掘进机和采煤机等矿用机械装备的生产效率和降低成本有着重要意义。

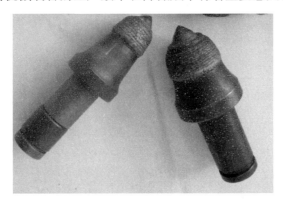

图 8.28　矿用截齿

煤炭行业 MT246-1996 标准中规定的截齿热处理要求为齿头硬度大于 HRC40。目前，国内截齿材料普遍使用 35CrMnSiA，对截齿涂覆一个耐磨层，能够将截齿刀头与煤岩之间的磨损转换为耐磨层与被截割煤岩之间的磨损，这实际上保护了截齿头，使截齿的使用寿命得到了很大的提高。从广义上讲，截齿耐磨层技术极大地促进了煤矿行业向节约型循环经济发展。传统的采煤机截齿耐磨层的获取常常采用堆焊技术、CO_2 气保护焊等方法[2]。

2. 再制造处理技术

1)废旧矿山机械设备典型零部件无损拆解与绿色清洗技术

液压支架立柱、刮板输送机链轮轴、行星减速器行星架等作为典型的采煤机械零部件，根据其不同的工作状态和使用状态以及零部件的材料特性，运用无损拆解和绿色清洗及预处理技术与工艺，可实现再制造零件的高效、清洁、低成本预处理，为液压支架立柱、刮板输送机链轮轴、行星减速器行星架等采煤机械典型零部件的进一步检测和再制造修复处理提供良好基础。

其中，利用三维结构建模、力学分析、产品结构干涉分析等方法，有助于对再制造产品进行无损拆卸；运用超声清洗、高压水/磨料射流清洗、超细磨料喷砂清洗、喷丸处理等工艺有助于去除零件表面油污、水垢、氧化物、固体结垢物等污染物。

2)废旧矿山机械设备典型零部件检测与剩余寿命评估技术

针对废旧采煤机械典型零部件进行失效分析，可确定其失效形式以及残余应力水平变化规律。结合金属磁记忆无损检测技术，可对齿类、曲轴类零件的重点失效部位进行检测，基于有限元分析和动力学仿真的方法，可建立齿类、曲轴类剩余疲劳寿命评估方法。以谐振式弯曲疲劳台架为试验平台，集成金属磁记忆、机器视觉、声发射及模态分析等先进无损检测评估手段，可对乳化液泵曲轴零件再制造寿命评估进行试验，建立废旧乳化液泵曲轴再制造前剩余寿命和再制造后服役寿命评估体系，构建乳化液泵曲轴疲劳损伤程度与多源无损检测信息的映射关系，实现乳化液泵曲轴零件的寿命评估。

3)废旧矿山机械设备典型零部件修复成形技术

再制造修复技术是完成产品再制造和质量升级的关键。采煤机械典型零部件的失效方式主要是磨损、腐蚀和疲劳等表面失效，根据废旧零部件不同的失效形式判断失效的原因，进而采用不同的表面处理工艺恢复其使用性能。针对复杂结构件的磨损失效问题，综合运用复杂零部件表面缺损三维"反求"、建模与堆焊修复技术、大型轴类零部件表面激光熔覆修复成形技术与材料、小型复杂(轴、齿、孔类)零部件微束等离子熔覆成形技术与材料、小型精密零件纳米电刷镀再制造修复技术与装备、超音速等离子/火焰喷涂再制造技术与材料等多重手段，解决废旧零部件再制造的共性技术问题。

8.3.4 矿山机械再制造

矿山机械是对各类主要用于矿山的建井设备、采掘设备、矿井提升运输设备、破碎和磨矿设备、筛分设备、洗煤和选矿设备及焙烧设备等的总称，其量大面广，且使用工况恶劣，零件表面磨损、腐蚀和划伤严重，因此，开展矿山机械再制造势在必行且潜力巨大。目前，某些发达国家已经要求对矿山机械实现全部再制造，并设立严格的回收再制造制度，即矿山机械产品的制造商必须负责对其所生产的且达到一定使用年限的全部产品进行回收和再制造，并在回收的时候向用户返还一定比例的费用。

通过包括先进表面工程技术在内的各种新技术、新工艺，对废旧矿山机械中的可再制造零部件，实施再制造加工或升级改造生成性能等同或者高于原产品的再制造，矿山机械再制造业一定前景光明，不仅节能、节材、环保，矿山废旧机械产品的性能也将得到跨越式提升。

1. 矿山机械失效分析与再制造技术

矿山机械是采矿行业的重要设备，与一般工农业生产机械相比，矿山机械具有以下特点。

(1)工作环境恶劣：设备时刻处于粉尘、水汽及有害气体的环境之中。

(2)工况条件苛刻：绝大部分矿山机械设备是在高速、重载、冲击、振动、摩擦和介质腐蚀等的工况条件下工作。

(3)运行时间长：大多数设备不分昼夜、长年累月地连续作业。

(4)润滑条件差：由于环境恶劣，工况苛刻，加上运行时间长，使得机械设备零部件得不到良好的润滑和维护。因此，矿山机械的磨损、腐蚀失效现象极其严重，不仅给企业造成很大的经济损失，而且有可能引起严重的人身安全事故。

以磨损为例，刮板输送机的中部槽、链条、链轮部件等磨损较为突出；掘进机的斗齿在使用过程中直接与矿石、砂土和岩石等接触，是采掘作业中磨损最严重的零件。另外，球磨机的衬板和钢球、采煤机的截齿和滚筒、提升机的钢丝绳和衬板、振动筛的筛板、耙斗装载机的耙斗、通风机的叶片、矿车轮对及车箱都属于易磨损失效部件。

具体而言，矿山机械零件的失效原因可分为两类：外观损伤和内部损伤。外观损伤主要指形状尺寸及表面状况的损伤，包括诸如磨损、腐蚀、空蚀和蠕变等造成的损伤；内部损伤通常指显微组织结构发生的损伤型变化，如碳化物球化、聚焦长大与结构改型和石墨化，杂质元素(P 等)向晶界处的扩散集聚、蠕变或疲劳所造成的亚组织变化，晶粒变形、晶内或晶间微裂纹的产生及扩展等。外观损伤可以通过先进的表面工程技术(如堆焊技术、热喷涂技术、电刷镀技术和激光再制造技术等)进行再制造，而内部损伤则需经过合理的修复热处理技术进行再制造。

2. 再制造技术的发展方向

1)表面损伤智能自修复技术

现代矿山机械日趋大型化、高速化、自动化和智能化。某些矿山机械一旦发生故障，将可能导致严重的事故，故障停机检修也会引起很大的经济损失。表面损伤智能自修复技术是指在不停机、不解体的情况下，在矿山机械使用过程中自行感知环境变化，能够对自身的失效、故障等以一种优化的方式做出响应，不断调整自身的内部结构，通过自生长或原位反应等再生机制实现自愈，修复某些局部破损，最终达到预防和减免故障，实现装备的高效、长寿命、高可靠性的要求，达到提高机械效率、节约能源和减少材料消耗的目的。自修复技术主要有埋伏型自修复技术、微纳米摩擦损伤自修复技术及矿物微粉摩擦磨损修复技术等。

2) 纳米再制造技术

再制造技术的重要特征之一是再制造产品的质量和性能要达到或超过新品。纳米材料由于其结构的特殊性，具有一般材料难以获得的优异性能，为再制造产品表面性能的提高提供了有利的条件。研究表明，与传统再制造产品相比，纳米再制造产品表面在强度、韧性、抗蚀、耐磨、热胀和抗热疲劳等方面有显著改善。将纳米粉体与再制造表面工程技术相结合，制备含有纳米结构的表面复合涂层，可使表面再制造层的力学、物理和化学性能得到改善，赋予表面新的功能，达到材料表面改性与功能化相结合的目的。2000 年，徐滨士等提出了"纳米表面工程"的概念。目前，各研究单位对纳米电刷镀技术、纳米热喷涂技术、激光熔覆纳米涂层等技术都开展了较多的研究。

3) 自动化再制造技术

为了适应再制造产业化对批量化、自动化的迫切需求，在提高生产率的同时，进一步提高再制造产品的质量，提高其自动化水平是关键技术之一。现在自动化高速电弧喷涂技术、自动化纳米颗粒复合电刷镀技术和半自动化微弧等离子熔覆技术等已得到广泛研究，技术也日益成熟，某些技术已经在再制造企业得到了应用。

4) 再制造工艺技术仿真

再制造常用的技术是表面改性、表面处理和表面涂覆等，在这些工艺技术中涉及的主要物理场有速度场、温度场、应力场、应变场、电磁场、流场，同时涉及光波和声波等物理现象。这些物理场在材料上的作用就形成了各种不同的材料加工工艺，如扩散、相变和变形等。因此，材料加工过程实际上是在不同物理场的作用下，材料的微观组织结构和几何形状不断变化的过程。再制造工艺仿真是在恰当的简化假设的基础上，建立再制造工艺过程中各种物理现象模型，通过分析或数值求解系统方程，得到所关心的物理量及其随时间的发展演化。再制造工艺仿真的目的是通过对实际工艺过程的模拟，发现工艺过程中各种主要物理量的深化规律及各种工艺参数对这些物理量的影响规律，从而达到对材料以及材料加工过程中成分、工艺、组织结构及性能的控制和优化，这包括对于应力/残余应力、应变/变形和温度等宏观物理量的控制和优化，也包括对诸如晶体织构、晶粒度、相成分、晶格缺陷等微观、介观及纳观尺度的材料性能的预测和控制。

5) 复合再制造技术

在单一表面再制造技术发展的同时，综合运用两种或多种再制造技术的复合再制造技术有了迅速的发展。就复合再制造技术而言，可分为两类：一类是在不同的修复区域采用不同的再制造技术；另一类是将再制造技术本身进行复合，如热喷涂和激光熔覆技术的复合、热喷涂与电镀或化学镀的复合、物理和化学气相沉积同时进行离子注入等。

3. 我国矿山机械再制造现状及存在的问题

目前，我国矿山机械产品的回收利用率与再制造技术使用率低，因而导致资源的大量浪费和环境的严重污染。为了缓解有限资源和无限浪费之间的矛盾，减少环境污染，我国政府做出了"发展循环经济、建设节约型社会"的重大战略决策。循环经济中的 4R 原则，即 Reduce(减量化)、Reuse(再利用)、Recycle(再循环)、Remanufacture(再制造)，就是最大限度地减少资源消耗，同时又把废弃物最大限度地变废为宝，减少自然资源的消耗和废弃物的排放。循环经济是对传统经济"大量生产、大量消费、大量废弃"发展模式的根本变革，力求把经济社会活动对自然资源的需求和生态环境的影响降低到最小程度。为此，急需大力发展废旧矿山机械产品再制造产业，提升资源综合利用率，减少环境污染，改善我国产业发展模式。我国矿山机械再制造存在的主要问题有两个：一是对再制造存在认识误区；二是参与矿山机械再制造的企业较少。

1)认识误区

公众对再制造的认同和理解将成为再制造工业发展的一个关键因素，但在现阶段，再制造作为一个新的理念在国内还没有被人们广泛认识，不管是矿山机械用户还是制造企业，参与积极性都较低。从矿山机械用户来说，由于受传统思维的限制，理所当然地认为经维修的矿山机械产品与新品相比质量和性能都较差，担心再制造产品的可靠性，不敢用；从矿山机械制造企业来说，担心再制造产品会分割市场份额，影响其新品销售，参与积极性也不高。事实上，对再制造产品的一个基本要求是质量和性能要不低于新品，因此，一方面要加强宣传，改变矿山机械用户对再制造产品的认识误区，另一方面要进一步提高再制造关键技术，使再制造的产品在质量和性能上真正达到或超过新品。此外，国外再制造工业的发展表明，原始设备制造商参与产品再制造，不但不会影响其新品销售，反而由于制造商为降低对产品回收利用的成本，自觉统筹，考虑产品全寿命周期的再制造策略，如在设计阶段开展可拆卸性、可再制造性设计等，优化控制产品的生产、销售和回收等环节，从而使产品全寿命周期使用成本降低，增加了产品竞争力，因此反而促进了其新品销售。

2)从事矿山再制造的单位很少

在国外，从事再制造的企业主要有 3 种类型：一是原始设备制造商，其一般只对自己所生产的产品进行回收再制造；二是专职从事再制造业务的企业，这类单位通常具有开展各种产品再制造的能力；三是从刚开始提供服务和维修开始，然后逐渐过渡到开展再制造业务的单位，如产品代理商，矿务集团(局)的修理企业等。如前所述，目前，国内的原始设备制造商从事再制造的单位还不多。虽然现在有一些企业专业从事再制造业务，如济南复强动力有限公司、沈阳大陆激光技术有限公司等，但专职从事矿山机械再制造的企业，仅山东能源重型装备制造集团一家。山东能源重型装备制造集团是依托国家级重点实验室——装甲兵工程学院装备再制造技术国防科技重点实验室的核心技术，组建了国内唯一的矿山机械再制造生产基地，其主要针对煤矿量大面广的废旧矿山机械核心零部件(如减速器、电动机和齿轮等)进行再制造。在国内，产品代理商及矿务集团(局)的修理企业修复的设备很难达到不低于矿山机械新品质量的程度，因此，基本上还只是停留在维修层面，很难称得上是真正的再制造。

4. 解决策略

1) 加大政策扶持

再制造在欧美等发达国家已经有几十年的发展历史，其在废品回收责任制、再制造产品质量保证、再制造产品销售和售后服务等方面都已形成了较完善的制度。但在国内，国务院文件国发[2005]21号《国务院关于做好建设节约型社会近期重点工作的通知》才首次把"绿色再制造技术"列为"对节约资源和建设循环经济有重要意义且将重点组织开发和示范"的技术之一。这是我国官方文件中第一次出现"再制造"一词，并把再制造列为发展循环经济的关键、共性的技术。总的来说，再制造在我国还处在起步阶段，很多政策法规还有待进一步完善。虽然从大的政策层面而言，国家鼓励企业加强对资源的循环利用，鼓励企业从事和参与再制造，但并没有像美国等发达国家那样立法强制再制造，另外，还缺乏对生产及使用再制造产品的单位给予政策扶持和资金支持力度(如给予一定程度的补贴)。因此，现阶段一方面我国有必要立法强制再制造，强制企业从事再制造，另一方面，也要加大政策扶持和资金支持力度，激励企业参与再制造。

2) 创新再制造先进表面技术

由于废旧零部件的磨损和腐蚀等失效主要发生在表面，因而各种各样的表面技术是再制造应用最多的技术，其主要用来修复和强化废旧零件的失效表面。提高再制造产品的质量，关键是不断创新再制造先进表面技术，使再制造零件表面涂层的强度更高、寿命更长，确保再制造产品的质量真正不低于或超过新品，改变用户对再制造产品的认识误区。因此，国家有必要进一步加强对相关从事再制造先进表面技术开发的科研机构、高校及企业的资金支持力度，不断创新研发再制造表面质量好、自动化水平高的表面技术。

3) 制定矿山机械再制造的行业标准

国内再制造技术起步较晚，从事再制造企业的技术积累也较少，再制造的标准缺乏，这在一定程度上阻碍了再制造的广泛应用。应尽快制定矿山机械再制造的行业标准，建立系统的、完善的矿山机械再制造工艺技术标准、质量检测标准等体现再制造走向规范化的标准体系。在制定标准时，应深化标准内涵，制定出具有良好通用性和可操作性的标准方案。

4) 加快矿山机械再制造实践及产业化推广

现在国内从事矿山机械再制造的企业还较少，有必要加快矿山机械再制造实践并促进其产业化推广。在组建矿山机械再制造产业化基地时，动员生产企业、矿山用户及再制造技术科研院所共同参与，可由矿务集团(局)负责再制造基地设备资金，生产企业提供产品技术规范，科研院所提供再制造技术支持。另外，在再制造实践时，可从使用量大面广的通用矿山机械逐步过渡到一般矿山机械的再制造。

随着再制造技术的发展，再加上政策扶持、企业参与及矿山重视，我国矿山机械再制造水平及规模会得到较快的发展，有利于矿山设备循环发展，能够延长矿山机械循环经济产业链，缓解资源短缺与资源浪费的问题，还可减少失效矿山机械产品对环境的污染，既节能减排又变废为宝，符合国家资源节约及综合利用的产业政策。

5. 建议与分析

积极探索研究煤机产品零部件的再制造技术和工艺，先后掌握了煤矿综采成套装备再制造主要的工艺特点和关键技术，从再制造所需拆解、清洗、加工、装配、检测等方面的技术、工艺和装备，已实现的批量化生产能力和产业规模，再制造产品的各项指标达到或超过新机标准，推动了再制造规模化、产业化发展。

在矿山机械再制造方面，开发了废旧采煤机械设备典型零部件无损拆解、绿色清洗、无损检测技术。形成了液压支架立柱激光熔覆、刮板输送机链轮轴等离子熔覆、行星减速器行星架电刷镀等系列再制造清洗、检测和修复成形加工技术群，开发了专用材料和工艺体系，突破了矿山机械设备典型零部件绿色清洗与再制造成形加工关键技术瓶颈，使废旧零部件无损拆解率由 70% 提高到 85%，拆解效率提高了 1 倍，化学清洗剂使用量降低了 65%，旧件利用率由 30%～35% 提高到 85% 以上。

实现绿色再制造。同传统制造过程不同，作为绿色制造的重要组成部分，再制造以废旧零部件为毛坯，通过先进表面工程技术修复失效表面，最大程度降低了新材料的使用，减少了能源消耗和污染物排放，同时，避免了传统回炉冶炼的回收模式中新产生的能源消耗与污染物排放。再制造产品的可靠性和环保指标得到了跨越式提升，降低了排放和能耗。

针对再制造关键技术开展了联合攻关，形成了完善的研发、生产、营销、回收和管理体系，实现了从煤机关键零部件再制造到整机再制造的历史性跨越。

8.4　典型冶金设备再制造

8.4.1　冶金行业分析

我国钢铁行业总体产能过剩严重，在"供给侧改革"的推动下，钢铁行业加大去产能实施落实，宝钢、武钢两大钢铁巨头合并，将推进行业资源整合，虽然短期钢材价格有所回升，企业运营压力降低，但从长期来看，钢铁行业固定资产投资持续下降，深度降本将是企业的长期措施。

1）产能情况

2016 年 1 至 10 月，我国粗钢产量为 6.73 亿 t，同比增长 0.7%；2015 年，我国全年粗钢产量为 8.04 亿 t，同比下降 2.3%，34 年来首次负增长；粗钢表观消费量 7.0 亿 t，同比下降 5.4%；2015 年，我国粗钢产能利用率为 68.72%，产量过剩 1.04 亿 t；中钢协预测，2016 年中国粗钢产量或进一步下滑至 7.83 亿 t，2020 年为 7.02 亿 t；2016 年是钢铁去产能"共识年"，以中国钢铁重镇唐山为例，截至 2017 年 1 月 1 日，唐山地区已合计关停产能 1609 万 t；2016 年上半年，钢材的价格和产量都有较大幅度的回升，与 2015 年同期相比，钢企处境大为改善。

2) 资产投资情况

2015 年 1 至 10 月,钢铁工业固定资产投资(不含矿山、铸造和铁合金)为 2608 亿元,同比下降 12%;尽管 2012 年以来钢铁工业固定资产投资(不含矿山、铸造、铁合金)已呈持续下降态势,但积累的产能已十分庞大,每年设备检修消耗备件材料大约 1500 亿以上。

8.4.2　典型冶金装备再制造

冶金装备中的法兰叉、十字轴、轴承座、延伸轴等产品的材料主要为金属材料。当其达到报废标准后,传统的资源化方式是拆解、分类回炉,冶炼、轧制成型材后进一步加工利用。经过这些工序,原始制造的能源消耗、劳动力消耗和材料消耗等各种附加值绝大部分被浪费,同时又要重新消耗大量能源,造成了严重的二次污染。而通过对废旧零部件进行再制造,一是免去了原始制造中金属材料生产和毛坯生产过程的资源、能源消耗和废弃物的排放,二是免去了大部分后续切削加工和材料处理中相应的消耗和排放,零件再制造过程中虽然要使用各种表面技术进行必要的机械加工和处理,但因所处理的是局部失效表面,相对整个零件的原始制造过程来讲,其投入的资源(如焊条、喷涂粉末、化学药品)、能源(电能、热能等)和废弃物排放要少的多,大约比原始制造要低 1～2 个数量级。

1. 辊端轴套失效分析

热轧板带钢工艺要求需要对工作辊进行冷却,冷却水对辊端轴套产生高温高湿环境,结合面进水、腐蚀,滑动摩擦产生磨粒磨损,加剧扁方工作面磨损。辊端轴套通过扁方工作面实现接轴与工作辊扭矩传递,轧钢过程中,扁方工作面承受往复挤压,冲击载荷,工作辊与轴套产生相互轴向微动摩擦。辊端轴套使用周期为 1 年,扁方工作面最大单边磨损量达 4～6mm。图 8.29 为轴套应力分析图,图 8.30 为扁方工作面压溃、锈蚀实物图。

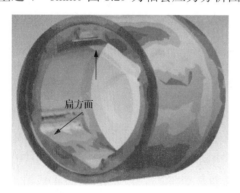
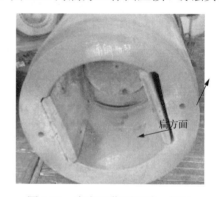

图 8.29　轴套应力分析图　　　　　　图 8.30　扁方工作面压溃、锈蚀

2. 辊端轴套再制造

泰尔重工是冶金行业万向轴联轴器领域的领军企业之一,主要从事工业万向轴、齿轮联轴器、剪刃、滑板、卷取机及卷取轴、包装机器人等产品的设计、研发、制造、

再制造和销售与服务。泰尔重工采用堆焊技术对辊端轴套进行再制造修复，取得显著的经济效益和社会效益。辊端轴套的再制造过程如图 8.31 所示，冶金轧辊再制造过程如图 8.32，冶金转子再制造过程如图 8.33 所示。

宝钢公司突破传统的备件采购模式和日本的备件管理模式，采用激光技术在现场对轧辊、叶片等大型贵重机械类零部件进行再制造，提高了产品质量和可靠性，延长了产品使用寿命，减少了备件库存，节能节材效果显著，已创造经济利润 1000 万元，节约采购和库存保管经费 10 亿元。

(a) 辊端轴套再制造车间　　　　(b) 辊端轴套再制造　　　　(c) 辊端轴套装配车间

图 8.31　辊端轴套再制造

(a) 冶金轧辊毛坯　　　　(b) 冶金轧辊再制造　　　　(c) 冶金轧辊再制造加工

图 8.32　冶金轧辊再制造

(a) 转子表面损伤状态　　　　(b) 激光再制造过程　　　　(c) 再制造后的转子

图 8.33　激光再制造冶金转子过程

8.5　盾构机再制造

盾构机作为隧道掘进的专用重型工程机械(图 8.34)，是工程机械中价值最高、技术最复杂的产品，广泛应用于地铁、铁路、水利、公路、城市管道等工程。盾构机价格极高，每台售价根据不同规格一般在 2000 万～8000 万元，硬岩掘进机与过江过海隧道用泥水平衡式盾构机售价在 1 亿～2 亿元，超大直径盾构机售价更高。通常盾构机的设计寿命是 10km，年均运行 2km，平均一台盾构机的使用寿命仅 5 年。目前，我国盾构机保有量和报废量增长迅速，国内市场保有量 1200 余台，2015 年，我国盾构产业产值已接近 2000 亿元，主要集中在中国中铁及中国铁建等大型施工企业，但关键部件依赖进口。据统计，自 2013 年起，我国达到设计使用寿命的盾构机开始进入报废高发期，每年有25%～30%的盾构机面临大修或报废，盾构机体积大、价值量和技术含量高、系统复杂，同时报废周期较短，再制造潜力巨大。

盾构机拼装机齿圈为常见的失效部位，如图 8.35 所示。利用激光熔覆技术对主驱动密封钢环进行再制造，采用纳米电刷镀技术对拼装机大小齿圈、轴承位磨损处进行再制造，采用等离子喷涂技术对推进油缸缸体进行再制造，如图 8.36 所示。图 8.37 给出了盾构机刀盘再制造现场的前后对比。

图 8.34　硬岩盾构机

图 8.35　盾构机拼装机齿圈失效

(a) 再制造损伤检测

(b) 再制造

(c) 再制造加工(精磨)

图 8.36　盾构机拼装机齿圈再制造

图 8.37　盾构机刀盘再制造前后对比

8.6　风机叶轮再制造

　　风机(draught fan)是我国对气体压缩和气体输送机械的习惯简称。风机是依靠输入的机械能提高气体压力并排送气体的机械,它是一种从动的流体机械。通常所说的风机包括:通风机、鼓风机、风力发电机。气体压缩和气体输送机械是把旋转的机械能转换为气体压力能和动能,并将气体输送出去的机械,广泛应用于工厂、矿井、隧道、冷却塔、车辆、船舶和建筑物的通风、排尘和冷却,锅炉和工业炉窑的通风和引风,空气调节设备和家用电器设备中的冷却和通风,谷物的烘干和选送,风洞风源和气垫船的充气和推进等[1]。

　　20 世纪 90 年代以来,我国风机行业得到了很大的发展,风机行业完成的总产值迅速增长。目前,风机属于通用机械,下游需求行业众多,包括石油、电力、化工、纺织、轨道交通行业等。这些下游行业大多处于快速发展时期,固定资产投资需求多,设备更新快,这都给风机行业带来很大的发展空间。图 8.38 与图 8.39 数据显示,近年来我国风机行业销售收入逐年递增,2013 年,行业销售收入达到 808.73 亿元,同比增长 8.83%,2015 年上半年,行业销售收入达到 408.96 亿元。风机的保有量高。

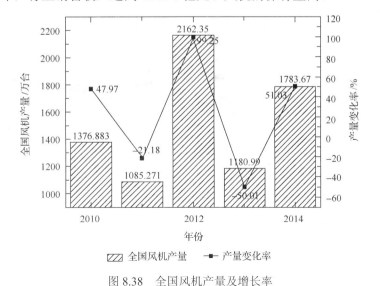

图 8.38　全国风机产量及增长率

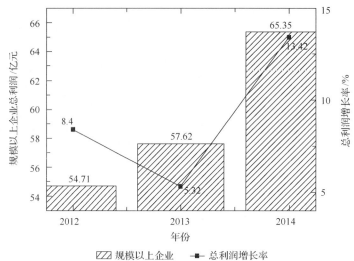

图 8.39　风机销售利润及其增长率

　　由于大量通风机应用于工厂、矿井、隧道等的通风和排尘等，所使用的风机的叶轮和机壳都有不同程度的磨损，在一些地方直接影响到生产的顺利进行，因此，对通风机的耐磨性能有着很高的要求。风机的寿命一般为 10 年，再制造潜力巨大。图 8.40～图 8.43 为某焦化厂的风机运作、磨损、再制造以及再制造后的叶轮情况。开展风机叶轮再制造对于进一步延长风机的使用寿命具有重要的现实意义。

图 8.40　焦化厂风机

图 8.41　磨损报废的叶轮

图 8.42　再制造中的叶轮

图 8.43　再制造后的叶轮

参 考 文 献

[1] 徐滨士. 再制造技术与应用[M]. 北京: 化学工业出版社, 2014.

[2] 李圣文, 卜美兰. 新形势下再制造发展模式探索[C]. 煤炭工业节能减排与生态文明建设论坛. 北京, 2014.

[3] 朱胜, 姚巨坤. 再制造技术与工艺[M]. 北京: 机械工业出版社, 2010.

[4] 苏斌, 刘海燕. 工程机械再制造拆解工艺的清洁生产研究[J]. 装备制造技术, 2015, (4): 176-178.

[5] 宋明俐, 刘龙全, 王东. 等. 绿色清洗技术在工程机械再制造领域的应用研究[J]. 工程机械与维修, 2014, (z1): 6-14.

[6] 陈荣章. 从汽车再制造看工程机械再制造[J]. 今日工程机械, 2013, (21): 34.

[7] 汪洪雷. 汽车报废发动机再制造处理与综合效益分析[D]. 重庆: 重庆交通大学, 2012.

[8] 赵文强. 采煤机截齿的激光熔覆修复技术研究[J]. 煤矿机械, 2012, 33(4): 175-177.

[9] 卜美兰, 杨荣雪, 潘兴东, 等. 煤矿综采成套设备的再制造技术与实践[J]. 煤矿机械, 2014, 42(12): 7-9.

[10] 解文正. 激光熔覆技术在液压支架上的应用研究[D]. 邯郸: 河北工程大学, 2011.